Ferdinand Fischer

Die Verwertung der städtischen und Industrie-Abfallstoffe

Literaricon

Ferdinand Fischer

Die Verwertung der städtischen und Industrie-Abfallstoffe

ISBN/EAN: 9783956976841

Auflage: 1

Erscheinungsjahr: 2015

Erscheinungsort: Treuchtlingen, Deutschland

Literaricon Verlag Inhaber Roswitha Werdin, Uhlbergstr. 18, 91757 Treuchtlingen

www.literaricon.de

Dieser Titel ist ein Nachdruck eines gemeinfreien Werkes.

Literaricon

Die Verwerthung
der
Städtischen und Industrie-Abfallstoffe.

Mit besonderer Rücksicht
auf
Desinfection, Städtereinigung, Leichenverbrennung und Friedhöfe.

Von
Dr. Ferdinand Fischer.

Mit 25 Holzschnitten im Text.

Leipzig
Verlagsbuchhandlung von Quandt & Händel.
1875.

Vorwort.

Die Erfahrung oder das instinktive Gefühl, daß die Verunreinigung des Bodens durch menschliche Abfallstoffe die Gesundheit der auf demselben lebenden Bevölkerung bedrohe, scheint schon sehr alt zu sein. So ordnete Moses (5. Buch, XXIII, 12—14) an: „Und du sollst einen Ort außerhalb des Lagers haben, wohin du gehst zur Nothdurft der Natur und sollst ein Schäuflein am Gürtel tragen, und wenn du gesessen bist, sollst du ringsum graben und mit Erde bedecken, was von dir gegangen und wovon du erleichtert worden, und soll also dein Lager heilig (rein) sein und nichts Unfläthiges darin gesehen werden." Als aber die Völker das Nomadenleben aufgaben, drängten sie sich in Städte mit engen und schmutzigen Gassen zusammen, schützten sich durch Mauern gegen äußere Angriffe, ohne zu ahnen, daß sie viel mörderischere Feinde in ihren eigenen Wohnungen schufen. Die Excremente sickerten in den Boden oder wurden mit anderen Abfällen zusammen aufgehäuft und verunreinigten Brunnen und Luft. Die Folgen dieser unnatürlichen Lebensweise blieben nicht aus. In einem Zeitraume von 5 Jahren raffte der schwarze Tod ein Viertel sämmtlicher Bewohner Europa's hinweg, die Cholera von 1816 bis 1860 sogar 40 Millionen Menschen; die Blattern tödteten seiner Zeit ein Zehntel der gesammten Menschheit, die gleiche Anzahl wurde verstümmelt, Schwindsucht, Typhus, Ruhr fordern täglich neue Opfer. — Erst die neuere Wissenschaft hat gezeigt, daß diese Epidemien an einen feuchten und unreinen Boden geknüpft sind, daß es daher die erste Pflicht der öffentlichen Gesundheitspflege ist, jede Fäulniß in der Nähe der menschlichen Wohnungen zu verhüten.

Eine kurze Besprechung der Bakterien und Pilze, der Fäulniß und Verwesung, sowie der Ansichten der Aerzte über die Bedeutung dieser Processe für die Entstehung und Verbreitung der Krankheiten schien mir zur Beurtheilung der Desinfection und Desinfectionsmittel unerläßlich.

Die Leichenverbrennung und das Friedhofswesen wurden eingehend besprochen, da das geräuschvolle Auftreten einiger Enthusiasten nur zu sehr geeignet war, die allgemeine Aufmerksamkeit von den viel näherliegenden und wichtigeren Fragen abzulenken.

Der Verbrauch an Seife, an Papier, die Größe des Briefverkehres u. s. w. sind oft als Maßstab des Culturzustandes eines Volkes bezeichnet. Mit demselben Recht kann eine allgemeine und zweckentsprechende Beseitigung und Ausnutzung der in der Industrie und der Hauswirthschaft sich ergebenden Abfälle als Gradmesser des Sinnes für Reinlichkeit und Sparsamkeit einer Nation angesehen werden. Die steigende Verwerthung der Abfallstoffe, durch die ungeheure Massen der Industrie und Landwirthschaft nutzbar gemacht werden, welche bis dahin in hohem Grade lästig, selbst gesundheitsschädlich waren, sie zeigt aufs Neue, welch tiefgehenden, wohlthätigen Einfluß die Wissenschaft, namentlich die Chemie, auf das Leben gewonnen haben, wie Bildung und Wohlstand Hand in Hand gehen.

Leider war eine eingehende Besprechung der fast zahllosen Vorschläge, der mit mehr oder minder günstigem Erfolg praktisch ausgeführten Verwerthungsmethoden der Industrieabfälle auf dem geringen Raume, welcher hier zu Gebote stand, nicht möglich; ich mußte mich daher auf eine kurze, übersichtlich geordnete Aufzählung derselben beschränken. Zugleich wurde versucht, einiges Material zur Lösung der Frage zu liefern, wie einzelne Fabriken und Gewerbe durch Verunreinigung der Flüsse, des Bodens und der Luft für ihre Nachbarschaft lästig, ja schädlich werden können, wie aber auch Industrielle in Folge ungerechtfertigter Beschwerden nicht selten übermäßig in ihrem Betriebe beschränkt und geschädigt werden.

Ueberall war es mein Bestreben, eine möglichst vollständige Zusammenstellung der in zahlreichen Büchern und Zeitschriften zerstreuten Arbeiten zu geben, um anzudeuten, was in dieser Richtung bereits geleistet wurde, wie unendlich viel mehr aber noch zu thun übrig ist.

Den Herren Dr. med. Jüdell in Hannover, Dr. ph. Weppen in Markoldendorf und J. Zeman, Redacteur von Dingler's polytechnischen Journal in Augsburg, sage ich für die Bereitwilligkeit, mit der sie mich bei der Correctur unterstützt haben, meinen besten Dank.

Hannover, September 1875.

Der Verfasser.

Inhaltsverzeichniß.

Literaturverzeichniß.

1. Ackermann, Ueber die Ursachen epidemischer Krankheiten (Berlin 1873). 0,75 Mk.
2. Adler, Die Leichenverbrennung (Wien 1874). 1 Mk.
3. Baist u. A., Beleuchtung des Canalisationsprojects zu Frankfurt a. M. (Frankfurt 1871).
4. de Bary, Untersuchungen über Brandpilze (Berlin 1853).
5. —— Morphologie und Physiologie der Pilze, Flechten und Myxomyceten (Leipzig 1866).
6. —— Schimmel und Hefe (Berlin 1873). 1,5 Mk.
7. —— und Woronin, Beiträge zur Morphologie und Physiologie der Pilze (Frankfurt 1866 u. 1870).
8. Beinwinkler, Reinigung und Entwässerung der Städte (Budapest 1873). 1 Mk.
9. Bockendahl, Das Erd- und Wasser-Closet in England (Kiel 1871). 2 Mk.
10. Brefeld, Botanische Untersuchungen über Schimmelpilze (Leipzig 1872).
11. Brunetti, Crematione de cadaveri (Padova 1873).
12. Budd, William, Cholera and Disinfection (Bristol 1871).
13. Bürkli, Anlage städtischer Abzugscanäle (Zürich 1866).
14. Burkart, Die Sterblichkeitsverhältnisse Stuttgarts (Stuttgart 1875). 1 Mk.
15. Canalisation und Abfuhr mit besonderer Beziehung auf Leipzig (Leipzig 1869). 0,5 Mk.
16. Cohn, F., Beiträge zur Biologie der Pflanzen.
    1. Heft (Breslau 1870). 7 Mk.
    2. » (Breslau 1872). 9 Mk.
17. —— Ueber Bakterien (Berlin 1872). 0,8 Mk.
18. Dunmore, Offener Brief an einen preußischen Civilingenieur, übersetzt von Töpffer (Berlin 1872). 0,75 Mk.
19. Eidam, Der gegenwärtige Standpunkt der Mykologie mit Rücksicht auf die Lehre von den Infectionskrankheiten (Berlin 1872). 8 Mk.

20. Erichsen, Zur Frage über die Canalisation und Reinigung von Petersburg (St. Petersburg 1874). 1 Mk.

21. Fegebeutel, Die Canalwasser-Bewässerung in England (Danzig 1870). 3 Mk.
22. —— Die Canalwasser-Bewässerung in Deutschland (Danzig 1874). 2 Mk.
23. Finkelnburg, Die öffentliche Gesundheitspflege Englands (Bonn 1874). 4 Mk.
24. Fischer, F., Das Trinkwasser, seine Beschaffenheit, Untersuchung und Reinigung (Hannover 1873). 1 Mk.
25. Fleck, Jahresbericht der chemischen Centralstelle für öffentliche Gesundheitspflege in Dresden (Dresden, Zahn). 1. Jahrg. 1872 = 3 Mk., 2. Jahrg. 1873 = 6 Mk., 3. Jahrg. 1874 = 6 Mk.
26. Förster, Verbreitung der Cholera durch die Brunnen (Breslau 1873). 0,6 Mk.

27. v. Gietl, Gedrängte Uebersicht meiner Beobachtungen über die Cholera vom Jahre 1831 bis 1873 (München 1873).
28. Glöckner, Bedeutung der Versuche zur Einführung der pneumatischen Canalisation (Prag 1869).
29. Göttisheim, Das unterirdische Basel, 2. Aufl. (Basel).
30. v. Gorup-Besanez, Lehrbuch der physiologischen Chemie. 3. Aufl. (Braunschweig 1874).
31. —— Anleitung zur qualitativen und quantitativen zoochemischen Analyse. 3. Aufl. (Braunschweig 1871). 11 Mk.
32. Griesinger, Pettenkofer und Wunderlich, Cholera-Regulativ (München 1867).
33. Grotefend, Das Leichen- und Begräbnißwesen im preußischen Staate (Arnsberg 1869).
34. Grouven, Canalisation oder Abfuhr (Glogau 1867). 0,75 Mk.
35. Gruber und Brunner, Canalisation oder Abfuhr (Berlin 1871). 1 Mk.

36. Hallier, E., Pilz-Regulativ (Jena 1870). 0,8 Mk.
37. Henoch, Reinigung und Entwässerung der Stadt Gotha (Altenburg 1874).
38. Hirsch, Ueber die Verhütung und Bekämpfung der Volkskrankheiten mit specieller Beziehung auf die Cholera (Berlin 1875). 1 Mk.
39. —— Das Auftreten und der Verlauf der Cholera in Posen und Preußen (Berlin 1874).
40. Hofmeister, Bericht über eine Reise in die Provinz Groningen (Oldenburg 1869). 0,6 Mk.
41. Hoppe-Seyler, Medicinisch-chemische Untersuchungen (Berlin 1871).

42. Ilisch, Untersuchungen über Entstehung und Verbreitung des Choleracontagiums (Petersburg 1866).

43. Küchenmeister, Die in und an dem lebenden Körper vorkommenden Parasiten (Leipzig 1855).
44. —— Handbuch der Lehre von der Verbreitung der Cholera und von den Schutzmaßregeln gegen sie (Erlangen 1872). 10,4 Mk.
45. Kühn, Krankheiten der Kulturgewächse (Berlin 1859).

46. Lauber, Zur Latrinenfrage (Stuttgart 1873). 1 Mk.
47. Laurin, Das Liernur'sche System (Prag 1869). 2 Mk.
48. Lefeldt, Der gegenwärtige Stand der Abfuhr- und Canalisationsfrage in Großbritannien (Berlin 1874). 2,25 Mk.
49. Lex und W. Roth, Handbuch der Militair-Gesundheitspflege (Berlin 1872). 16 Mk.
50. Lieball, Der Welt Verderben durch Leichenbeerdigung, das neue Paradies durch Leichenverbrennung (München 1868). 1,2 Mk.
51. v. Liebig, Reden und Abhandlungen (Leipzig 1874). 5,4 Mk.
52. Liernur, Offener Brief (Prag 1869).
53. —— Die Einführung des pneumatischen Canalisationssystemes zu Prag (Prag 1869).
54. Liger, Fosses d'aisances (Paris 1875). 16 Mk.

55. Mayer, Untersuchungen über die alkoholische Gährung (Heidelberg 1869). 3 Mk.
56. —— Lehrbuch der Gährungschemie (Heidelberg 1874). 5,5 Mk.
57. —— Methoden der Städte-Reinigung (Heidelberg 1875). 0,6 Mk.
58. Muspratt's theoretische, praktische und analytische Chemie in Anwendung auf Künste und Gewerbe. Bearbeitet von B. Kerl und F. Stohmann. 3. Aufl. (Braunschweig 1875.)

59. Oerstedt's System der Pilze, Lichenen und Algen. Aus dem Dänischen von Grisebach und Reinke (Leipzig 1873). 4 Mk.

60. Pasteur, Die Alkoholgährung; deutsch von Grießmayer (Augsburg 1871).
61. Pettenkofer, Beziehungen der Luft zu Kleidung, Wohnung und Boden (Braunschweig 1872). 2,4 Mk.
62. —— Ueber den Werth der Gesundheit für eine Stadt (Braunschweig 1873). 1,2 Mk.
63. —— Das Canal- oder Sielsystem in München (München 1869).
64. —— Was man gegen die Cholera thun kann (München 1873). 0,75 Mk.
65. Pfeiffer, Die Cholera in Thüringen und Sachsen (Jena 1871).
66. Polli, Sulla incinerazione dè cadaveri (Milano 1872).
67. Poleck, Beiträge zur Kenntniß der chemischen Veränderungen der fließenden Gewässer (Breslau 1869). 2 Mk.

68. Rees, Untersuchungen über die Alkoholgährungspilze (Leipzig 1870). 4 Mk.
69. Reich, Die Salpetersäure im Brunnenwasser und ihr Verhältniß zur Cholera (Berlin 1868).
70. Reichardt, Desinfection- und desinficirende Mittel (Erlangen 1867).
71. Reinigung und Entwässerung Berlins (Berlin, Hirschwald).
Heft I—III. Bericht über das Süvern'sche und Lenk'sche Desinfectionsmittel. 5,5 Mk.
» IV. Düngungs- und Berieselungsversuche. 1,5 Mk.
» V. Berliner Grundwasserverhältnisse. 5,5 Mk.
» VI. Berieselungsversuche.
» VII. Berieselungsversuche.

Reinigung und Entwässerung Berlins (Berlin, Hirschwald).
Heft VIII. Berieselungs-Versuche. } 3,6 Mk.
» IX. Trocken-Closets. }
» X. Berieselungs-Versuche. 6 Mk.
» XI. Geognostische Verhältnisse. 6 Mk.

72. Reinigung u. Entwässerung Berlins. Generalbericht von Virchow. 1873. 5 Mk.
73. Reinigung und Entwässerung der Stadt Heidelberg (Heidelberg). 3 Mk.
74. Report of the Commissioners appointed in 1868, to inquire into the best Means of preventing the Pollution of Rivers (London). I, II, III (vergriffen), IV.
75. —— Band 1 und 2 übersetzt von Reich (Berlin 1871).
76. Ronna, Égouts et irrigations (Paris 1872). 16 Mk.
77. Rothe, Die Carbolsäure in der Medicin (Berlin 1875). 1,60 Mk.

78. Salbach, Die Wasserleitung in ihrem Bau und ihrer Verwendung in Wohngebäuden (Halle 1870). 3 Mk.
79. Steudener, F., Ueber pflanzliche Organismen als Krankheitserreger (Leipzig 1872). 0,75 Mk.
80. Salviati, Röder und Eichhorn, Die Abfuhr und Verwerthung der Dungstoffe (Berlin 1865).
81. Sommaruga, Städtereinigungssysteme (Halle 1874). 3 Mk.

82. Thon, Gesundheit und Agrikultur (Cassel 1869). 1 Mk.

83. Ullersperger, Urne oder Grab (Erlangen 1874). 2 Mk.

84. Varrentrapp, Ueber Entwässerung der Städte, über Werth oder Unwerth der Wasserclosette u. s. w. (Berlin 1868). 4,5 Mk.
85. Verhandlungen der Choleraconferenz in Weimar (Weimar 1867).
86. Verhandlungen des Vereins für öffentliche Gesundheitspflege in Hannover. 1. Heft. (Hannover 1875.) 3 Mk.
87. Virchow, Die Fortschritte der Kriegsheilkunde besonders im Gebiete der Infectionskrankheiten (Berlin 1874). 1 Mark.
88. Vogt, Ueber Städtereinigung (Bern 1873). 2 Mk.

89. Wegmann-Ercolani, Die Leichenverbrennung als rationellste Bestattungsart (Zürich 1874). 1,6 Mk.
90. Wolff, Der Untergrund und das Trinkwasser der Städte, 2. Aufl. (Erfurt 1873). 1 Mk.
91. Wolfsteiner, München ein Typhusherd (München 1873). 1,2 Mk.

92. v. Ziemssen, Handbuch der speciellen Pathologie und Therapie. 1. Bd. (Leipzig 1875.) 10 Mk.
93. Zimmermann, Das Genus Mucor. Inaug.-Dissert. (Chemnitz 1871.)
94. Zürn, Die Schmarotzer auf und in dem Körper unserer Haussäugethiere. II. Th. Die pflanzlichen Parasiten (Weimar 1874). 9 Mk.
95. Zur Frage der Leichenverbrennung (Winterthur 1875). 0,8 Mk.

Einleitung.

Bekanntlich fällt im Haushalt der belebten Natur den chlorophyllhaltigen Pflanzen die große Aufgabe zu, mit Hilfe der Sonnenstrahlen aus den Bestandtheilen des Bodens, des Wassers und der atmosphärischen Luft die verschiedenen organischen Stoffe aufzubauen, Sauerstoff abzuscheiden und so der Thierwelt die Stoffe zu liefern, welche sie zu ihrer Existenz bedarf.

Eine große Anzahl meist kleiner und daher wenig beachteter Pflanzen, die zu den Zellencryptogamen gehörenden Pilze, sind dagegen wegen ihres Chlorophyllmangels außer Stande (Kohlensäure) zu assimiliren, sie consumiren vielmehr, wie die Thiere, die von den grünen Pflanzen gebildeten organischen Stoffe und setzen sie wieder in einfachere Verbindungen um. Sie entziehen ihre Nahrung theils lebenden Pflanzen und Thieren: Schmarotzer oder Parasiten, theils abgestorbenen Organismen und deren Zersetzungsproducten: Fäulnißbewohner oder Saprophyten.

Von den eigentlichen Pilzen hat man eine Abtheilung getrennt, deren Stellung im System noch nicht sicher ist, die

Bakterien oder Schizomyceten[1]).

Die Bakterien (βακτηριον) sind nach F. Cohn[2]) chlorophylllose Zellen[3]), von kugeliger, oblonger oder cylindrischer, mitunter gedrehter oder gekrümmter Gestalt, welche ausschließlich durch Quertheilung sich vermehren und entweder isolirt oder in Zellfamilien vegetiren.

---

1) Botanische Ztg. 1869. 27. 233.

2) Beiträge 2. Hft. S. 136.

3) Eine Pflanzenzelle, ein kleines rundes oder länglich rundes Bläschen, durch gegenseitigen Druck auch andere Gestalt annehmend, besteht aus Protoplasma,

Das in der Regel farblose Protoplasma der Bakterienzellen bricht das Licht stärker als Wasser, so daß eine von diesen Organismen erfüllte Flüssigkeit mehr oder weniger getrübt, oft selbst milchweiß erscheint, mit einem Stich ins Bläuliche. Cohn hält das Bakterien-Protoplasma für contractil und schreibt dieser Flexilität die spontanen Beugungen und Streckungen zu. Die Zellmembran ist nicht eiweißartig, wie die der Infusorien, sondern steht der Zellulose nahe, wie die der Pilze, löst sich dem entsprechend nicht in Kali und widersteht der Fäulniß außerordentlich lange.

Die Vermehrung der Bakterien geschieht durch Quertheilung; die Zellen strecken sich auf ihre doppelte Länge, dann schnürt sich das Plasma in der Mittellinie ein und theilt sich in zwei Hälften, welche durch eine Scheidewand von Zellstoff getrennt werden. Jede Tochterzelle theilt sich dann in sehr kurzer Zeit von Neuem. Die einzelnen Zellen trennen sich sofort, oder sie bleiben einige Zeit hindurch miteinander verbunden und bilden einreihige Zellketten von 2, 4, 8 oder mehr Gliedern (Fig. 2. c). Unter Umständen bleiben diese einzelnen Generationen auch dadurch verbunden, daß sie ihre Zellmembranen zu gallertartiger Interzellularsubstanz aufquellen, elastische, biegsame Schleimmassen bilden, in welchen die Bakterien eingelagert sind. Diese Zooglöamassen sind schon mit bloßem Auge als farblose, in eisenhaltigem Wasser von mitgefälltem Ferrihydrat[4]) ($Fe_2[OH]_6$ entspr. $Fe_2 O_3 + 3 HO$) rothbraune oder auch wohl von Schwefel-

---

Zellsaft, Zellkern und Zellmembran. Das Protoplasma (Fig. 1. I. b), der eigentliche Lebenserreger der Zelle, ist ein schleimig-körniges Gemenge von Eiweißstoffen, Wasser und wenig Aschenbestandtheilen. Durch Erhärtung des äußeren Theiles desselben ist der Primordialschlauch (v. Mohl) gebildet, meist ein äußerst zartes Häutchen, welches sich bei Einwirkung wasserentziehender Stoffe (Zuckerlösung) von der Zellmembran ablöst. Die Zellmembran, eine Ausscheidung des Primordialschlauches, besteht aus Zellulose ($C_{12} H_{22} O_{11}$), — unlöslich in Wasser, Säuren und Alkalien, löslich in Kupferoxydammoniak — ist anfangs zart, wird später mehr oder weniger holzig, zuweilen aber auch verflüssigt (Fig. 1. IV). Der runde oder ovale Zellkern (Fig. 1. I. a) ist eine Absonderung des Protoplasmas; er vermehrt sich durch Theilung, wodurch häufig die Bildung neuer Zellen eingeleitet wird. Zuweilen scheidet das Protoplasma überschüssig aufgenommenes Wasser (Zellflüssigkeit) in Tropfen wieder aus, welche nun Höhlungen (Vacuolen) bilden, indem sich das Plasma an die Wand zurückzieht.

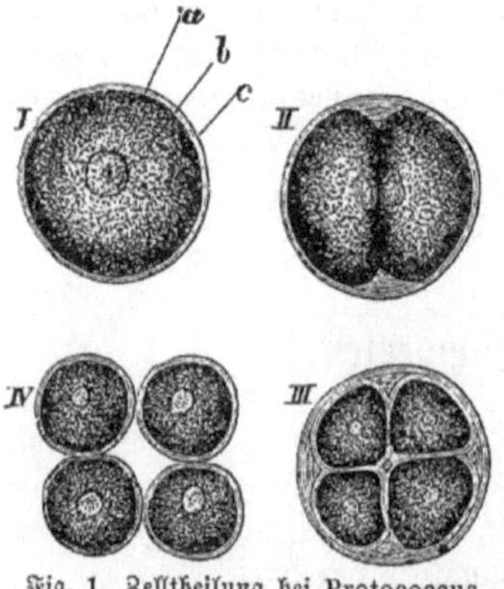

Fig. 1. Zelltheilung bei Protococcus (nach Dippel).
I. Mutterzelle: a. Zellkern, b. Protoplasma, c. Zellmembran. II. Theilung durch Einfalten des Primordialschlauches in 2 Tochterzellen. III. Viertheilung. IV. Freiwerden dieser 4 Zellen durch Auflösung der umgebenden Zellwände.

4) Um in der Schreibweise der chemischen Formeln Verwechslungen möglichst zu vermeiden, werden die alten Aequivalentformeln mit Cursiv- (schräger)

eisen (in verdorbenen Brunnen, Gräben u. dgl.) geschwärzte Flöckchen sichtbar, welche sich an der Oberfläche oder am Boden absetzen (vergl. Fig. 2. b). Die in diese Gallert eingebetteten Bakterien vermehren sich, schlüpfen unter Umständen heraus und schwimmen dann frei umher. Die Faden- und Schraubenbakterien kommen nicht in diesem Zooglöa-Zustand vor, sondern nur frei zerstreut oder in mehr oder weniger dichten Schwärmen.

An der Oberfläche von Bakterien haltigen Flüssigkeiten bilden sich oft außerordentlich dünne irisirende Häutchen, welche von unbeweglichen, zuweilen sehr regelmäßig geordneten Bakterien, ohne Zwischensubstanz, gebildet werden (Mycoderma Pasteur).

Sind in einer Flüssigkeit die Nährstoffe erschöpft, so hört die Vermehrung der Bakterien auf; die Organismen setzen sich allmälig am Boden des Gefäßes als weiße Schicht ab und die Flüssigkeit wird klar. Nach Zusatz von Nahrungsstoff beginnt die Vermehrung der Bakterien jedoch von Neuem und die Flüssigkeit wird wieder trübe. Bei Gegenwart von Sauerstoff, hinreichender Nahrung und passender Temperatur bewegen sich die meisten Bakterien durch Rotation um ihre Längenaxe, nicht durch Schlängelungen. Bakterien im Zooglöa-Zustande sind jedoch bewegungslos, und bei den Kugelbakterien und einigen Fadenbakterien ist noch niemals eine Bewegung wahrgenommen.

Eine Sporen- und Gonidienbildung, wie bei den Pilzen, ist bei den Bakterien noch nicht beobachtet.

Cohn[5]) theilt die Bakterien ein in

1. Kugelbakterien (Sphaerobacteria).

Kugelige oder ovale, farblose Zellen mit doppelt conturirter Membran und ohne Bewegung, die die Größe von 1 Mikrometertheil (0,001 ^{mm}) nicht erreichen.

Gewöhnlich hängen zwei Zellen in Form einer 8 aneinander, bei fortschreitender Theilung auch wohl 4, 8 und mehr Glieder in Rosenkranz-(Torula-)förmigen, oft unregelmäßig verbogenen Ketten (Fig. 2. c) oder in Zooglöaform. Letztere ist die gewöhnliche Form der in pathologischen Processen auftretenden Arten, welche in dichter Schicht die erkrankten

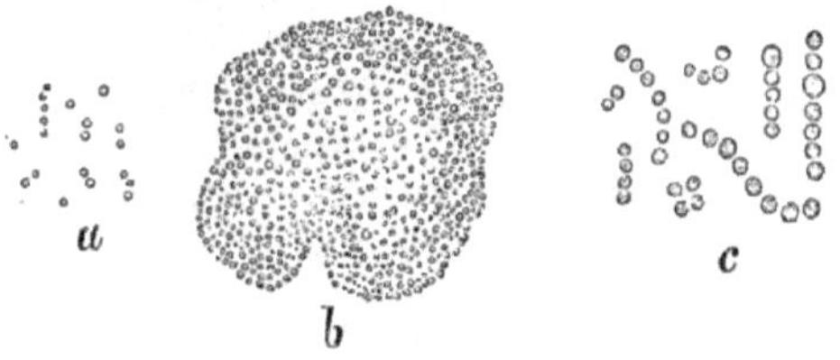

Fig. 2. Micrococcus.
a. M. prodigiosus; b. Zooglöaform, Häute oder Schleimschichten mit dichter feingekörnter Punktirung; c. M. Ureae, Torulaform. (Vergr. 650.)

Schrift und die neuen Atomformeln mit Antiqua- (stehender) Schrift bezeichnet, sowie den vorkommenden alten oder neuen Formeln in der Regel die entsprechenden Molecular- resp. Aequivalentformeln in Klammern beigefügt. (Vergl. Dingler's pol. Journal, 1874. 212. 145.)

[5]) Beiträge 2. Hft. S. 146.

Organe überziehen oder sich in die Interstitien der Lymphcanäle, Gefäße und anderen Gewebe einlagern. 1 Gattung: Micrococcus. Cohn unterscheidet:

a. Pigmentbakterien (chromogene Micrococcusarten). Sie vegetiren nur in Zoogloäaform (Mycoderma Pasteur) und hüllen mit ihren schleimigen alkalisch reagirenden Massen Nahrungsstoffe, namentlich gekochte Kartoffeln, oft in kurzer Zeit völlig ein. Die Farbstoffe sind unlöslich (α, β) oder löslich (γ, δ, ε) in Wasser. Erdmann[6]) zeigte, daß das Verhalten dieser Farben theilweise mit Anilin übereinstimme. Besonders eingehend wurden die Pigmenbakterien von Schröter[7]) und Cohn[8]) studirt.

α. Micrococcus prodigiosus (Monas prodigiosa). Das „Prodigium blutenden Brotes" rief 1819 zu Legnano bei Padua große Aufregung im Volke hervor. Sette erklärte 1824 diese Erscheinung für eine Pilzbildung, Ehrenberg[9]) für eine thierisch belebte, und Montagne[10]) hielt diese Organismen für Algen. Helm[11]) hat dieselbe in Danzig und der Verfasser eine sehr ähnliche Bildung auf dem Scheideschlamm einer Rübenzuckerfabrik beobachtet.

β. M. luteus, bildet gelbe Tröpfchen.

γ. M. aurantiacus, orangegelbe Flecke auf gekochten Hühnereiern u. dgl., auch in Flüssigkeiten.

δ. M. chlorinus, gelbgrüne Schleimmassen, deren Farbstoff durch Säuren zerstört wird.

ε. M. cyaneus, auf gekochten Kartoffeln und in Lösungen; der Farbstoff hat große Aehnlichkeit mit Lackmus[12]).

M. violaceus, veilchenblaue Schleimklümpchen.

Aus diesen Beobachtungen über die chromogenen Bakterien ergibt sich[13]):

1. daß dieselben zwar in ihrem mikroskopischen Ansehen, ihrer Vermehrung, Schleimbildung und Reaction völlig übereinstimmen und sich nur durch unwesentliche Formverhältnisse unterscheiden,

2. daß die erzeugten Pigmente die größte Verschiedenheit zeigen,

3. daß jede Art bei fortgesetzter Cultur auch unter den verschiedenartigsten Nahrungsverhältnissen stets den nämlichen Farbstoff erzeugt,

4. daß die verschiedenen Pigmente also nur von verschiedenen physiologischen Lebensthätigkeiten abzuleiten sind, welche selbst, weil constant vererbt, nur aus der angeborenen Verschiedenheit bestimmter Arten oder doch Raçen zu erklären sind.

---

6) Monatsber. d. Berliner Acad. 1866. 724; Dingler's p. J. 1867. 184. 167. Wagner's Jahrb. 1867. 585; Journ. f. prakt. Chem. 99. 385.

7) Cohn, Beiträge 2. Hft. S. 109.

8) Daselbst 153.

9) Monatsb. d. Berliner Acad. 1848.

10) Dingler's p. J. 1853. 127. 239; Journ. de Pharmacie 1852. 361.

11) Archiv d. Pharm. 1875. 3. 19.

12) Cohn, Beiträge 2. Hft. S. 207.

13) Daselbst S. 157.

b. Fermentbakterien (zymogene Micrococcus). Micrococcus Ureae, von Pasteur [14]) und van Tieghem [15]) als Torulacée beschrieben und als Ferment der alkalischen Harngährung nachgewiesen. Kugelbakterien von 1,25 bis 2 Mikr. Durchmesser, welche einzeln umherschwimmen oder 2=, 4= bis 8gliedrige Ketten bilden (Fig. 2. c). [16])

M. Crepusculum, farblose Kugelbakterien gewöhnlicher Infusionen.

c. Pathogene Kugelbakterien. Zu diesen Fermenten der Contagien gehören nach Cohn:

M. Vaccinae, Pockenbakterien, kleine, kaum 0,5 Mikr. große Kügelchen, welche sich unter günstigen Umständen schon in wenigen Stunden zu 2= bis 8zelligen Rosenkranzketten und schließlich zu Colonien von 32 und mehr Zellen vermehren. [17])

M. diphthericus, Diphtheritisbakterien, namentlich von Oertel [18]) in den Geweben der Schleimhäute der Luftröhre, Lymphgefäße, im Blute u. s. w. der an Diphtheritis Erkrankten als eirunde, 0,5 bis 1,1 Mikr. große Zellen nachgewiesen.

M. septicus, Krankheitserreger der Pyämie und Septicämie; bildet kleine runde Zellen von 0,5 Mikr. Durchmesser. [19])

M. bombycis, namentlich von Pasteur [20]) als Krankheitsursache einer Seidenraupenepidemie (morts flats) nachgewiesen.

2. Stäbchenbakterien (Microbacteria).

Kurze cylindrische oder eliptische Zellen, welche während der Quertheilung paarweise zusammenhängen, keine Leptrotrixketten, wohl aber Zooglöamassen bilden, die aber nicht das feingekörnte Aussehen der Micrococcusschleimklümpchen zeigen. [21])

Bacterium Termo (Fig. 3. a u. b), das Ferment der Fäulniß, bildet kurze cylindrische, 1,5 Mikr. lange und 0,5 breite Zellen, mit verhältnißmäßig dicker Membran, so daß sie unter dem Mikroskop meist wie zarte dunkle Striche aussehen, die von einem hellen Rande eingefaßt sind. Unter günstigen Verhältnissen bewegen sie

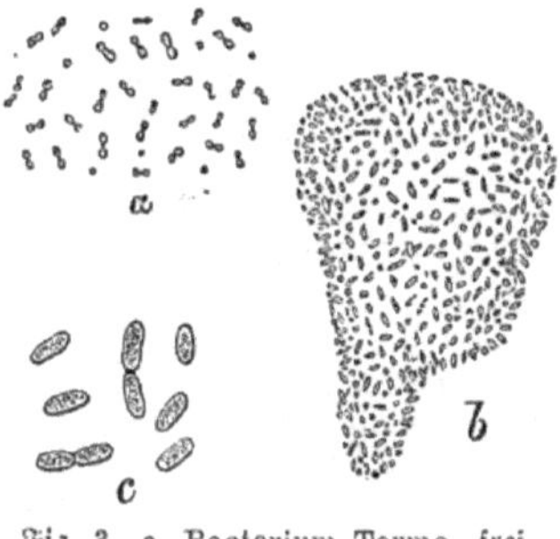

Fig. 3. a. Bacterium Termo, frei. b. Zooglöaform. c. Bacterium Lineola. (Vergr. 650.)

[14]) Annal. de Chim. et de Physique 1862. 64. 52; Compt. rend. 18 Jan. 1864.
[15]) Compt. rend. 1864. 58. 210.
[16]) Cohn, Beiträge 2. Hft. S. 158.
[17]) Virchow's Archiv 1872. Bd. 55.
[18]) Deutsch. Archiv f. klin. Med. 1871. Bd. 8; Cohn, Beiträge 2. Hft. S. 162.
[19]) Steudener S. 18.
[20]) Compt. rend. 66. 1289.
[21]) Cohn, Beiträge 2. Hft. S. 167.

sich lebhaft, vermehren sich in faulenden Flüssigkeiten ungeheuer rasch und verschwinden sobald die Fäulniß vorüber ist. Sie bilden das eigentliche saprogene Ferment.

B. Lineola (Fig. 3. c) bildet cylindrische, 4 bis 5 Mikr. lange und bis 1,5 breite Zellen mit einem stark lichtbrechenden, dunkel punktirten Inhalt; findet sich in stehenden Gewässern, Brunnen, auf Kartoffeln u. s. w., ohne aber Fäulniß zu erregen.

Wahrscheinlich gehört hierher das Milchsäureferment [22]), das Ferment der Essigsäure [23]), die characteristischen Bestandtheile der gelben und blauen Milch [24]) sowie des blaugrünen Eiters. [25])

3. Fadenbakterien (Desmobacteria).

Verlängerte cylindrische Zellen, welche bei der Vermehrung zu längeren oder kürzeren Ketten (Leptrotrix) vereint bleiben; sie bilden oft Schwärme, nie aber Zooglöamassen und bewegen sich unter günstigen Umständen sehr lebhaft. Cohn [26]) unterscheidet 2 Gattungen: Bacillus mit geraden, Vibrio mit wellenförmig gebogenen Fäden.

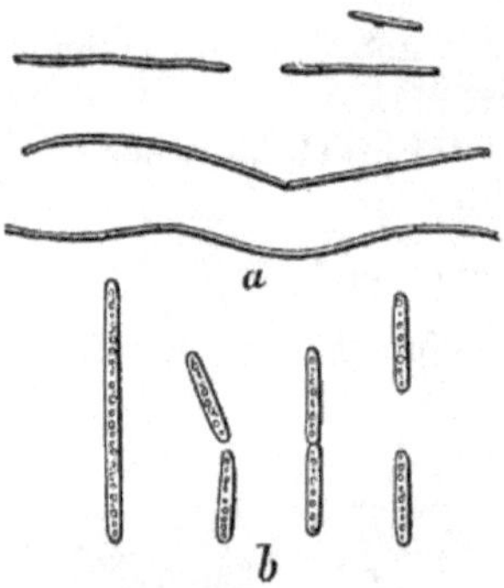

Fig. 4.
a. Bacillus subtilis; b. B. Ulna.
(Vergr. 650.)

Bacillus subtilis, Buttersäureferment (Fig. 4. a), bildet dünne, zarte, etwa 6 Mikr. lange Zellen, die in der Regel als Doppelglieder oder bis 130 Mikr. lange Leptrotrixfäden vorkommen. Sie werden nach Pasteur [27]) erst beim Erwärmen auf 105° getödtet.

B. Anthracis, nach den Untersuchungen von Davaine und Bollinger [28]) die Bakteridien des Milzbrandes; sie sind schwer von B. subtilis zu unterscheiden.

B. Ulna, 10 Mikr. lange und 2 Mikr. breite Zellen (Fig. 4. b); findet sich seltener.

Vibrio Rugula bildet 6 bis 16 Mikr. lange gebogene Fäden (Fig. 5. a), V. Serpens, mit 3 bis 4 Wellenbiegungen, findet sich oft in großen Schwärmen (Fig. 5. b).

4. Schraubenbakterien (Spirobacteria).

Regelmäßig enggewundene, schraubenförmige Fäden, deren Bewegung theils durch Geißeln bewirkt wird. Sie sind nur in Aufgüssen mit Fluß=

---

22) Dingler's pol. Journ. 1862. 165. 298.
23) Vergl. Dingler's pol. Journ. 165. 303.
24) Cohn, Beiträge 2. Hft. S. 120 u. 157.
25) Daselbst S. 126.
26) Daselbst S. 175.
27) Annal. Chim. Phys. 1862. 60; Dingler's pol. Journ. 1862. 165. 296.
28) Medicin. Centralbl. 1872 v. 29. Juni; Steudener S. 20.

wasser beobachtet, werden daher wahrscheinlich nur durch Wasser, nicht durch die atmosphärische Luft verbreitet; eigenthümliche Fermentwirkungen sind von ihnen nicht bekannt. Cohn [29]) unterscheidet:

Spirochaete (Fig. 5. e) mit flexiler und langer enggewundener Schraube, und

Spirillum, mit starrer, kurzer und weitläufiger Schraube. Sp. tenue (Fig. 5. d) ist sehr dünn und 4 bis 15 Mikr. lang, Sp. volutans (Fig. 5. c), gleichsam der Riese unter den Bakterien, ist 25 bis 30 Mikr. lang, und bis 1,5 Mikr. dick.

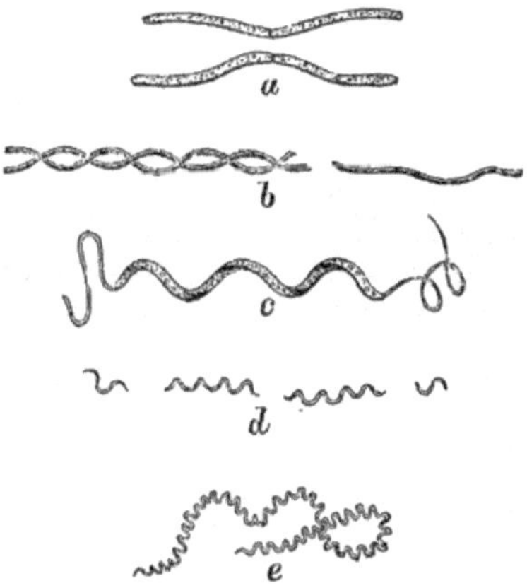

Fig. 5.
a. Vibrio Rugula; b. V. serpens einzeln und zwei Fäden umeinander gedreht; c. Spirillum volutans; d. Sp. tenue; e. Spirochaete plicatilis. (Nach Cohn. Vergr. 650.)

Sämmtliche Bakterien vermehren sich rasch in der Pasteur'schen Flüssigkeit [30]), besser noch in der normalen Bakterienflüssigkeit von Cohn, oft unter Entwicklung eines eigenthümlichen Geruches (nach faulem Käse) und — bei den Pigmentbakterien — der entsprechenden Farbe, überhaupt dann, wenn sie die erforderlichen Aschenbestandtheile in Lösung vorfinden, ihren Stickstoff aus Ammoniak, Harnstoff oder anderen organischen Substanzen, ihren Kohlenstoff aber aus einer organischen Kohlenstoffverbindung nehmen können. Kohlensäure vermögen sie nicht zu assimiliren. Ihre größte Thätigkeit entfalten sie jedoch als Erreger der Fäulniß (s. S. 20).

Pilze.

Die eigentlichen Pilze unterscheiden sich dadurch von den Bakterien, welche sich ausschließlich durch Zweitheilung vermehren, daß bei ihnen nur ein Spitzenwachsthum vorkommt. Ihr vegetativer Körper (Thallus), der bei den Thallophyten Wurzel, Stengel und Blatt vertritt, besteht

---

29) Beiträge 2. Hft. S. 180.

30) Pasteur'sche Flüssigkeit: 100^{cc} destillirtes Wasser, 10^{g} reinster Candis, 1^{g} weinsaures Ammonium und die Asche von 1^{g} Hefe. Mayer nimmt statt Hefe die entsprechenden Salze ($0{,}1^{g}$ phosphorsaures Kalium, $0{,}1^{g}$ kryst. schwefelsaures Magnesium, $0{,}001^{g}$ phosphorsaures Calcium). Die normale Bakterienflüssigkeit von Cohn besteht aus den Mayer'schen Salzen in 20^{cc} Wasser gelöst mit $0{,}2^{g}$ weinsaurem Ammonium. Vergl. Cohn, Beiträge 2. Hft. S. 195; — dieses Heft ist für Jeden, der sich eingehend mit dem Studium der Bakterien befassen will, unentbehrlich.

aus mehr oder weniger verzweigten Zellfäden (Hyphen), welche weder Stärkemehl noch Chlorophyll, zuweilen aber Krystalle von oxalsaurem Calcium enthalten. Die Hyphen haben eine doppelt contourirte Zellmembran und einen ziemlich homogenen protoplasmatischen Inhalt, der häufig Vacuolen und feine Fetttröpfchen, aber keinen Zellkern (mit Ausnahme der Asci) enthält. Die Fortpflanzungszellen oder Sporen (σπορά, Saat) beginnen ihre Entwicklung damit, daß sie einen Keimschlauch austreiben, der sich mehr und mehr verlängert, meist Scheidewände bekommt, gewöhnlich durch seitliche Sprossungen der Gliederzellen, selten durch dichotome Gabelungen der Scheitelzelle sich verästelt und so ein fadenförmiges Geflecht von Hyphen, das Mycelium, bildet, welches sich in und auf dem Nährboden der Pilze verbreitet, zuweilen auch knollenförmige Köper (Sclerotien z. B. beim Mutterkorn) bildet. Aus dem Mycelium entspringen die Fruchtträger, meist aufrechte, einfache oder verzweigte Hyphen.

Es ist hier nicht der Ort die Pilze — A. de Bary schätzt die Anzahl der verschiedenen Arten auf 150,000 — auch nur annähernd erschöpfend zu behandeln. Jedem, der sich nur einen kurzen Ueberblick verschaffen will, kann das kleine Heft von de Bary (Schimmel und Hefe) empfohlen werden, für das eingehendere Studium sind die größeren Werke von demselben (Morphologie), von Eidam und Oerstedt, welcher eine etwas abweichende Eintheilung hat, empfehlenswerth.[31])

Nach de Bary werden die Pilze eingetheilt in:

1. Phycomycetes, Algenpilze.

Sie erinnern in ihrer Entwicklung an die Algen, namentlich an die Vaucheriaceen. Ihr Mycelium ist meist ungegliedert und besteht aus einer einzigen Zelle, die viele Ausläufer haben kann.

a. Saprolegniei. Ihre Vermehrung findet durch lebhaft bewegliche Schwärmsporen statt, die sich innerhalb des Zoosporangiums durch Zerklüftung des Protoplasmas bilden, oder durch Oosporen.

b. Peronosporei. Sie bewohnen nur lebende Pflanzen. Im Innern derselben entwickeln sie ein starkes Mycelium, die Hyphen drängen sich durch die Spaltöffnungen, entwickeln Fruchtträger, deren Aeste Conidien abschnüren oder Zoosporangien bilden, aus deren Protoplasma durch Zerklüftung Schwärmsporen (Zoosporen) entstehen. Außerdem entwickeln sich in dem Körper des Wirthes auch Oosporen, welche mit der Pflanze überwintern. Beisp. Peronospora infestans, der Kartoffelpilz.

c. Mucorinei. Sie gehören zu den häufigsten Schimmelpilzen, vermehren sich durch Conidien, Sporenkapseln oder geschlechtlich. Das Mycelium ist in der Jugend scheidewandlos, bekommt jedoch unter Um-

[31]) Vergl. Literaturverzeichniß.

ständen später Scheidewände und bildet durch Trennung des Protoplasmas die sogenannten Gemmen oder Brutzellen auch Gonidien genannt.

Mucor Mucedo [32]), einer der gemeinsten Schimmel auf Speiseresten, Excrementen u. dgl. Von dem im Nährboden (Substrat) verbreiteten Mycelium erheben sich bis 5^{cm} lange weiße Sporangienträger (Fig. 6). Diese schwellen an der Spitze zu kugeligen Blasen (Sporangium) an, welche durch eine stumpf kegelförmige Querwand (Columella) von dem Träger abgegrenzt werden. Das Protoplasma des Sporangiums zerfällt nun in eine große Anzahl polyedrischer Massen, welche sich abrunden, eine Membran bekommen und beim Zerfallen der äußeren Haut als Sporen zerstreut werden.

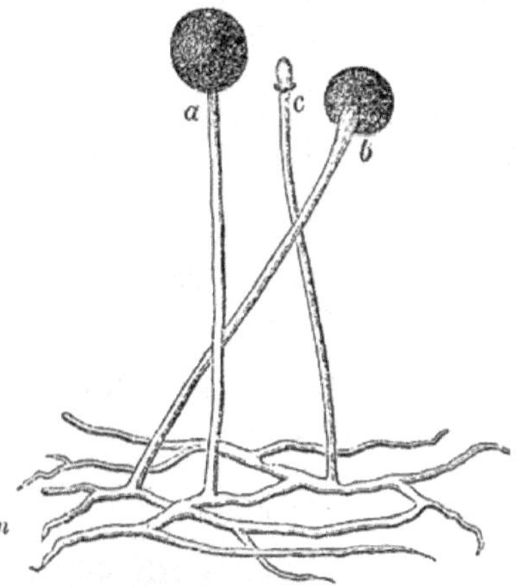

Fig. 6. Mucor Mucedo. Vergr. 250.
a. Reifes Sporangium, b. Sporangium vor der Sporenbildung, c. Fruchtträger (Columella) nach Entleerung des Sporangium, m. Mycelium.

Durch Störung des normalen Wachsthums der Fruchthyphen bilden sich gabelige Aeste, deren Enden kleine Sporangien tragen (Fig. 7. C), welche wenige Sporen (d) entwickeln; das Keimungsproduct derselben gibt wieder die gewöhnliche Pflanze.

Das scheidewandlose Mycelium dieses Pilzes ist mit körnigem, häufig durch Vacuolen unterbrochenem Protoplasma gefüllt. Auf Pferdedünger treibt dasselbe oft Aeste, welche sich verzweigen und an den Kreuzungspunkten eine kurze Aussackung treiben, die sich an die Endfläche einer anderen fest anlegt. Durch Scheidewände wird nun von beiden Aussackungen eine kurze cylindrische Zelle (Copulationszelle) abgegrenzt, welche durch Auflösung der trennenden Querwand an der Be-

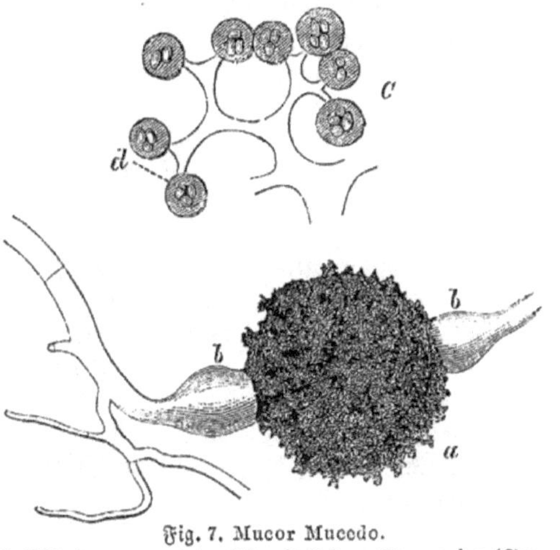

Fig. 7. Mucor Mucedo.
C. Dichotom verzweigter Ast mit kleinen Sporangien (Sporangiolen d), a. Zygospore (Vergr. 300) mit den Trägerzellen b (Suspensoren).

[32]) Vergl. namentl. Brefeld, botanische Untersuchungen.

rührungsfläche der beiden Theile zu einer einzigen Zelle (Zygospore) verschmelzen (Fig. 7. a), die durch die klein bleibenden Trägerzellen (b) getragen wird. Nach einer längeren Ruheperiode keimen diese Zygosporen und liefern ein Mycelium, welches wieder die gewöhnlichen ungeschlechtlichen Sporangien bildet.

Bemerkenswerth sind noch die beiden Schmarotzerpilze von Mucor Mucedo, deren Entwicklung von Brefeld beobachtet wurde.

Mucor stolonifer, bildet namentlich auf Früchten einen weißwolligen Ueberzug mit schwarzen gestielten Köpfchen.

2. Hypodermii, Hautpilze.

Schmarotzer, welche die Epidermis ihrer Nährpflanzen durchbrechen und zahlreiche Sporenhäufchen treiben.

a. Ustilagineae[33]), mit einfachem Generationswechsel. Hierher gehören Ustilago Carbo, Staub-, Ruß- oder Flugbrand[34]), U. Caries, Schwierbrand u. a.

b. Uredineae[35]), mit drei- bis vierfachem Generationswechsel. Dahin gehören: Puccinia graminis, der Getreiderost, Aecidium u. a.

3. Basidiomycetes, Basidienpilze.

Die Sporen bilden sich durch Abschnürung am Ende der schlauchartigen Zellen (Basidien). Die Entwicklung der Basidien (vergl. Fig. 9, 11 u. 12) geschieht gleichzeitig (simultan) oder nach einander (succedan).

a. Tremellinei, Gallertpilze, häufig auf faulendem Holz; quellen im Wasser gallertartig auf. Hierher Tremella, Exidia u. a.

b. Hymenomycetes, Hutpilze. Dahin unsere größten Pilze: Agaricus u. s. w.

c. Gasteromycetes, Bauchpilze, bilden ihre Sporen im Innern von eigenthümlichen mehrschichtigen Fruchtkörpern. Lycoperdon, Bovista u. a.

4. Ascomycetes, Schlauchpilze.

Die Sporen entstehen, meist zu 8 (bei Saccharomyces 2—4), durch freie Zellbildung innerhalb vergrößerter Zellen (Asci).

a. Protomycetes, ohne Fruchtträger; das Mycel wuchert im Parenchym der Nährpflanze oder es ist, wie bei Saccharomyces, überhaupt kein Mycelium vorhanden.

Saccharomyces.[36]) Meist runde oder ovale Zellen ohne Mycelium und Hyphen. In gährungsfähigen Flüssigkeiten pflanzen sie sich durch Sprossung fort, indem eine Zelle an einer oder an mehreren Stellen

---

[33]) Vergl. namentl. Kühn, Culturgewächse.
[34]) Botan. Ztg. 1873. 657 u. 690.
[35]) Abhandl. d. schlesischen Gesellsch. f. vaterl. Cultur 1872. 1.
[36]) Vergl. namentl. Rees, Untersuchungen.

zugleich eine Ausstülpung treibt, welche durch Einschnürung und Membranausscheidung sich an der Basis abgliedert (Fig. 8. a). Bei hinreichendem Luftzutritt (auf Möhren u. s. w.) wandeln sich einzelne Zellen, unter erheblicher Vergrößerung, in Sporenschläuche um. Das Protoplasma des Ascus wird feinkörnig, ballt sich zu einer Anzahl rundlicher Körper zusammen, die sich nach einigen Tagen mit einer zarten, doppelt conturirten Membran umgeben und durch Verflüssigung der äußeren Hülle frei werden (Fig. 8. b, c, d).[37])

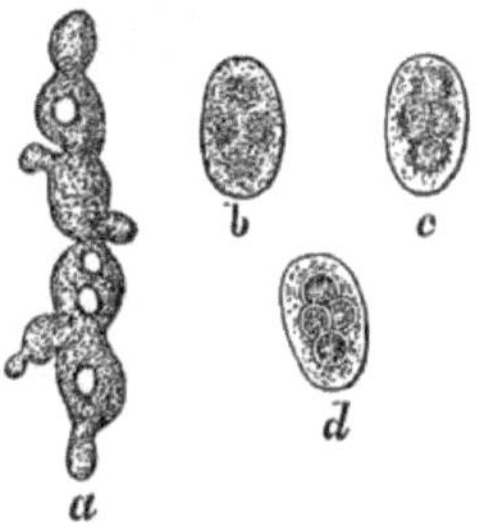

Fig. 8. Saccharomyces cerevisiae.
a. Oberhefe (Vergr. 400).
b. c. d. Sporenentwicklung in den Ascis.

b. Tuberacei. Knollenförmige, ganz oder theilweise unter der Erde wachsende Pilze, z. B. Tuber cibarium, die Trüffel.

c. Elaphomycei mit einem aus langgliedrigen Hyphen zusammengesetzten Fruchtkörper, welcher die sporenbildenden Schläuche trägt.

d. Pyrenomycetes, pflanzen sich durch Conidien, Spermogonien, und Perithecien fort.

Eurotium Aspergillus glaucus, auf eingemachten Früchten, todten Pflanzen u. dgl. ungemein häufig. Das cylindrische Mycelium ist durch Querwände in langgestreckte Glieder getheilt. Das obere Ende der meist dicken Conidienträger (Fig. 9. c) schwillt an und treibt eine große Anzahl länglicher Ausstülpungen (Sterigmen, Fig. 9. s). Jedes Sterigma bildet an der Spitze wieder eine kleine Ausstülpung, welche nach einiger Zeit als selbstständige Zelle (Spore oder Conidie) abgeschnürt wird. Durch fortgesetzte Abschnürung bilden sich so an der Spitze der Sterigmen Sporenketten, welche schließlich abfallen. Außerdem entwickeln sich zarte, an der Spitze korkzieherförmig gewundene Zellen (f), deren Windungen sich immermehr nähern. Von der unteren Windung wächst nun ein Zweig, das Pollinodium, rasch bis zum oberen Ende des Carpagon (Ascogonium), mit dem es sofort verschmilzt (Fig. 10. A). Ein anderer Zweig der unteren Windung umschließt die Schraube, die einzelnen Zweige zerfallen durch Querwände in Zellen (Fig. 10. B) und bildet schließlich eine mehrschichtige Hülle von etwa 0,25 ^{mm} Durchmesser. Das Carpagon treibt dann verästelte Zweige aus, welche die inneren Hüllschichten verdrängen (C) und eine große Zahl dicht gedrängter ovaler Schläuche (Asci, Fig. 9. A u. 10. D) bilden mit je 8 Sporen (Ascosporen). Die Sporenschläuche zerfallen, die Wände der reifen Frucht (Fig. 9. F) zerreißen und die farblosen Ascosporen treten ins Freie.

Sowohl die Conidien als die Ascosporen keimen auf feuchten

[37]) Dingler's polyt. J. 1875. 218. 1. Hft. gibt der Verf. eine Literaturzusammenstellung über Hefe und Gährung.

[38]) A. de Bary, Schimmel u. Hefe S. 13.

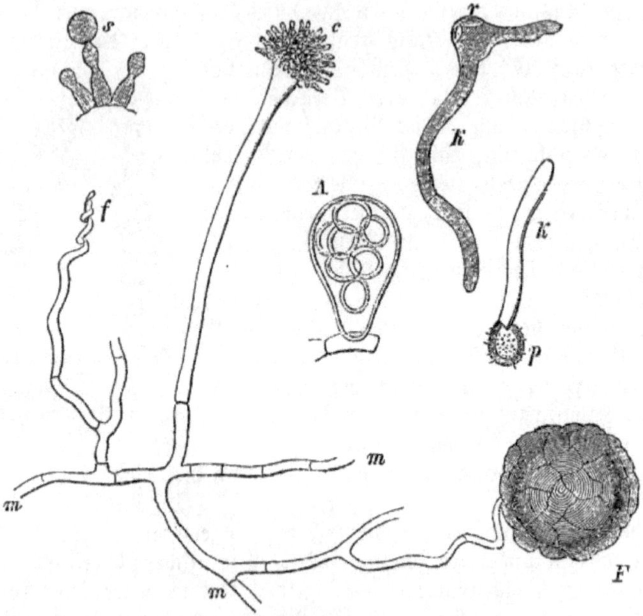

Fig. 9. Eurotium Aspergillus glaucus.

m. Mycelium. c. Conidienträger (Conidien sind abgefallen). F. Reife Schlauchfrucht (Perithecium). f. Erste Anlage eines Carpagons (Vergr. 190). s. Sterigmen, die Sporenabschnürung zeigend. p. Keimende Conidie (Vergr. 250—300). A. Sporenschlauch (Ascus. Vergr. 600). r. Keimende Schlauchspore. k. Keimschläuche.

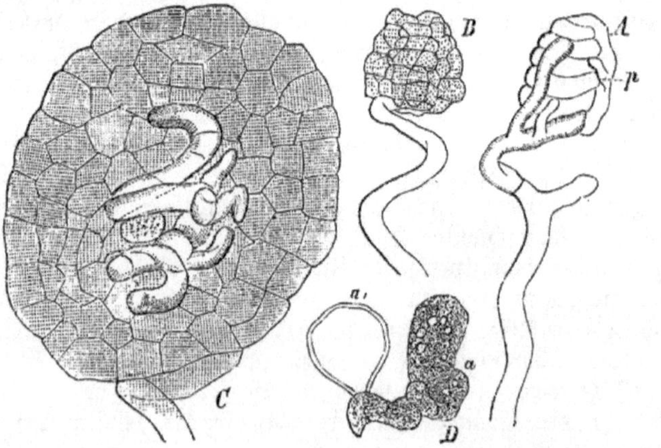

Fig. 10. Eurotium Aspergillus glaucus. Vergr. 600.

A. Schraubiges Carpagon mit dem Pallinodium p. B. Carpagon von der Hülle umwachsen. C. Längsschnitt eines älteren Entwicklungszustandes; das Carpagon hat seine Windungen gelockert und beginnt die ascusbildenden Zweige zu treiben. D. Stück eines ascustragenden Zweiges; a junger, a, ein älterer geplatzter Ascus.

Oberflächen, indem sie einen Keimschlauch (Fig. 9. p, r, k) austreiben, welcher zu einem Myceliumfaden auswächst, der Conidienträger und Schlauchfrüchte entwickelt.

Penicillium glaucum [39]), ein überall und außerordentlich häufig vorkommender Pilz, der mit Eurotium zusammen oder auch allein weiße, dann schmutzig grünblaue Ueberzüge bildet. Das Mycelium ist reich verzweigt (Fig. 11. m) und, wie die Conidienträger, mit Querwänden versehen. Das freie Ende der Conidienträger (a) ist verzweigt und an den Spitzen mit zahlreichen pfriemenförmigen Basidien (b) versehen, welche das stielartige Sterigma (c) entwickeln. Durch Abschnürung entstehen nun, wie bei Aspergillus, lange Ketten runder, farbloser Conidien [40]), welche nach der Reife in die einzelnen Sporen zerstäuben. Brefeld [41]) ist es auch gelungen, die Ascusbildung aufzufinden, und somit auch für diesen Pilz die Pleomorphie nachzuweisen.

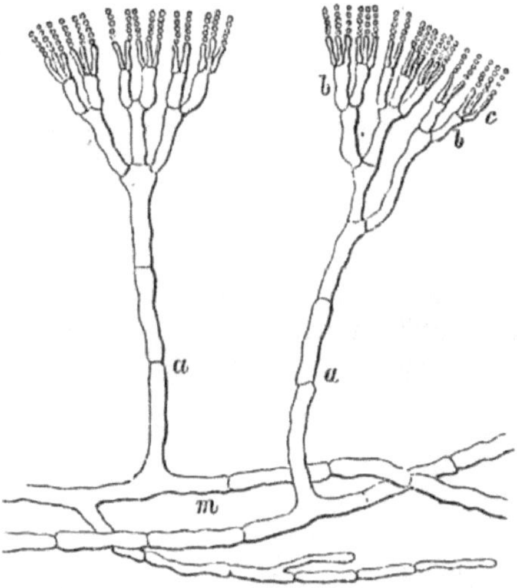

Fig. 11. Penicillium glaucum. Vergr. 400.
m. Mycelium, a. verzweigte Fruchthyphen, b. Basidien, c. Sterigmen mit succedaner Abschnürung.

Hierher wird auch ein anderer besonders auf saurer Milch und thierischen Excrementen häufiger Schimmel: Oidium lactis gehören. Von dem reich verzweigten, quer-

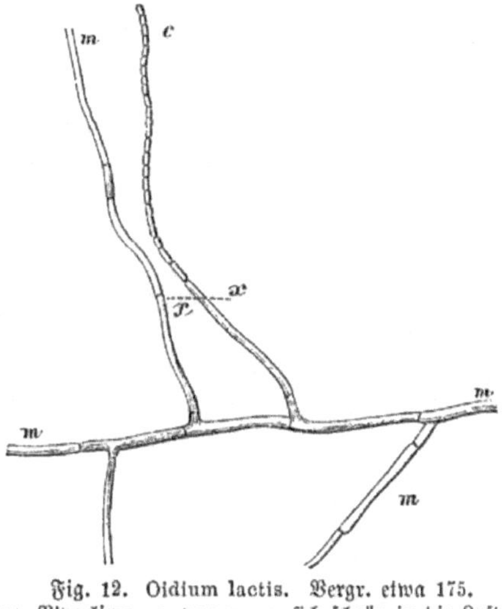

Fig. 12. Oidium lactis. Vergr. etwa 175.
m. Mycelium, c. von x—x sich schräg in die Luft erhebende Conidienträger mit zahlreichen Conidien.

---

[39]) Flora 1873. 331; Botan. Ztg. 1872, 127 u. 1873, 638.

[40]) Die Keimung der Conidien erfolgt zwischen 1,5 und 43°, die Ausbildung derselben zwischen 3 und 40°, die Entwicklung der Mycelien von 2,5—40°. Die Keimungsgeschwindigkeit erreicht ihr Maximum bei 22°, die Mycelentwicklung bei 26°, die Sporenbildung bei 22°; vergl. Botan. Ztg. 1873. 348.

[41]) Botan. Ztg. 1872. 127.

wandigen, schneeweißen Mycelium erheben sich die Conidienträger, welche sich dann, mit Ausnahme des unteren Theiles (Fig. 12. x—x) in Conidien theilen.

e. Discomycetes, Scheibenpilze, deren Sporenschläuche sich auf platten oder gewölbten Scheiben befinden, z. B. Helvella.

Pleomorphismus.

Wie bereits bei Eurotium, Penicillium u. a. erwähnt, kommen bei vielen Pilzen mehrere Fructificationsformen vor. Hallier[42]) hat, namentlich in seiner Zeitschrift für Parasitenkunde dieser von Tulasne entdeckten Erscheinung, Pleomorphismus genannt, gestützt auf sogenannte Reincultur[43]) eine Ausdehnung gegeben, die zurückzuweisen ist. So sollen z. B. Micrococcus, Oidium, Ustilago, Mucor Mucedo und andere Pilze nur „Morphen" von Eurotium sein.

Polotebnow[44]) hält eine Vermehrung der Bakterien für nicht möglich und glaubt, daß sie aus Penicillium Sporen hervorgehen. Die sorgfältigen Untersuchungen von A. de Bary[45]), Burdon-Sanderson[46]), Cohn[47]), Hoffmann[48]), Manassein[49x]) u. A.[49]) widersprechen diesen Angaben entschieden und weisen die Untersuchungsmethoden von Hallier als unwissenschaftlich zurück.

Generatio spontanea.

Im Alterthum und selbst noch im 17. Jahrhundert nahm man allgemein eine Urzeugung: Generatio spontanea oder aequivoca an; nicht allein sollten Maden und Ungeziefer von selbst aus Schmutz, Würmer aus kranken Eingeweiden entstehen, auch höhere Thiere wie Mäuse sollten auf künstlichem Wege erzeugt werden können[50]) Der Italiener Francisco Redi war der Erste, welcher in seinen „Esperienze intorno alla generazione degli insetti" gegen die Urzeugung auftrat und das Entstehen der Maden in faulendem Fleische aus Eiern bewies. Er wurde dafür der Ketzerei angeklagt, weil Simson behauptet hat, daß in dem

---

[42]) Zürn S. 62; Hallier, Pilz-Regulativ.

[43]) Vergl. Botan. Ztg. 1869. No. 15.

[44]) Dingler's polyt. J. 1869. 193. 168; Wiener Sitzungsberichte. 1869. 60. 4. Hft.

[45]) Schimmel u. Hefe, S. 51, 71 u. 83; Virchow-Hirsch, Bericht über die Leistungen der gesammten Medicin im Jahre 1867, II, 240; Botan. Ztg. 1869, 193.

[46]) Quarterly Journ. of the Microsc. Society. Oct. 1871.

[47]) Beiträge 2. Hft. S. 188; Bakterien.

[48]) Botan. Ztg. 1869, 268.

[49x]) Wiesner, Mikroscopische Untersuchungen, S. 129.

[49]) Compt. rend. 1875. 80. 178.

[50]) Annal. de Chim. et de Phys. 64, 51.

Nase eines Löwen ein Bienenschwarm entstanden sei. Nach Entdeckung der Infusorien durch Leuwenhök fanden sich neue Vertreter der Urzeugung. Needham (1745) kochte einen Aufguß, verschloß das Gefäß mit Mastix und fand nach einiger Zeit eine Infusorienwelt in demselben. Seine Versuche scheinen von entscheidendem Einfluß auf die Theorie der Organismenerzeugung von Buffon (1749) gewesen zu sein.

Der italienische Abbé Spallanzani (1765) wiederholte diese Versuche von Needham, erhitzte die verschlossenen Gefäße aber $^3/_4$ Stunden auf 100° und konnte später keine Organismen auffinden.[51]) Der französische Conditor Appert verwerthete diese Versuche, indem er Gemüse in Gefäße einschloß, erhitzte und so conservirte (appertisiren), ein Versuch, der bekanntlich beim Conserviren von Nahrungsmitteln unendlich oft und mit den besten Erfolgen wiederholt wird. Diesen Ergebnissen wurde nun entgegengehalten, daß die organischen Stoffe durch das Erhitzen verändert werden und daß namentlich, wie Gay-Lussac zeigte, die Luft in den Conservirungsgefäßen keinen Sauerstoff mehr enthalte, daß aber zur Entwicklung des Lebendigen aus todten organischen Stoffen Sauerstoff gehöre. Diese Ausrede wurde 1836 und 1837 von F. Schulze[52]) und Schwann[53]) dadurch widerlegt, daß keine Organismen erschienen, wenn den organischen Stoffen Luft zugeführt wurde, die zur Zerstörung der darin schwebenden Keime vorher durch glühende Glasröhren oder durch Schwefelsäure geleitet war. Aehnliche Versuche und mit gleichem Resultat wurden von Ure[53a]) und Helmholtz ausgeführt. Schröder und Dusch[54]) zeigten dann, daß erhitzte organische Stoffe, zu denen man nur Luft zutreten ließ, die vorher durch einen Stöpsel von Baumwolle gegangen und dadurch von den Keimen befreit war, keine Organismen hervorbrachten. Pasteur[55]) vereinfachte diesen Versuch noch, indem er den Hals eines Kölbchens zu einer Röhre auszog und diese abwärts bog und durch Erhitzen der betreffenden Flüssigkeit die vorhandenen Keime zerstörte. Obgleich der Hals offen blieb, die atmosphärische Luft also ungehindert zutreten konnte, entwickelten sich keine Organismen. Wurde jedoch die Röhre abgebrochen, so traten bald Organismen auf und die Zersetzung begann.[56]) Das Krümmen des Flaschenhalses genügte also, die in der Luft schwebenden Keime zurückzuhalten.

Daß die atmosphärische Luft zahllose Keime enthält, vermuthete schon vor mehr als 2000 Jahren Anaxagoras, der Freund des Perikles;

---

51) Spallanzani, Opuscules de Physique animale et végétale, traduits de l'Italien par J. Sennebier. 1777.

52) Poggendorff's Annal. 39. 497.

53) Daselbst 41. 184.

53a) Dingler's polyt. J. 1840. 75. 461.

54) Daselbst 1854. 132. 295.

55) Annal. de Chim. et de Phys. 64. p. 1.

56) Vergl. Cohn, Bakterien. S. 15.

Ehrenberg (1848), Pasteur[57]), Tyndall[58]) u. A.[59]) haben dann durch zahlreiche Versuche das Vorhandensein dieser Keime bewiesen. Tichborne[60]) bestätigt, daß Staub von der Straße und aus bewohnten Räumen Gährungskeime und Bakterien enthält; Douglas Cunningham[61]) zeigt ähnliches von der Luft in Calcutta, und Crace-Calvert[62]), daß namentlich in der Nähe von faulenden thierischen Stoffen die Luft sehr reich an Bakterien ist. Cohn[63]) und Burdon Sanderson[64]) haben ferner bewiesen, daß die Bakterien durch die Luft, namentlich aber durch Wasser verbreitet werden.

Später ist die Urzeugung von Hartig[65]), Nägeli[66]), Bastian[67]) und von Omimus[68]) wieder von Neuem behauptet. Letzterer glaubt, daß Bakterien aus Blut und Eiweiß spontan entstehen können. Die Versuche von Crace-Calvert[69]) zeigen, daß Eiweiß auch in einer Sauerstoffatmosphäre unverändert bleibt und keine Organismen entwickelt werden; wenn nicht Keime derselben hinzutreten können, und Klebs[70]) bewies, daß das Blut gesunder Thiere keine Entwicklung niederer Organismen zeigt, wohl aber das von kranken Thieren.

A. de Bary, Cohn[71]) sowie die Versuche von Bastian, Frankland und Huxley[72]) zeigen hinreichend, wie leicht Irrthümer bei derartigen Beobachtungen unterlaufen können, daß namentlich sehr feine Glassplitterchen mit Braun'scher Bewegung sehr oft für Organismen angesehen werden, daß sorgfältig ausgeführte Versuche und Beobachtungen stets gegen jede spontane Entwicklung sprechen.

Mayer[73]) erklärt es schlechterdings unverständlich, wie alle die reich organisirten Formen unserer Erde entstanden sein sollen, wenn nicht durch elternlose Zeugung, daß man daher auf deductivem Wege zur Annahme

---

[57]) Dingler's polyt. J. 1862. 165. 292.
[58]) Daselbst 1870. 198. 72; Nature 1870. No. 13.
[59]) Vergl. Lex u. Roth, Handbuch S. 146; Chemisch. Centralbl. 1870. 310.
[60]) Chem. News. 22. 197; Naumann, Jahresber. 1870. 896.
[61]) Nature, 26. Febr. 1874; Naturforscher 1874. 144.
[62]) Naturforscher 1871. 283.
[63]) Beiträge 2. Hft. S. 198 u. 215; Rede auf der Naturforscherversamml. in Breslau 1874; Botan. Ztg. 1871. 861; 1872. 523.
[64]) Quarterly Journ. of the Microscop. Soc. Oct. 1871.
[65]) Botan. Ztg. 1869. 27. 191; Landwirthschaftl. Versuchsstat. 10. 162.
[66]) Ueber Begriff und Entstehung der naturhistorischen Art (München 1865).
[67]) Archiv f. d. ges. Physiologie 7. 549; Naturforscher 1870. 417.
[68]) Dingler's polyt. J. 1874. 213. 449. Compt. rend. 1874.
[69]) Procedings of the Royal Soc. Nro. 128; Naumann, Jahresber. 1872. 1C04.
[70]) Tageblatt der Naturforscherversamml. in Leipzig 1872. S. 213.; vergl. Dingler's polyt. J. 1874. 212. 352.
[71]) 49. Jahresber. d. Gesellsch. f. vaterl. Cultur (Breslau 1872), S. 206.
[72]) Naturforscher 1871. 51.
[73]) Gährungschemie S. 61 u. 71.

einer generatio spontanea komme. (?) — Möge man nun mit Huxley[74]) annehmen, daß in den Vorzeiten unseres Planeten physische und chemische Vorbedingungen zur Urzeugung vorhanden waren, längst aber verloren seien, oder mit Thomson[75]), daß die ersten Organismenkeime durch Meteore unserer Erde zugeführt sind — soweit die Möglichkeit einer Urzeugung bei den hier zu besprechenden Fragen in Betracht kommt, muß sie entschieden verneint werden! Bakterien und Pilze entstehen ebensowenig ohne Keim[76]) wie Trichinen und Eingeweidewürmer.[77])

---

[74]) Rede zur Eröffn. d. brittischen Naturforscherverf. Industriebl. 1871. 78.

[75]) Cohn, Bakterien S. 32.

[76]) So hat die aufmerksame Beobachtung gezeigt, daß die Sporen auf der Oberfläche der Eier, Nüsse u. s. w. bei hinreichender Feuchtigkeit keimen, die Keimschläuche und Myceliumfäden selbst die unverletzten Eierschalen und die härtesten Fruchtsteine durchbohren. Das Vorkommen von Schimmel in Nüssen u. dgl. wird dadurch hinreichend erklärt. (A. de Bary, Schimmel u. Hefe S. 61.)

[77]) Auch die neueren Versuche von Lancaster (Nature, April 1874. p. 421), Gscheidlen, Putzeys u. A. sprechen entschieden gegen Urzeugung. (Archiv d. Pharm. 1875. 6. 305.)

Desinfection.

Nach Aufhören des Lebensprocesses zerfallen bekanntlich die organischen Bestandtheile der Thiere und Pflanzen sowie die Auswurfstoffe und organischen Abfälle, unter gewöhnlichen Verhältnissen, in immer einfachere Verbindungen, deren wichtigsten Endproducte Wasser, Kohlensäure und Ammoniak sind. Diese eigenthümlichen Zersetzungsprocesse bezeichnet man mit Gährung, Fäulniß und Verwesung.

Gährung.

Nach Liebig [1]) ist die Hefe eine stickstoffhaltige, eiweißartige Substanz, die sich zersetzt und die in Folge der Veränderung, die sie selbst erleidet, Gährung erregt, indem sie die Moleculargruppe der gährungsfähigen Materie durch Mittheilung ihrer Bewegung erschüttert und auseinandertreibt. — Diese rein mechanische Theorie modificirte er in einer späteren Arbeit. [2]). Er gibt hier zu, daß die Hefe aus Pflanzenzellen besteht, in denen, sobald sie sich fertig gebildet haben, eine moleculare Bewegung eintritt. Der Zucker des Zellinhaltes zerfällt in Kohlensäure und Alkohol, ein kleiner Theil seines schwefel- und stickstoffhaltigen Bestandtheiles wird löslich und behält die in ihm eingetretene moleculare Bewegung in der Flüssigkeit bei; in Folge derselben hat dieser Stoff das Vermögen, Rohrzucker in Traubenzucker überzuführen. Wenn einer Mischung von Hefe und Wasser Rohrzucker zugesetzt wird, so tritt zunächst dessen Umwandlung in Traubenzucker ein, und die durch die Zellenwände der Hefe eindringenden Zuckertheilchen verhalten sich in der Zelle selbst wie der Zucker oder das Kohlenhydrat, welches ein Bestandtheil des Zellinhaltes ist, sie

---

1) Poggendorff's Annal. 1839. 106; vergl. auch die Zusammenstellung über Hefe und Gährung in Dingler's polyt. J. 1875. **218**. Hft. 1.

2) Chemisch. Centralbl. 1870. 734; vergl. Roth u. Lex, Handbuch S. 488.

zerfallen in Folge der auf sie einwirkenden Thätigkeit in Alkohol und Kohlensäure. Es ist bis jetzt kein wohlerwiesener Fall bekannt, in welchem sich Hefe ohne Zucker gebildet hat, oder in welchem Zucker in Kohlensäure und Alkohol zerfallen ist ohne Gegenwart und Mitwirkung von Hefezellen. Nur durch Vermittlung des pflanzlichen Organismus scheint demnach ein Albuminat und Zucker in der Flüssigkeit, worin sich der Hefepilz entwickelt, zu der eigenthümlichen Verbindung vorübergehend zusammentreten zu können, in welcher allein sie als Bestandtheil des Pilzes eine Wirkung auf den Zucker äußern; wenn der Pilz nicht mehr wächst, so löst sich das Band, das die Bestandtheile des Zellinhaltes zusammenhält, und es ist die in demselben eingetretene Bewegung, wodurch die Hefezellen eine Verschiebung oder Spaltung der Elemente des Zuckers und anderer organischer Molecüle bewirken.

Pasteur[1]) hob dagegen (1858) hervor, daß die Hefe keine todte eiweißartige Substanz ist, sondern ein lebendiger Organismus. Ohne Hefe ist keine Gährung möglich; aber nur die lebendige Hefe erzeugt Alkoholgährung. Die Producte der Gährung sind das Resultat der Ernährung, des Wachsthums, kurz des Stoffwechsels der Hefe; die Gährung ist also ein physiologischer Proceß der Hefezelle. Bei Gegenwart von freiem Sauerstoff lebt die Hefe wie andere Organismen, sie erregt keine Gährung. Ist kein freier Sauerstoff vorhanden, so entnimmt sie denselben zum Zwecke ihrer Lebensthätigkeit aus sauerstoffhaltigen Verbindungen, d. h. aus dem Zucker, der hierdurch in Alkohol und Kohlensäure gespalten wird. — Der Hefepilz und andere organisirte Fermente[2]) können, wie er später[3]) ausführt, sauerstoffhaltige Substanzen (Zucker), die durch ihre Zersetzung Wärme zu liefern im Stande sind, direct assimiliren, die zu ihrem Lebensproceß nöthigen Spannkräfte also den gährungsfähigen Substanzen entnehmen, ohne directe Verbrennung mittels freien Sauerstoff.

Brefeld[4]) zeigt dagegen, daß Hefe nicht ohne freien Sauerstoff wächst, gebundenen Sauerstoff also nicht aufnehmen kann. Solange in einer gährungsfähigen Lösung Sauerstoff vorhanden ist, wächst die Hefe, ist der freie Sauerstoff verzehrt, so nehmen die Hefezellen den Zucker zwar noch als Nährlösung in sich auf, aber sie können ihn, weil der Sauerstoff fehlt, nicht zum Wachsen verwenden, und scheiden ihn in zersetzter Form wieder ab, es tritt die Gährung ein. Die Vergährung des

---

[1]) Alkoholgährung.

[2]) Die Wirkung des Speichels, des Pancreassecretes, des Emulsins, der Diastase und anderer nicht organisirter Fermente wird nicht durch Chloroform, Phenol und ähnliche Stoffe beeinflußt, welche dagegen nicht nur das Leben der organisirten Fermente (Bakterien und Pilze) vernichtet, sondern auch die durch diese veranlaßte Gährung und Fäulniß unterbrechen (vergl. Naumann, chemisch. Jahresber. 1870. 907).

[3]) Compt. rend. 7. Oktob. 1872.

[4]) Landwirthschaftl. Jahrb. 1874. 65.

Zuckers durch Hefe ist daher der Ausdruck einer abnormalen, unvollkommenen Lebenserscheinung, die dann eintritt, wenn die zur normalen Entwicklung der Hefe nothwendigen Nährstoffe nicht in zutreffender Weise zusammenwirken. Die Gährung ist eine pathologische Erscheinung, welche anfängt mit dem Momente, wo die Hefe in nicht erschöpfter Nährlösung nicht mehr wachsen kann und die aufhört mit dem Tode der Hefezelle.

Fäulniß.

Der dieser Vergährung des Zuckers analoge Spaltungsproceß eiweißartiger Stoffe, welcher meist von der Entwicklung übelriechender Gase begleitet ist, wird im gewöhnlichen Leben Fäulniß genannt; streng wissenschaftlich ist die Grenze zwischen Gährung und Fäulniß kaum festzustellen. Hoppe-Seyler [1]) rechnet zu den Fäulnißprocessen unter anderen weniger wichtigen: 1. die Umwandlung der Eiweißstoffe in Peptone, Leucin, Tyrosin [2]), Buttersäure, Schwefelwasserstoff, Ammoniak, Kohlensäure; 2. die Hydration des Harnstoffs zu Kohlensäure und Ammoniak, der Hippursäure zu Glycocoll und Benzoesäure; 3. die Umwandlung der Milchsäure zu Buttersäure, Kohlensäure und Wasserstoff, die ähnliche Gährung der Apfelsäure, die Zersetzung des Klebers unter Bildung von Kohlensäure und Wasserstoff, endlich die Kohlensäure- und Kohlenwasserstoff-Bildung im Schlamm der Sümpfe, sowie im Dickdarm der Thiere. Liebig [3]), Fleck [4]), Hiller [5]) und Andere [6]) sehen in der Zersetzung der abgestorbenen organischen Körper nur einen, durch die verwickelte Zusammensetzung derselben prädisponirten rein chemischen Vorgang, eine Contactwirkung [7]), eine langsame Verbrennung oder Verwitterung, in den Bakterien und Pilzen aber nur mehr oder weniger zufällige Begleiter dieser Vorgänge. Die bereits (S. 15) erwähnten Untersuchungen von Spallanzani, Schwann, Cohn u. A. haben jedoch auf das Bestimmteste bewiesen, daß diese niederen Organismen nicht organisirte Producte, wie die Anhänger der spontanen Entstehung behaupten, oder zufällige Begleiter, sondern Producenten dieser Zersetzungen sind; nicht der

[1]) Medicinisch-chem. Unters. IV. 561 ff. — Die neuesten Untersuchungen von Popoff haben gezeigt, daß die Zersetzung des Schlammes in Canälen und Flüssen namentlich durch Pigmentbakterien (S. 4) bewirkt wird. (Dingler's polyt. J. 1875. 216. 191.)

[2]) Paschutin hat Tyrosin nur bei Abwesenheit von Sauerstoff und angeblich unabhängig von Organismen gefunden, obgleich die Gegenwart derselben keineswegs ausgeschlossen war (Chem. Centralbl. 1874. 629).

[3]) Poggendorff's Annal. 1839; Chemisch. Centralbl. 1870. 743.

[4]) 1. Jahresber. S. 21.

[5]) Chemisch. Centralbl. 1874. 745; Deutsche Klinik 1874. 4. 5.

[6]) Vergl. Roth u. Lex Handbuch S. 486.

[7]) Vergl. Journ. f. prakt. Chem. 1874. 10. 385.

Tod erzeugt die Fäulniß, nicht der Sauerstoff die Verwesung, sondern das Leben der Bakterien und Pilze vermittelt dieselben.[1])

Hoppe-Seyler[2]) erklärt diesen Zusammenhang zwischen den Fäulnißprocessen und den Organismen entsprechend der neueren Liebig'schen Gährungstheorie: Eine bestimmte Menge eines Fermentes vermag nur eine bestimmte Quantität einer gährungs- oder fäulnißfähigen Substanz zu zersetzen, wie dieses für die Fermente des Speichels[3]), der Bauchspeicheldrüse u. a. nachgewiesen ist. Ein Ferment kann sich selbst nicht neu bilden, zu seiner Neubildung ist ein Organismus nöthig, der, wie eine Drüse, durch andere Processe als die der bestimmten Gährung neue Quantitäten des Fermentes schafft. Einige Tropfen faulen Harnes wandeln bei warmer Temperatur schnell eine große Menge frischen Harn in faulenden um; einige Tropfen von dieser genommen, sind wieder im Stande, eine große neue Quantität von Harn in Fäulniß zu versetzen u. s. w. Während des Faulens vom Harn vermehrt sich also das Ferment, und es kann wohl nicht in anderer Weise geschehen, als durch Wachsthum und Vermehrung kleiner Organismen, die im faulen Harn leben, und welche das Ferment bei ihrem Leben ebenso vermehren, wie man diesen ganzen Vorgang an der Weinhefe am besten beobachten kann.[4])

Nach F. Cohn[5]) ist Fäulniß keine aus den chemischen Affinitäten ihrer Atome von selbst hervorgehende Umlagerung, sondern ein von Stäbchenbakterien erregter chemischer Proceß. Die Bakterien ernähren sich von den Eiweißsubstanzen, und zwar wahrscheinlich dadurch, daß sie die Eiweißmolecüle in Ammoniak, welches sie assimiliren, und andere flüssige und gasförmige, noch wenig bekannte Nebenproducte zerlegen, wie Hefe den Zucker. — Es entsteht keine Fäulniß, wenn zu einer stickstoffhaltigen organischen Substanz keine Bakterien hinzutreten können, nachdem die früher darin vorhandenen getödtet sind. Fäulniß beginnt, sobald Bakterien, wenn auch in geringster Zahl, absichtlich oder unabsichtlich zugeführt werden; sie schreitet vor, in demselben Verhältniß, indem die Bakterien sich vermehren[6]); sie wird verlangsamt, wenn die Bakterien (in niederer

---

[1]) A. de Bary, Schimmel u. Hefe S. 62; Cohn, Bakterien S. 17.

[2]) Medicinisch-chem. Untersf.

[3]) Centralbl. f. d. medic. Wissensch. 1871. No. 24.

[4]) Vergl. Chem. Centralbl. 1874. 549; Journ. f. prakt. Chem. 1874. 10. 1.

[5]) Beiträge 2. Hft. S. 202; Bakterien S. 17.

[6]) Cohn (Bakterien S. 10) berechnet, daß eine Bakterie unter günstigen Umständen in 24 Stunden sich auf fast 17 Millionen vermehren kann, in zwei Tagen schon auf 281 Billionen u. s. f. Bacterium termo hat etwa einen Durchmesser von 0,001^{mm} und eine Länge von 0,002^{mm}; 1^{cbmm} würde demnach 600 Millionen dieser winzigen Organismen umfassen und dennoch könnten die Nachkommen eines einzigen Exemplares nach zwei Tagen 0,5^{l} und bei fortschreitender Entwicklung schon nach fünf Tagen das ganze Weltmeer anfüllen. 600 Milliarden wiegen noch nicht ganz 1^{g}, aber schon nach drei Tagen könnte das Gewicht der Nachkommen eines Stäbchens über 7 Millionen^{k} betragen. — Wenn die

Temperatur) geringere Lebensthätigkeit entwickeln, sie wird zum Stillstand gebracht durch alle die Einflüsse, welche die Vermehrung der Bakterien gänzlich hemmen oder dieselben tödten; alle Baktericiden-Mittel sind daher auch antiseptische oder desinficirende. — Fäulniß ist ein correlatives Phänomen nicht des Todes, sondern des Lebens.

Rindfleisch [1]) zeigt ebenfalls, daß die gewöhnliche stinkende Fäulniß nicht auftritt, sobald keine Bakterien hinzutreten können, wenn auch sonst die Bedingungen für dieselbe möglichst günstig sind. [2]) — Maly [3]) hat beobachtet, daß wenn man die im Verlaufe der Milchsäuregährung auftretenden Stäbchenbakterien tödtet, keine weitere Milchsäureproduction statthat, daß sie gar nicht eintritt, wenn man die Lebensbedingungen für dieses saprogene Ferment vernichtet. — Kemmerich [4]) zeigt, daß das Sauerwerden der Milch [5]), das Zeitigen des Käse [6]), das Oeligwerden der Nüsse und Mandeln durch Pilzbildungen bedingt ist. [7])

Einige Bakterien werden durch freien Sauerstoff in ihrer Fermentwirkung gehindert, wie dieses schon Pasteur [8]) für Bacillus subtilis (Buttersäureferment) [9]) nachgewiesen hat. Die übrigen bedürfen zu ihrer

---

Vermehrung der Bakterien in Wirklichkeit weit hinter diesen Zahlen zurückbleibt, so liegt dieses nicht etwa daran, daß sie derselben überhaupt nicht fähig wären; sie wird vielmehr nur durch die beschränkte Nahrung und andere ungünstige Umstände bedingt. — 40 Millionen Hefezellen wiegen etwa 1^k und doch können in einer Fabrik in 24 Stunden 5000^k Hefe erzeugt werden. — Die kolossale Arbeitsleistung dieser winzigen Organismen wird dadurch erklärlich.

1) Virchow, Archiv 1871. **54**. 25.

2) Vergl. Naumann, Jahresbericht d. Chem. 1872. 1004; Muspratt, techn. Chemie 2. Bd. S. 183.

3) Berichte d. deutsch. chem. Ges. 1874. 1570.

4) Archiv f. d. ges. Physiolog. 1869. 8; Vierteljahrsschr. f. öff. Gesundh. 1869. 629; Dingler's polyt. J. 1869. **194**. 359.

5) Vergl. auch Dingler's polyt. J. 1873. **209**. 373.

6) Vergl. Wagner's Jahresber. 1863. 552.

7) Gyps wird nach Bechamp nur dann zu Schwefelcalcium, Eisenvitriol zu Schwefeleisen reducirt, wenn Fäulnißorganismen zugegen sind (Dingler's polyt. J. 1869. **191**. 336).

8) Dingler's polyt. J. 1863. **170**. 142 u. 220; Wagner's Jahresber. 1863. 477.

9) Cohn berichtet noch, daß nach der Appert'schen Methode eingelegte Nahrungsmittel, insbesondere Erbsen, in hermetisch verschlossenen Blechbüchsen, aus denen die Luft vorher durch längeres Kochen ausgetrieben, mitunter verderben, wobei sie einen äußerst widrigen Gestank und eine so große Menge Gas entwickeln, daß die Blechbüchse convex aufgetrieben und selbst gesprengt, oder beim Oeffnen die eingeschlossene Flüssigkeit unter heftiger Explosion ausgespritzt wird. Hierbei haben sich unzählige Bakterien, insbesondere Bacillus subtilis entwickelt. Diese Species ist es, welche unter allen Bakterien die höchsten Temperaturgrade erträgt, und dadurch sich an die verwandten in Thermen vorkommenden Leptothrix-Arten anreiht, während die Stäbchenbakterien schon in relativ niederen Temperaturen an der Weiterentwickelung gehindert werden. (51. Jahresber. d. schlesisch. Gesellsch. f. vaterl. Cultur. 1874. S. 116.)

Entwicklung jedenfalls freien Sauerstoff, wenn auch meist nur in sehr geringen Mengen. Fehlt der Sauerstoff völlig, so werden die Bakterien bewegungslos, oft sogar getödtet, die Fäulniß wird unterbrochen.[1]) Wird die fäulnißfähige Substanz jedoch in eine dünne Schicht ausgebreitet, sodaß die atmosphärische Luft ungehindert Zutritt hat, so kann die Fäulniß gehindert werden, indem die organischen Stoffe lediglich verwesen, die Bakterien also durch die Pilze verdrängt werden.

Hier kommt namentlich in Betracht die Fäulniß der Excremente[2]) und der Leichen.

Harn[3]), gekocht und vor dem Zutritt des atmosphärischen Sauerstoffes geschützt, ist selbst nach vielen Jahren noch unverändert. Frischer Harn wird, nachdem er 2 Tage offen an der Luft bei 20—30° gestanden hat, trübe durch die Entwicklung zahlloser Micrococcus ureae (Fig. 2. c. S. 3). Bald stellen sich auch andere Bakterien, namentlich Bacterium termo (Fig. 3. S. 5) und Bacillus subtilis (Fig. 4) mit lebhafter Bewegung ein, welche nach einigen Tagen zwar ihre Beweglichkeit verlieren, sich aber sehr stark vermehren; Bacillus subtilis in Leptothrixfäden von 12—20 Mikr. Länge. An der Oberfläche bildet sich eine Schleimschicht von Micrococcus, zu denen sich auch Pilze gesellen, während sich in der Flüssigkeit Bakterien und Hefezellen entwickeln.[4]) Die saure Reaction des Harnes nimmt hierbei anfangs zu in Folge der Bildung von Milchsäure und vielleicht auch Essigsäure. Der Harnstoff wird in kohlensaures Ammonium zerlegt, die freien Säuren und sauren Salze des Harnes neutralisirt, es scheiden sich Krystalle von phosphorsaurem Ammonium-Magnesium ab, bis schließlich die alkalische Reaction des Ammoniumcarbonates überwiegt. Die Zersetzung der übrigen organischen Harnbestandtheile ist noch wenig bekannt. — In unreinen Gefäßen treten diese Fäulnißerscheinungen weit rascher auf, da die Bakterieneinsaat durch die Luft (vergl. S. 16) nur langsam stattfindet.

Der Darmkoth[5]) enthält schon bei der Entleerung zahllose Bakterien und stellt bereits eine faulende Masse dar. Wahrscheinlich sind die Bakterien schon im Dünndarm bei den Veränderungen des Darminhaltes wesentlich betheiligt, wofür namentlich das Auftreten von Milchsäure und Buttersäure, und zwar vorzugsweise im Innern des Speisebreies, anzuführen ist; im Dickdarm werden die chemischen Veränderungen wohl wesentlich durch sie bedingt.[6]) Genauere Untersuchungen über die Fäulniß der Fäces liegen nicht vor. Ist der Zutritt des Sauerstoffes beschränkt,

---

[1]) Cohn, Beiträge 2. Hft. S. 205; Lex u. Roth, Handbuch S. 492.
[2]) Zusammensetzung derselben s. später.
[3]) Vergl. Gorup-Besanez, physiolog. Chem. S. 573.
[4]) Cohn, Beiträge 2. Hft. S. 159.
[5]) Vergl. Gorup-Besanez, physiolog. Chem. S. 551.
[6]) Lex u. Roth, Handbuch S. 501.

so verläuft die Fäulniß im Wesentlichen wie die des Harnes; unter Entwicklung von noch wenig bekannten, sehr übelriechenden Producten bildet sich aus den stickstoffhaltigen eiweißartigen Substanzen namentlich Ammoniumcarbonat, Schwefelammonium, nach den Versuchen von Reiset, Gilbert[1]) u. A. entweichen aber auch, selbst bei Gegenwart von alkalischen Erden, bis 40 Proc. des vorhandenen Stickstoffes gasförmig. Durch Zusatz von Harn wird diese Fäulniß ungemein begünstigt. Kann dagegen die atmosphärische Luft ungehindert zutreten, so tritt bei passender Temperatur und Feuchtigkeit Schimmelbildung und damit Verwesung ein.

Die Zersetzung der Leichen soll später bei den Friedhöfen besprochen werden.

Verwesung

ist ein durch Pilze, namentlich Mucor Mucedo, Penicillium glaucum, Eurotium Aspergillus glaucus, Oidium lactis, vermittelter Oxydationsproceß; sie findet nicht statt, wenn die Pilzvegetation fehlt, auch wenn Sauerstoff in hinreichender Menge vorhanden ist.

Zimmermann[2]) zeigte, daß Mucor Mucedo (Fig. 6. S. 9) auf Brod cultivirt in 17 Tagen $^2/_3$ der Trockensubstanz des Brodes unter starker Entwicklung von Kohlensäure und Sauerstoffverbrauch verzehrte. — Tanninlösung verändert sich nach Tieghem nicht, wenn kein Sauerstoff zutreten kann, auch wenn die Sporen der beiden Schimmelpilze Penicillium glaucum und Eurotium Aspergillus glaucus hineingesäet sind, aber auch nicht bei freiem Zutritt von Sauerstoff, wenn diese Pilze völlig fern gehalten werden. Bei unbeschränktem Sauerstoff entwickeln sich die Pilze jedoch an der Oberfläche der Lösung unter Verbrennung des Tannins zu Kohlensäure und Wasser. Wird das bereits gebildete Pilzmycelium untergetaucht, der Zutritt der Luft also beschränkt, so wird das Tannin in Gallussäure und Zucker gespalten, während ein Theil des gebildeten Zuckers von den Organismen absorbirt wird.[3]) — Oxalsäurelösung wird im Sommer in kurzer Zeit durch Pilzvegetation unter reichlicher Absorbtion von Sauerstoff in Kohlensäure übergeführt. Werden die Sporen vorher getödtet, so tritt diese Zersetzung nicht ein.[4]) — Aehnliche Beobachtungen haben Werner[5]) und Zöller[6]) gemacht.

Dahin gehört auch das Leuchten des vermoderten Holzes[7]) und die

---

[1]) Compt. rend. 42. 53; Phil. Transact. 1861. 500.
[2]) Genus Mucor.
[3]) A. de Bary, Schimmel und Hefe S. 63.
[4]) Zeitschrift f. analytische Chem. 1870. 392.
[5]) 51. Jahresbericht d. schlesisch. Ges. f. vaterl. Cultur S. 78.
[6]) Chem. Centralbl. 1874. 550.
[7]) Dingler's polyt. J. 1873. 210. 240.

Zerstörung des Holzes durch Penicillium und andere Pilze, die namentlich an Bierfässern beobachtet ist.[1])

Sämmtliche Verwesungserreger vegetiren nur an der Oberfläche der organischen Körper in unmittelbarer Berührung mit der atmosphärischen Luft.[2]) Unter reichlicher Sauerstoffaufnahme setzen sie ihre organische Nahrung größtentheils in Kohlensäure, Wasser und Ammoniak um; letzteres geht dann unter weiterer Absorbtion von Sauerstoff in salpetrige Säure und Salpetersäure über.

Selbstverständlich wird ein Pilz, der auf einem abgestorbenen organischen Körper wächst, Verwesung desselben auf der der Luft ausgesetzten Oberfläche, aber auch Gährung durch sein in die Substanz eingedrungenes Mycelium bewirken, wie dieses für Penicillium [3]), Mucor [4]), Hefe u. a. nachgewiesen ist. Fast bei jeder Verwesung werden demnach auch Gährungs- (und durch die gleichzeitig anwesenden Bakterien Fäulniß-) Producte auftreten, die bei fortdauerndem Luftzutritt durch die Pilzvegetation dann ebenfalls in Kohlensäure, Wasser u. s. w. übergeführt werden.

Die Lebensthätigkeit dieser winzigen Organismen hindert demnach das Anhäufen der Abfälle und Leichen von Pflanzen und Thieren; nur durch sie werden diese Massen dem Kreislauf der Natur zurückgegeben, durch ihre Vermittelung in solche Verbindungen zersetzt, welche die chlorophyllhaltigen Pflanzen zum Aufbau ihrer Organe gebrauchen und so neuem Leben zugeführt. Die Erde würde in kurzer Zeit unbewohnbar werden, wenn die Bakterien und Pilze diese ihre Thätigkeit einstellten!

Infection.

Wie das Leben der Saprophyten für öffentliche Reinlichkeit sorgt, so richtet sich die Thätigkeit der Parasiten gegen das Ueberhandnehmen einzelner geselliger Species auf Kosten anderer, somit auch gegen das Gedeihen unserer Culturpflanzen und Hausthiere, ja gegen unser eigenes Leben.

Von den zahlreichen, durch Pilze bewirkten Krankheiten der Culturgewächse, bei denen die Art und die Verbreitung der Ansteckung, der Zusammenhang zwischen fortschreitender Krankheit und Pilzentwicklung auf das Genaueste von Mohl, de Bary, Kühn u. A. beobachtet und durch

---

1) Dingler's polyt. J. 1867. **184**. 352.

2) A. de Bary, Schimmel und Hefe S. 59 u. 63.

3) Nach Davaine wird die sogenannte Fäulniß der Früchte durch die Entwicklung des Myceliums von Mucor Mucedo und Penicillium glaucum veranlaßt (Compt. rend. **63**. 344; Naumann, Jahresber. d. Chem. 1866. 670).

4) Wird Mucor in eine Zuckerlösung untergetaucht, so erfolgt keine Sporangienbildung wie an der Luft, um so reichlicher bilden sich aber Gemmen oder Brutzellen, die als sogenannte Kugelhefe eine lebhafte Gährung hervorrufen.

exacte Versuche festgestellt ist, sollen hier nur erwähnt werden der Getreidebrand, die Kartoffelkrankheit durch Peronospora infestans [1]), die Traubenkrankheit durch Oidium Tuckeri, von den nicht minder zuverlässig erkannten Krankheiten kleinerer Thiere das Absterben der Stubenfliegen durch Empusa muscae [2]), der Seidenraupen durch den Muskardine Pilz (Botrytis Bassiana) [3]) und Micrococcus bombycis (S. 5) und die schwarze Muskardine der Agrotis segetum. [4])

Es ist hier nicht der Ort, näher auf die verschiedenen Pflanzen- und Thierkrankheiten, welche durch Bakterien und Pilze bewirkt werden, einzugehen. Einen kurzen empfehlenswerthen Ueberblick gibt Steudener, ausführlich besprechen dieselben Eidam und namentlich Zürn, der sich allerdings den Hallier'schen Ansichten (S. 14) zuneigt (vergl. Literaturverzeichniß).

Daß verschiedene Hautkrankheiten der Menschen, wie Favus (Achorion Schönleinii), Herpes [5]) (Trichophyton tonsurans), Soor [6]) (Oidium albicans), durch echte, die äußere Haut und die Schleimhaut bewohnende parasitische Pilze hervorgerufen und verbreitet werden, ist bekannt, daß daß Chionyphe Carteri den in Indien gefürchteten Madura-Fuß verursacht [7]), ist in den letzten Jahren bestimmt nachgewiesen. Traube [8]) hat gezeigt, daß durch den Catheterismus Bakterienkeime in die Harnblase, von dort in die Nieren gelangen und hier höchst gefährliche Eiterungen erzeugen. Davaine [9]) hat bewiesen, daß der Milzbrand der Thiere und die damit zusammenhängende Pustula maligna der Menschen durch Bacillus anthracis (S. 6) bewirkt wird. [10]) Klebs [11]) fand, daß Pyämie und Septicämie durch Micrococcus septicus (S. 5), Birch-Hirschfeld [12]), daß Septicämie durch Bacterium, Pyämie aber durch (von Kugelbakterien) specifisch entarteten Eiter erzeugt wird. [13])

Buhl [14]), Hüter, Nassiloff [15]) und namentlich Oertel [16]) haben gezeigt, daß die Diphtheritis durch Bakterien (Micrococcus diphtheri-

---

[1]) Zeitschrift d. landwirthsch. Centralvereins d. Prov. Sachsen 1870. 325; 1872. 89.

[2]) Botan. Ztg. 1870. 28. 161.

[3]) Daselbst 1867. 1; 1869. 585.

[4]) Cohn, Beiträge 1. Hft. S. 58.

[5]) Vierteljahrsschrift f. öffentl. Gesundheitspfl. 1873. 167.

[6]) A. de Bary, Morphologie d. Pilze S. 224.

[7]) Virchow's Archiv 27. 98; Steudener S. 15.

[8]) Berliner klinische Wochenschrift 1864. No. 2.

[9]) Compt. rend. 57. 220, 386; 59. 393; 60. 1296.

[10]) Vergl. Vierteljahrsschr. f. öffentl. Gesundheitspfl. 1870. 316; Industriebl. 1871. 383.

[11]) Beiträge zur pathologisch. Anatomie der Schußwunden (Leipzig 1872).

[12]) Archiv. d. Heilkunde 1873. 14. 193.

[13]) Vergl. Verhandl. d. Würzburger phys.-medic. Gesellsch. 10. Juni 1871.

[14]) Zeitschrift f. Biologie 3. 341.

[15]) Virchow's Archiv 50. 550.

[16]) Deutsch. Archiv f. klinische Med. 1871. 8. 242; Cohn S. 162.

cus), Weigert[1]), Chauveau[2]), Cohn[3]), Burdon Sanderson[4]), Zülzer[5]) und Schenk[6]), daß die Pocken durch Bakterien, und zwar durch Micrococcus Vaccinae, hervorgerufen werden.

Von Buhl und Waldeyer[7]) ist ferner nachgewiesen, daß bei Mykosis intestinalis der rasch unter Cholera ähnlichen Symptomen erfolgende Tod einzig und allein auf die Anwesenheit zahlreicher Bakterien in fast allen Blut- und Lymphgefäßen des Körpers zurückzuführen ist.

Weniger glücklich ist man bisjetzt mit der Auffindung der specifischen Krankheitskeime anderer Infectionskrankheiten gewesen; so hat sich das Choleraphyton[8]) als Ascarideneier, Cylindrotaenium cholerae asiaticae[9]) als Oidium lactis herausgestellt, und der Hallier'sche Cholerapilz[10]), welcher auch auf dem kranken Reis vorkommen sollte, ist von Levis[11]) beseitigt. Ferner haben sich die Angaben von Salisbury, daß mikroskopische Algen die Träger des Miasma von Intermittens seien, nicht bestätigt.[12]) Nichtsdestoweniger aber bietet gerade der Verlauf und die Verbreitungsweise der Cholera, die Art der Infection sehr viele Momente dar, welche auf niedere Organismen als Krankheitsursache unabweisbar hindeuten.[13]) Auch von den übrigen Infectionskrankheiten ist es im höchsten Grade wahrscheinlich geworden, daß die Erreger derselben niedere Organismen sind.[14])

Richter[15]) betont in einer Kritik der verschiedenen Ansichten über die Infectionskrankheiten, daß dieselben von kleinsten Organismen, unmöglich von rein chemischer Thätigkeit herstammen, und belegt dieses später[16]) mit vielen Beispielen. Im gleichen Sinne sprechen sich aus: Ackermann[17]), Cohn[18]), Farr[19]), Lex[20]), Rothe[21]) u. A.[22])

---

[1]) Medicin. Centralbl. v. 30. Aug. 1871.
[2]) Compt. rend. 1868.
[3]) Virchow's Archiv 1872. 55. 229.
[4]) Cohn, Beiträge 2. Hft. S. 161.
[5]) Centralbl. f. medic. Wissensch. 1874. 82; Dingler's pol. J. 1874. 212. 443.
[6]) Vierteljahrsschr. f. öffentl. Gesundheitspfl. 1874. 6. 58.
[7]) 49. Jahresber. d. schlesisch. Gesellsch. f. vaterl. Cultur S. 206.
[8]) Deutsche Klinik 1867. No. 1 u. 5.
[9]) Verhandl. der Choleraconfer., Weimar 1867. S. 51; Virchow's Archiv 38. 221.
[10]) Centralbl. f. medicin. Wissensch. 1867. No. 13.
[11]) Nature, 16. März 1871; Naturforscher 1871. 160.
[12]) Virchow-Hirsch, Bericht über d. Leistung. d. ges. Med. 1868. I. 206.
[13]) Vergl. Virchow, Kriegsheilkunde S. 12—19.
[14]) Steudener S. 26.
[15]) Gäa 8. 33; Industriebl. 1872. 106.
[16]) Medicinisch. Jahrbuch; Industriebl. 1874. 73.
[17]) Ueber die Ursachen epidemischer Krankheiten.
[18]) Beiträge 2. Hft. S. 212.
[19]) Vierteljahrsschr. f. öffentl. Gesundheitspfl. 1869. 617; 1873. 393.
[20]) Lex u. Roth, Handbuch S. 154.
[21]) Rothe, die Carbolsäure S. 56.
[22]) Cohn, Obermeyer und Weigert haben in dem Blute der an Febris

Zürn [1]) führt folgende Gründe für die Annahme eines Contagium vivum an:

1. weil den meisten Ansteckungsstoffen das Vermögen unbegrenzter Vervielfältigung innewohnt;

2. weil fast allen ansteckenden Krankheiten eine Incubationsperiode zukommt;

3. weil den meisten Ansteckungsstoffen, auch außerhalb des Thierkörpers, eine besondere Tenacität eigen ist, die keinem bekannten chemischen Gifte anhaftet [2]);

4. weil chemische Gifte bei ansteckenden Krankheiten noch nicht aufzufinden gewesen sind;

5. weil kein Gift im chemischen Sinne bekannt ist, welches in so kleinen Dosen eine so große Wirkung hervorbringen kann, als die notorische Wirkung einer ganz winzigen Quantität von irgend einen Ansteckungsstoffe [3]);

6. weil bei den miasmatisch-contagiösen Krankheiten der Ansteckungsstoff — wenn er Weiterverbreitung der Krankheit bewirken soll — einige Zeit außerhalb des menschlichen oder thierischen Körpers existiren muß, um ein für das Forterhalten und die größere Ausbreitung der Krankheit nothwendiges Entwickelungsstadium durchzumachen;

7) weil die notorische Wirkung der Desinfectionsmittel nur durch diese Annahme zu erklären ist. [4])

Cholera. — Popoff [5]) fand, daß Choleraentleerungen beim Einführen in den Körper ansteckend sind; die Infectionskraft ist in dem Erbrochenen, in den Darmausleerungen und im Urin der Kranken enthalten. Auch die umfassenden Versuche von Högyes [6]) haben gezeigt, daß die Choleraentleerungen Träger des Krankheitskeimes sind.

Nach Gietl [7]) muß das specifische Choleragift einen „Körper —

---

recurrens Erkrankten zahllose, lebhaft bewegliche Spiralbakterien der Gattung Spirochaete beobachtet. (Botanische Zeitg. 1873. 410.)

[1]) Die Schmarotzer S. 20 u. 130.

[2]) Bacterium Termo kann 2 Jahre, Macrobiotus Huflandii 22 Jahre eingetrocknet auf Glastäfelchen aufbewahrt werden; sie werden wieder lebendig, wenn Feuchtigkeit und Wärme auf sie einwirken.

[3]) Nach Davaine (S. 26) kann man erfolgreich Milzbrand weiter impfen mit einer Flüssigkeit, in welcher nur 0,000001 Tropfen Milzbrandblut enthalten ist. — Zum erfolgreichen Impfen von 20—25 Schafen genügt die winzige Quantität Schafpockenlymphe, welche in dem Grübchen einer einzigen Impfnadel befindlich ist.

[4]) In England und Amerika ist es die allgemeine und unerschütterliche Ueberzeugung der Aerzte, daß wenigstens die sogenannten zymotischen Krankheiten parasitärer Natur sind; die Desinfection steht daher unter den hygienischen Maßregeln im vorderster Reihe (Vierteljahrsschr. f. öffentl. Gesundheitspfl. 1874. 14).

[5]) Berliner klinische Wochenschrift 1872. No. 33.

[6]) Zeitschrift f. Epidemiologie 1874. S. 98.

[7]) F. v. Gietl, Gedrängte Uebersicht meiner Beobachtungen über die Cholera vom Jahre 1831 bis 1873; Zeitschrift für Epidemiologie 1874. S. 392.

einen Träger — haben, der wie Staub auf tausend Wegen Verbreitung findet, sich überall niederschlagen und so in den menschlichen Körper gelangen kann, wo er wieder millionenfache Vermehrung findet.

Der Leib und die Leiche des Cholerakranken sind gewiß nicht ansteckend; aber die diarrhoischen Stühle sind die Erreger und Träger des Giftes, welches wahrscheinlich mannigfache Metamorphosen bis zur Reife durchzumachen hat.

Sicher ist auch, daß Unreinlichkeit und Fäulniß die Intensität und Verbreitung des Giftes ungemein begünstigen.

Diese angeführten Thatsachen machen es unzweifelhaft, daß dieser giftige Keim durch den Menschen — durch den Verkehr — verschleppt und zerstreut wird, und nur jene Maßregeln, welche die Abfälle der von dem Choleragift Getroffenen vernichten und entfernen und die Reinlichkeit fördern, der Verbreitung dieser Seuche einen Damm zu setzen im Stande sind."

Wasserfuhr [1]) hebt hervor, daß nach allen Erfahrungen zur epidemischen Entwicklung der Cholera in einem Wohnorte ein durchfeuchteter Untergrund, in welchem faulige Zersetzungsprocesse vor sich gehen, nothwendig ist, und daß der Cholerakeim in den Darmausleerungen Cholerakranker steckt.

Hoppe-Seyler [2]) sagt darüber: Faulende Flüssigkeiteu sieht man jetzt wohl allgemein auch als die geeigneten Brutstätten von solchen niedrigen Organismen an, welche im Menschen Cholera, Typhus (in etwas anderer Weise Malariaerkrankung) hervorrufen, und eine sorgfältigere Untersuchung der Fäulnißprocesse wird auch nach dieser Seite hin manche Aufklärung bringen können. Zahlreiche Beobachtungen deuten darauf hin, daß die Entwicklung und Verbreitung der Krankheitskeime von den faulenden Dejectionen der Kranken ausgehend in Cloakeninhalt und von dort auch in dem den Erdboden durchtränkenden Wasser erfolgen, daß die Ansteckung entweder durch Trinkwasser [3]) oder die Luft [4]) über diesen Brutstätten bewirkt wird, und daß die Entwicklung der ansteckenden Keime besonders stark eintritt, wenn durch ein Zurücktreten des Bodenwassers [5]) die feuchte mit faulender Flüssigkeit durchtränkte Erde der Luft mehr ausgesetzt ist. [6]) Die Verhältnisse, unter welchen also die Epidemien auftreten und sich erhalten, sind solche, unter denen die Entwicklung von Pilzsporen besonders gedeihen kann.

---

[1]) Vierteljahrsschr. f. öffentl. Gesundheitspfl. 1875. S. 282.
[2]) Medicinisch-chemische Untersuchungen.
[3]) Fischer, Trinkwasser; Förster, Verbreitung der Cholera.
[4]) Lex u. Roth, Handbuch S. 144 u. 204; vergl. auch den eigenthümlichen Vorschlag von Stäbe in Vierteljahrsschr. f. öffentl. Gesundheitspfl. 1874. 312.
[5]) Vergl. Zeitschrift f. Biolog. 5. 171.
[6]) Vergl. auch Zeitschrift f. Biolog. 2. 447.

In demselben Sinne sprechen sich aus: Friedberg[1]), Günther[2]), Küchenmeister[3]), Murray[4]), Pettenkofer[5]), Radcliffe[6]), Sander[7]), Zeroni[8]) u. A.[9]); namentlich auch der Bericht der Choleracommission.[10])

Typhus. — Behier und Liouville[11]) fanden im Blute typhuskranker Menschen, sowie in den Secreten und Excreten zahlreiche Bakterien. Ebenso Birch-Hirschfeld[12]); derselbe zeigte, daß durch die Typhusentleerungen die Krankheit verbreitet wird. — Lindwurm[13]) hält den Abdominaltyphus für eine specifische Infectionskrankheit; die Keimstätte des Giftes, wahrscheinlich Bakterien, liegt im unreinen Boden. Wolfsteiner[14]) hebt hervor, daß faulende Stoffe die Hauptursache der Verbreitung des Typhus seien, und Murchison[15]) betont, daß der Unterleibstyphus, statt jährlich Tausende hinwegzuraffen, eine seltene Krankheit sein würde, wenn wir dafür sorgten, daß die Zersetzungsproducte der thierischen Auswurfstoffe nicht in unsere Häuser eindringen könnten. Aehnlich: Corfield[16]), Gietl[17]), Ranke[18]), Virchow[19]), Zautzer[20]) u. A.[21])

Nach den Versuchen von Davaine, Traube und Gscheidlen[22])

---

1) Zeitschrift f. Epidemiolog. 1874. 94.

2) Vierteljahrsschr. f. öffentl. Gesundheitspfl. 1869. 244.

3) Handbuch S. 16—36, 377, 431 u. 450; Zeitschrift f. Epidemiol. 1874. 38 u. 132.

4) Bericht über die Behandl. der epidemischen Cholera in Ostindien 1869; Industriebl. 1870. 254.

5) Vierteljahrsschr. f. öffentl. Gesundheitspfl. 1872. 1. u. 377; Zeitschrift f. Biolog. 3. 281.

6) Globus; Industriebl. 1872. 384.

7) Zeitschrift f. Epidemiol. 1872. 136.

8) Vierteljahrsschr. f. öffentl. Gesundheitspfl. 1874. 459.

9) Verhandl d. Choleraconferenz in Weimar 1867. S. 73 u. 84; Ziemssen, Handbuch S. 386.

10) Vierteljahrsschr. f. öffentl. Gesundheitspfl. 1873. 603 u. 612; 1874. 134. Die Seuche wüthete besonders in den durch ihre Unreinlichkeit berüchtigten holländischen Orten Meppel, Montfort, Rijnsburg (7,09 Proc. Choleratodte). (Zeitschrift f. Epidemiol. 1874. 206.

11) Industriebl. 1874. 77.

12) Zeitschrift f. Epidemiol. 1874. 31.

13) Vierteljahrsschr. f. öffentl. Gesundheitspfl. 1873. 498.

14) München ein Typhusherd S. 12; Vierteljahrsschr. f. öffentl. Gesundheitspfl. 1873. 95.

15) Vierteljahrsschr. f. öffentl. Gesundheitspfl. 1869. 463.

16) Daselbst 1874. 679.

17) Daselbst 1873. 91.

18) Daselbst 1873. 99.

19) Reinigung u. Entwässerung Berlins, Generalbericht S. 65.

20) Vierteljahrsschr. f. öffentl. Gesundheitspfl. 1873. 102.

21) Wolf, Untergrund S. 26.

22) Dingler's polyt. J. 1874. 212. 352.

werden zwar die Bakterien des Milzbrandes und der Pocken durch Fäulniß-organismen zerstört, und vom gesunden Organismus erhebliche Mengen von Fäulnißbakterien ohne Schaden vertragen[1]); die specifischen Keime der Cholera, des Typhus und ähnlicher Infectionskrankheiten werden jedoch nach allen Erfahrungen durch Fäulniß nur sehr langsam (rasch durch Verwesung) vernichtet[2]), so daß, wie bereits erwähnt, faulende organische Stoffe nicht nur die geeigneten Brutstätten sind für Bakterien, sondern auch für die Infectionskrankheiten.

Die Ausdünstungen (Malaria) großer Massen faulender Pflanzen-stoffe[3]) in den Torfmooren Norddeutschlands[4]), den Reisfeldern der Lombardei, den Pontinischen Sümpfen[5]) u. s. w. gelten als Krankheits-ursache der Wechselfieber.[6])

Ganz besonders gefährlich sind aber faulende thierische Stoffe, nament-lich menschliche Excremente, und wird deswegen die Verunreinigung des Bodens mit excrementiellen Fäulnißproducten allgemein und mit Recht als Ursache der schlechten Mortalitätsverhältnisse der größeren Städte angeklagt.[7]) Ein Bericht der Commission für öffentliche Gesundheitspflege in Hannover[8]) sagt darüber: „Wenn der Mensch die verunreinigte Luft in seiner Wohnung nicht erneuert, das verunreinigte Wasser und alle Abfallsstoffe des Hauses in den Boden dringen läßt, auf welchem sein Haus gebaut ist, wenn er vielleicht gar die faulenden organischen Stoffe in der Nähe seiner Wohnung aufspeichert oder so ablagert, daß sie den Boden verunreinigen und versumpfen, dann wird die aus dem Boden in sein Haus eindringende Luft[9]) mit gesundheitsgefährlichen Stoffen ge-schwängert, das Wasser seines Brunnens wird ungesund und die in seinen Körper eindringenden organischen Schlacken werden ihn krank machen.

Es kann hier nicht unsere Aufgabe sein, diese Sätze allererst zu beweisen, wir müssen, falls sie wirklich noch bezweifelt werden sollten, auf die erörterten Thatsachen der Wissenschaft uns berufen, welche für Alle, die sehen wollen, eine überwältigende Macht der Ueberzeugung besitzen.

Nur im vollen Verständniß des Naturhaushaltes lernt der Mensch die Gefahren vermeiden, welche seiner Gesundheit und seinem Leben drohen.

---

1) Daß unter Umständen aber die geringsten Spuren von Fäulnißstoffen tödtlich sind, zeigt die Gefahr einer Verletzung bei Sectionen.

2) Vergl. Industriebl. 1874. 309.

3) Lex u. Roth, Handbuch S. 212 u. 288.

4) Vierteljahrsschr. f. öffentl. Gesundheitspfl. 1874. 104.

5) Compt. rend. 18 Juli 1870; Naturforscher 1870. 324.

6) Vergl. Vierteljahrsschr. f. öffentl. Gesundheitspfl. 1871. 548; Compt. rend. 52. 853; Annal. de chim. et de phys 3. 334.

7) Zeitschrift f. Biolog. 1. 1; 3. 235.

8) Fischer, Das Trinkwasser S. 56.

9) Ueber den Kohlensäuregehalt der Bodenluft vergl. Chemisches Centralbl. 1873. 53; Vierteljahrschr. f. öffentl. Gesundheitspfl. 1872. 290; 1875. 205; — Fleck, 2. Jahresber. S. 15; 3. Jahresber. S. 3.

In den großen Städten, in denen durch das zusammengedrängte Wohnen Vieler die Lebensverhältnisse der Menschen sich immer mehr von der Einfachheit des sich selbst ordnenden Naturhaushaltes entfernen, kann nur in genauer Berücksichtigung aller aus diesem engen Zusammenwohnen erwachsenden Gefahren die Gesundheit und das Leben der Einwohner geschützt werden. Die Nichtberücksichtigung der zur schnellen und sichern Fortschaffung der Abfalls- und Auswurfsstoffe aus dem Gebiete der Stadt nothwendigen Maßregeln rächt sich sofort durch vermehrte Krankheiten und erhöhte Sterblichkeit." [1])

Es ist unter den Aerzten eine so ausgemachte Thatsache, daß Typhus abdominalis, Ruhr, Cholera nostras und andere Infectionskrankheiten, welche die Bevölkerung unserer Städte heimsuchen, aus den mangelhaften Einrichtungen der öffentlichen, auf die schnelle und sichere Entfernung der faulenden Abfallstoffe aus den Städten gerichteten, Maßregeln sich herleiten, daß wir es für überflüssig halten, diese Andeutungen hier weiter auszuführen....... Aber auch wenn derartige, das öffentliche Gewissen schreckende Begebenheiten uns erspart bleiben, glaube man doch ja nicht, daß die täglich wiederkehrenden schädlichen Einwirkungen, welche aus der mangelhaften Reinhaltung der Stadt auf die Bewohner derselben entspringen, ohne den mannigfaltigsten Schaden für die physische und moralische Entwicklung der Bewohner bleiben können. Die in ungesunder Luft lebenden, den Einwirkungen ungesunden Wassers ausgesetzten Organismen kränkeln, die Blutbereitung wird beeinträchtigt, an die Blutarmuth knüpfen sich scrophulöse und Abzehrungskrankheiten, wie auch die mannigfaltigen Störungen im Gebiete des Nervenlebens. Es ist bekannt, daß alle diese krankhaften Vorgänge nicht ohne wesentliche Rückwirkungen auf das sittliche Leben der Betroffenen bleiben können. Unreinliche Lebensgewohnheiten des Volkes sind auch ein sittlicher Fluch! —

Gar manches Krankheitsgift entsteht in den eng umschlossenen Grenzen des Gebäudes oder des Hofes aus selbst geschaffenen Unreinigkeiten, welche der Mensch zu träge ist, rechtzeitig zu entfernen. Die eigene Nachlässigkeit und Unwissenheit sollte man anschuldigen, statt in fremder Schuld den Grund des Uebels zu suchen. [2])

Die erste Forderung der öffentlichen Gesundheitspflege ist also:

Jede Fäulniß in den Wohnungen oder in deren Nähe zu verhindern.

Dieses wird dadurch erreicht, daß die Abfälle der Küchen und Gewerbe, namentlich aber die menschlichen Excremente aus den Wohnungen und

[1]) Vergl. Lex u. Roth, Handbuch S. 416; Vierteljahrsschr. f. öffentl. Gesundheitspfl. 1869. 42; 1874. 636.

[2]) Virchow, Kriegsheilkunde S. 27.

deren Nähe entfernt werden, noch ehe sie in Fäulniß übergehen (Schwemmsystem), oder aber, indem die faulige Zersetzung derselben durch Desinfectionsmittel gehindert wird, so daß die Fortschaffung gelegentlich geschehen kann.

Desinfection.

Die Desinfection soll die Ansteckung mit inficirenden Krankheiten verhüten, die Krankheitskeime also vernichten und damit unschädlich machen. Sie ist daher bei allen Infectionskrankheiten ganz besonders dringend geboten.[1] Im weiten Sinne soll sie alle übelriechenden Fäulnißproducte zerstören oder die Entwicklung derselben hindern.

---

[1]) In der Sitzung vom 6. Juli 1874 der internationalen Sanitätsconferenz in Wien wurde der Nutzen der Desinfection bei Cholera allgemein als constatirt angenommen. Vergl. auch Küchenmeister, Handbuch S. 197 u. 205; Zeitschrift f. Epidemiolog. 1874. 340, 352, 389, 397; Vierteljahrsschr. f. öffentl. Gesundheitspfl. 1874. 136, 140, 458, 538.

Das Polizei-Präsidium von Berlin erließ am 21. August 1874 folgende Bekanntmachung:

Die vorhandene Choleragefahr mahnt zur Vorsicht. Insbesondere empfiehlt sich:

1. Desinfection zur Vernichtung des Ansteckungsstoffes und Sorge für reine Luft. Reinlichkeit überhaupt und vorzugsweise reine Luft sind jederzeit nothwendiges Erforderniß für die menschliche Gesundheit. Uebelriechende Ausdünstungen bedeuten immer eine Gefahr. Daher die Nothwendigkeit, die menschlichen Abgänge zu desinficiren und zu entfernen. Vor Allem gilt das gegenüber einer drohenden Cholera-Epidemie, denn nach dem Ergebniß wissenschaftlicher Forschungen müssen eben jene Abgänge als Träger des Ansteckungsstoffes erachtet werden.

Die Befolgung der Polizeiverordnung vom 18. Juni 1867, welche die Räumung und dauernde Desinfection der Gruben, Cloaken u. s. w. vorschreibt, wird deshalb gegenwärtig polizeilicherseits streng beaufsichtigt. Aber es genügt dies nicht, wenn nicht ein Jeder in seinem Hauswesen auf Reinlichkeit bedacht ist, und wenn nicht bei vorkommenden Erkrankungen an Cholera und an choleraartigen Durchfällen alle Abgänge der Kranken vor ihrer Entfernung desinficirt werden.

Demnächst muß bei Cholera-Erkrankungen, sobald der Kranke in eine Heilanstalt gebracht oder verstorben ist, die durch das Gesetz vorgeschriebene Desinfection der Wohnung und der mit dem Kranken in Berührung gewesenen Gegenstände stattfinden.

Damit auch in den Wohnungen Aermerer dies nicht versäumt werde, sind die Polizeirevier-Vorstände beauftragt, dort auf öffentliche Kosten desinficiren zu lassen.

2. Vermeidung von Erkältungen, Durchnässungen und Diätfehlern. Vor Allem müssen Speisen und Getränke, die man auch zu anderer Zeit nicht verträgt, vermieden werden. Die Furcht vor Erkältung darf nicht so weit getrieben werden, daß man zur Vermeidung jedes Luftzuges in unreine Stubenluft sich einsperrt.

3. Vermeidung unreinen Trinkwassers....

4. Schleunigste Beschaffung ärztlicher Hilfe bei den ersten Anzeichen der Krankheit....

A. W. Hofmann[1]) theilt die Desinfectionsmittel ein in: a) fixirende, welche sich mit den flüchtigen Fäulnißproducten verbinden (Chlorzink, Eisenchlorid u. s. w.); b) antiseptische, welche die Fäulniß mehr oder weniger aufhalten (Producte der trocknen Destillation); c) oxydirende Desinfectionsmittel.

Kletzinsky[2]) unterscheidet die Bekämpfung von Miasmen (durch Oxydation, Absorption und Präcipitation) und von Contagien (durch physikalische, gerinnende und chemisch zerstörende Mittel), Barker[3]) chemisch zerstörende, antiseptische und physikalische Mittel.

Hallier[4]) theilt die Desinfectionsmittel ein in radicale (Hitze, Säuren, Alkohol) und indirecte, welche die faulige in eine saure Gährnng verwandeln sollen; Küchenmeister[5]) in chemisch-wirkende und in mechanisch-wirkende.

Crace-Calvert[6]) unterscheidet: 1. desodorisirende Mittel, welche unangenehme Gerüche beseitigen (Manganchlorür, Eisenvitriol u. s. w.); 2. desinficirende, welche die Verbreitung von Ansteckung hindern, und zwar durch Oxydation (Kaliumpermanganat, Salpetersäure u. a.) oder durch Vergiften der Keime (z. B. Phenol, schweflige Säure); 3. antiseptische Mittel, welche verhüten, daß die Substanzen, mit denen sie in Berührung kommen, in Gährung oder Fäulniß übergehen (z. B. Quecksilberchlorid, Zinkchlorid, Phenol).

Lex[7]) unterscheidet: 1. Luftreinigungsmittel, und zwar feste (Kohle, Kalk), flüssige (z. B. Kaliumpermanganat, Zinkchlorid, Bleinitrat), gasförmige (Ozon, Chlor, Jod, Phenol u. s. w.); 2. Desodorisationsmittel für Auswurfstoffe, (z. B. Kohle, Erde, Kalk, Phenol); 3. Desinfectionsmittel gegen ansteckende Krankheiten, (Phenol, Jod, Hitze u. s. w.).

Eine durchschlagende Eintheilung der Desinfectionsmittel ist offenbar nicht ausführbar, weil einzelne Mittel verschiedene Wirkungen gleichzeitig haben. Da Fäulniß und (sehr wahrscheinlich alle) Infectionskrankheiten Folgen der Lebensthätigkeit von Bakterien sind, so ist eine Desinfection zu erreichen:

A. Durch Vernichtung der Bakterien, und zwar
1. durch Chemikalien,
2. durch Wasserentziehung,
3. durch Hitze oder Kälte;

---

[1]) Wagner's Jahresber. 1863. 576.
[2]) Wiener medicinische Wochenschrift 1866. 959.
[3]) British med. journ. 1866. 2.
[4]) Pilz-Regulativ S. 33.
[5]) Handbuch S. 162.
[6]) Dingler's polyt. J. 1871. 199. 68.
[7]) Lex u. Roth, Handbuch Bd. 1. S. 508.

B. Durch Zerstörung der fäulnißfähigen Substanz, und dieses
1. durch Verbrennen oder Verkohlen,
2. durch oxydirende Chemikalien,
3. durch Begünstigung der Verwesung.

A. Desinfection durch Vernichtung der Bakterien.

1. Chemikalien.

Calciumoxyd = CaO und **Calciumhydrat** = $Ca(OH)_2$, (Kalk = *CaO* und Kalkhydrat = *CaO,HO*). Nach Wegler[1]) ist der widrige Geruch, den alle Diarrhöekothe besitzen, der schon bei 30° flüchtigen Kothsäure zuzuschreiben. Sie wird durch Kalkmilch und Kalilauge, nicht aber durch Ferrihydrat (Eisenoxydhydrat), noch weniger durch Eisenvitriol, Zinkvitriol und andere Metallsalze gebunden. Uebermangansaures Kalium oxydirt die Kothsäure zu Huminsäure. Da es ihm nur um Desodorisation zu thun scheint, so empfiehlt er Kalk oder ein Gemisch von Kalk mit Kohle. — Auch nach Petri[2]) rührt der unangenehme Geruch der menschlichen Fäces von einer organischen Säure her, welche sich namentlich beim Genuß von fetten Nahrungsstoffen bilden soll.

Die Choleracommission in Berlin[3]), August 1873, forderte zur Desinfection der täglichen Excremente eines Menschen 30g Kalk, oder die äquivalente Menge Natriumlauge (43g NaOH = *NaO, HO*).

Endemann[4]) empfiehlt frisch gelöschten Kalk als wirksames Desinfectionsmittel für Straßengossen u. dgl.; Reichardt[5]) denselben für alle frischen, noch nicht faulenden Massen; Baly[6]) 2 Th. Kalk mit 1 Th. Kohle gemischt; Müller[7]) 10 Th. Kalk und 1 Th. Kohle. Stenhouse[8]) versetzt den Urin mit Kalkmilch, Higgs[9]) vermischt die Excremente mit Kalk, fordert aber besonders construirte Gebäude u. dgl.; ähnlich Mosselmann.

Nach den Untersuchungen von Virchow und Hausmann[10]) wurden durch Kalk zwar die vorhandenen Organismen getödtet, nach 6—12 Tagen

[1]) Wagner's Jahresber. 1867. 546; Bayrisches Kunst- u. Gewerbebl. 1867. 415.
[2]) Dingler's polyt. J. 1874. **213**. 258.
[3]) Zeitschrift f. Epidemiolog. 1874. 314.
[4]) Vierteljahrsschr. f. öffentl. Gesundheitspfl. 1874. 15.
[5]) Desinfection S. 41.
[6]) Berichte d. deutschen chem. Gesellsch. 1871. 857; Wagner's Jahresber. 1871. 701.
[7]) Dingler's polyt. J. 1865. **178**. 78.
[8]) Dingler's polyt. J. 1845. **98**. 448; 1847. **104**. 68.
[9]) Dingler's polyt. J. 1873. **210**. 133.
[10]) Reinigung Berlins II. S. 156; Vierteljahrsschr. f. öffentl. Gesundheitspfl. 1871. 271.

begann die Entwicklung von Bakterien aber aufs Neue; die Wirkung ist also keine nachhaltige, da der Kalk sehr bald durch Aufnahme von Kohlensäure als kohlensaures Calcium abgeschieden wird. Geringe Kalkmengen begünstigen sogar die faulige Zersetzung und die Entwicklung der Bakterien, wie Trautmann[1]) und Crace-Calvert[2]) gezeigt haben.

Da Kalk ferner, namentlich aus nicht ganz frischen Excrementen, Ammoniak und andere übelriechende Gase entwickelt, so ist seine Anwendung nur in wenigen Fällen empfehlenswerth.

Natriumsilicat. Nach den Versuchen von Rabuteau und Papillion[3]) genügen 1—2 Proc. kieselsaures Natrium jede Fäulniß zu hemmen, nach den Beobachtungen von Petit[4]) ist diese Angabe zweifelhaft. Sussex[5]) versetzt den flüssigen Abtrittinhalt mit Natronwasserglas, dann mit einer Säure und trocknet die erhaltene gallertartige Masse aus.

Natriumborat = $Na_2B_4O_7$ (Borax = $NaO, 2BO_3$) und **Borsäure** = H_3BO_3 sind zur Conservirung von Bier und Milch[6]) vorgeschlagen; als eigentliche Desinfectionsmittel können sie nicht gelten.

Natriumsulfit, schwefligsaures Natrium = Na_2SO_3 (schwefligsaures Natron = NaO, SO_2) ist zur Desinfection von Aborten empfohlen.[7]) Natriumhyposulfit (unterschwefligsaures Natrium = $Na_2S_2O_3 \cdot 5H_2O$ oder $NaO, S_2O_2 + 5HO$) und schwefligsaures Magnesium werden namentlich gegen Pyämie und Septicämie gerühmt.[8])

Calciumchlorid = $CaCl_2$ (Chlorcalcium = $CaCl$) wird von Stanford[9]) als das billigste Desinfectionsmittel (?) empfohlen. — Jacquot[10]) wendet auf 1^{cbm} Excremente 3^k Gyps ($CaSO_4 \cdot 2H_2O$) an; offenbar völlig unzureichend.

Baryumchlorid = $BaCl_2$ oder $BaCl$. Blandet[11]) empfiehlt Chlorbaryum; auch hier ist von Desodorisation und Desinfection kaum die Rede.

Aluminiumverbindungen. Poussier[12]) bringt in die Aborte unreine schwefelsaure Thonerde, wie man sie beim Auslaugen der

---

[1]) Lex u. Roth, Handbuch, Bd. 1. S. 519.
[2]) Berichte d. deutschen chem. Gesellsch. 1872. 938; Chem. Centralbl. 1872. 791.
[3]) Chem. Centralbl. 1872. 711 u. 791; 1873. 132.
[4]) Daselbst 1872. 723.
[5]) Dingler's polyt. J. 1853. 129. 390.
[6]) Daselbst 1871. 205. 278; Archiv. Pharm. 1874. II. 520.
[7]) Lex u. Roth, Handbuch, Bd. 1. S. 525.
[8]) Zürn, Parasitenkunde S. 249.
[9]) Dingler's polyt. J. 1873. 209. 318.
[10]) Dingler's polyt. J. 1847. 103. 152.
[11]) Dingler's polyt. J. 1852. 125. 397. u. 468.
[12]) Dingler's polyt. J. 1843. 90. 320.

Alaunschiefer bekommt; Le Voir [1]) empfiehlt schwefelsaure Thonerde mit Knochenkohle.

Daß mit Chloraluminium befeuchtete Tücher im Zimmer aufgehangen die Luft reinigen sollten [2]), ist nicht wohl denkbar.

Die Chloralum-Company in London empfiehlt:

1. Das Chloralum, „als von der Chemie und Physik datirtes und in Großbritannien überraschend schnell sich einführendes, sicherstes, geruchloses und ungiftiges Desinfectionsmittel", zur Desinfection von Latrinen und Schlinggruben, Ställen, Straßengossen u. s. w. Der flüssige Inhalt eines sauber etiquettirten Gefäßes im Gewicht von 637^g enthält nach der Untersuchung von Fleck [3]): 82,32 Proc. Wasser, 13,9 Proc. Chloraluminium, 3,11 Proc. Chlorcalcium sowie Chlorverbindungen von Eisen, Blei und Kupfer. Preis 1,5, Werth kaum 0,2 Mark.

2. Chloralum-Powder, als Absorptionsmittel von organischen Verunreinigungen, als Antisepticum und Adstringens in der Vermischung mit Weizenmehl genossen, sowie als Desinfectionsmittel der Eisenbahnwagen, Schiffe, Aborte, Ställe u. s. w. empfohlen. Eine schön etiquettirte Blechbüchse mit 370^g eines weißen Pulvers, welches enthält: 52,43 Proc. Chloraluminium, 32,15 Proc. Kieselerde und Thon, 11,51 Proc. Chlorcalcium, 0,72 Proc. Chlorarsen (!) sowie Chlorverbindungen von Blei und Kupfer. Preis 0,5, Werth kaum 0,1 Mark.

3. Chloralum-Wool and Wadding ist nichts als Watte mit Chloralum. Preis 2, Werth 0,05 Mark.

Diese Präparate lassen sich demnach etwa in folgender Weise herstellen: Ein kalkhaltiger Thon wird mit roher, rauchender Salzsäure übergossen und soweit möglich gelöst. Die geklärte Flüssigkeit bildet das Chloralum, der eingetrocknete Schlamm das Powder.

Müller [4]) hält diese Stoffe für Nebenproducte der Sodaindustrie. Versmann [5]) versucht zwar diese Angaben als nicht zutreffend hinzustellen; seine Behauptung, daß das Chloralum als Desodorisirungsmittel weit kräftiger wirke als andere (?) Verbindungen, ist aber offenbar unrichtig.

Das Chloraluminiumhydrat [6]) von Ehrhardt und Alexander in Newyork enthält 21 Proc. Chloraluminium, etwas Eisen, Chlorcalcium u. s. w.

---

[1]) Dingler's polyt. J. 1863. **169**. 160; Wagner's Jahresb. 1863. 575.

[2]) Lex u. Roth, Handbuch, Bd. 1. S. 511.

[3]) Dingler's polyt. J. 1872. **203**. 223; Wagner's Jahresber. 1872. 320; Chem. Centralbl. 1872. 334; Industriebl. 1872. 25.

[4]) Dingler's polyt. J. 1872. **205**. 171; Wagner's Jahresber. 1872. 322; Berichte der deutschen chem. Gesellsch. 1872. 519.

[5]) Wagner's Jahresber. 1872. 324.

[6]) Deutsche Industriezeitg. 1871. 476.

Das Brom-Chloralum[1]) von Tilton & Co. in Newyork enthält 18,5 Proc. Chloraluminium, Chlorcalcium, Alkalien und etwas gebundenes Brom.

Das Desinfectionsmittel[2]) von Tilden, New-Libanon, (engl. Pat. vom 15. Nov. 1871) ist ein Gemenge von Chloraluminium mit Bromaluminium und Spuren von Jod.

Der Bericht[3]) einer Commission in Newyork gibt sein Urtheil dahin ab, daß weder das Bromchloralum von Tilton noch das Chloralumium als Desinfectionsmittel irgend welche nennenswerthe Wirkung habe; vergl. auch Crace-Calvert S. 50.

Alle diese Aluminiumverbindungen binden zwar Ammoniak, nicht aber Schwefelwasserstoff, sie wirken weder völlig desodorisirend noch desinficirend. (Vergl. Canalwasserreinigung.)

Ferrosulfat, kryst. = $FeSO_4 \cdot 7H_2O$ (Eisenvitriol, schwefelsaures Eisenoxydul = $FeO, SO_3 + 7HO$; Mudie's Desinfectans) gehört zu den am häufigsten angewendeten Desinfectionsmitteln für Aborte und wurde schon am Ende des vorigen Jahrhunderts von der Academie zu Dijon empfohlen. Pettenkofer[4]), der in der alkalischen Gährung der menschlichen Excremente eine wesentliche Bedingung der Entwicklung der Cholera sieht, erachtet die Desinfection dann als eine genügende, wenn die Abgänge nicht alkalisch sondern deutlich sauer reagiren, und diese saure Reaction beibehalten, bis sie aus der Nähe menschlicher Wohnplätze entfernt werden. Man kann nach ihm annehmen, daß 100^g Eisenvitriol in 1^l Wasser gelöst, für die Excremente von 4 Personen hinreichen. Diese Annahme setzt voraus, daß die frischen Excremente nicht mit altem Grubeninhalt, mit bereits in alkalische Zersetzung übergegangenen Excrementen zusammengebracht werden, sondern daß letztere entweder vor Beginn der Desinfection möglichst entfernt, oder mit Eisenvitriol so lange versetzt worden sind, bis der Inhalt der Grube oder des Fasses die alkalische Reaction verloren hat und in eine saure übergegangen ist.[5]) Man kann mit Eisenvitriol allein die Excremente sauer erhalten, aber es ist sehr rathsam, etwas rohe Carbolsäure (Phenol) zuzusetzen. Wenn man der Eisenvitriollösung, welche für die täglichen Excremente einer Person bestimmt ist, 2^g roher Carbolsäure (durch Schütteln in etwa 50^{cc} Wasser gelöst) zusetzt, so kann man die Menge des Vitrioles beträchtlich, um ein Drittel (auf 16^g), verringern.[6]) Um sich zu überzeugen, ob ausreichend

[1]) Dingler's polyt. J. 1873. 210. 132.

[2]) Berichte d. deutschen chem. Gesellsch. 1872. 651.

[3]) Chem. Centralbl. 1872. 47.

[4]) Zeitschrift f. Biolog. 1866. 2. 441.

[5]) Vergl. Verhandl. d. Choleraconferenz in Weimar am 28. u. 29. April 1867. S. 34.

[6]) Pettenkofer, Was man gegen Cholera thun kann.

desinficirt ist, genügt es, mit einem reinen Stäbchen einen Tropfen der Flüssigkeit, welche Excremente enthält, auf blaues Lackmuspapier zu bringen und zu beobachten, ob dieses dadurch geröthet wird.[1])

Schattenmann[2]) versetzt 100^{l} Excremente mit 2—3^{k} Eisenvitriol; die Massen sollen ausgezeichnet düngen; auch in der Strafanstalt bei Berlin[3]) sind Versuche mit Eisenvitriol gemacht, angeblich mit gutem Erfolg; desgleichen von Pierre[4]) und Maillet.[5])

Schon Fuchs[6]) macht darauf aufmerksam, daß Eisenvitriol nur dann wirksam desinficirend wirkt, wenn er mit den Excrementen vollkommen gemischt wird, und Ilisch hat nur bei starkem Zusatz von Eisenvitriol zu Harn und Koth die Entstehung von Pilzen und Infusorien verzögern gesehen.[7])

Der amtliche Bericht über die Choleraepidemie in Berlin[8]) hebt als unangenehme Nebenwirkungen des Eisenvitrioles hervor, daß es das Zinkblech der Geschirre und die Kleider der Arbeiter angreife. Daß sich die Latrinen bei seiner Anwendung schnell füllen, wie derselbe Bericht angibt, ist irrthümlich oder kann nur durch das mit dem Vitriol selbst hineingebrachte Wasser geschehen, nicht aber durch Wasseranziehung, wie Küchenmeister[9]) vermuthet.

Besonders ungünstig spricht sich Hoppe-Seyler[10]) über die Wirkung des schwefelsauren Eisens aus. Weil eine Lösung von Eisenvitriol einige Producte der Fäulnißprocesse wie Schwefelwasserstoff und Ammoniak in feste Verbindung überführt, hat man in diesem Salze eine desinficirende Substanz zu finden vermeint. Es wird wohl weder die Vibrionen, Bakterien, noch andere dem Menschen nachtheiligere Organismen sehr berühren, ob man diese Stoffe entfernt, denn daß sie von diesen nicht leben, kann man wohl ebenso sicher annehmen, als daß der Bierhefe nichts an der Kohlensäure liegt, die bei der Alkoholgährung entweicht und die in andere organische Stoffe überzuführen, ihr ebenso schwer fallen möchte, als den Cholerakeimen, sich von Schwefelwasserstoff und Ammoniak zu nähren. Es ist durchaus nicht zu verkennen, wie wichtig aus Gründen betreffend das Wohlbefinden der Menschen und die Reinlichkeit es ist, diese Stoffe nicht in die Luft der Wohnungen überzugehen zu lassen, aber man darf

---

[1]) Dingler's polyt. J. 1866. **181**. 484.
[2]) Dingler's polyt. J. 1844. **93**. 467; 1845. **95**. 312; 1845. **97**. 160.
[3]) Dingler's polyt. J. 1853. **128**. 319.
[4]) Dingler's polyt. J. 1852. **124**. 239.
[5]) Dingler's polyt. J. 1848. **108**. 309.
[6]) Breslauer Gewerbebl. 1866. 45.
[7]) Untersuchungen über Entstehung u. Verbreitung des Choleracontagiums; Verhandl. d. Choleraconferenz in Weimar 1867. S. 47.
[8]) Lex u. Roth, Handbuch, Bd. 1. S. 523.
[9]) Handbuch S. 165.
[10]) Medicinisch-chemische Untersuchungen.

sich auch nicht dem Glauben hingeben, daß man damit Cholera- und Typhusansteckung beseitige, man darf sich nicht mit der Anwendung des Eisenvitrioles deswegen zufriedenstellen, weil er die üblen Gerüche beseitigt. Wesentlicher dürfte schon sein, daß Eisenvitriol, besonders wenn er theilweise oxydirt ist, wie alle Salze der schweren Metalle, in solchen Flüssigkeiten Niederschläge erzeugt, durch die auch die Fermente und niederen Organismen gefällt werden. Es ist jedoch sehr fraglich, ob die Organismen und Fermente im Niederschlage getödtet sind, und nicht vielleicht bei Aenderung der Verhältnisse zu neuer Thätigkeit erwachen können.

Auch Mulder [1]), Ziureck [2]) und die epidemiologische Section der Berliner medicinischen Gesellschaft [3]) sprechen sich gegen die Anwendung von Eisenvitriol aus, indem er nur den Gestank vermindere, nicht aber den Fäulnißproceß.

Fleck [4]) empfiehlt 70^g Eisenvitriol, 20^g Chlorkalk und 1^l Wasser. — Diese Bestandtheile zersetzen sich gegenseitig, so daß ein Gemisch von Ferrihydrat (Eisenoxydhydrat), Eisenchlorid und Gyps mit mehr oder weniger überschüssigem Eisenvitriol entsteht. Das Choleraregulativ warnt mit Recht [5]) vor einer solchen Mischung, Reichardt [6]) bezeichnet die Anwendung derselben einfach als Unsinn.

Das Desinfectionspulver von Lüder und Leidloff [7]) soll nach Lichtenberger — außer Feuchtigkeit und nicht direct nutzbaren Stoffen — bestehen aus 16 Proc. schwefelsaurem Eisen (Ferrosulfat), 36 Proc. schwefelsaurem Eisenoxyd (Ferrisulfat) und 4 Proc. freier Schwefelsäure, außerdem Gyps in wechselnden Antheilen.

Die Angabe, das Pulver enthalte 4 Proc. freie Schwefelsäure, ist offenbar unwahr. Wenn man die Absätze aus den eingesottenen Vitriollaugen oder die Mutterlauge der Vitriolkrystallisation mit einer zur völligen Zersetzung ungenügenden Menge Kalk in Pulverform mischt, erhält man ein dem genannten Pulver völlig entsprechendes Gemenge aus Eisenoxyd, Gyps und Vitriol. [8])

Coutaret [9]) (französ. Pat.) wendet vorwiegend holzessigsaures Eisen zur Desinfection an. — Wenn dasselbe noch Theerbestandtheile enthält, ist es gewiß beachtenswerth.

---

1) Lex u. Roth, Handbuch, Bd. 1. S. 523.

2) Dingler's polyt. J. 1871. 201. 184; Vierteljahrsschr. f. öffentl. Medicin 1871. Hft. 1.

3) Berliner klinische Wochenschrift 1867. 297.

4) Dresdener Journal, 23. Aug. 1871; Küchenmeister, Handbuch S. 168.

5) Zeitschrift f. Biolog. 1866. 2. 441; Lex u. Roth, Handbuch, Bd. 1. S. 512.

6) Reichardt, Desinfection S. 47.

7) Wagner's Jahresber. 1872. 627.

8) Vierteljahrsschr. f. öffentl. Gesundheitspfl. 1871. 462.

9) Dingler's polyt. J. 1847. 103. 119.

Ferrichlorid = Fe_2Cl_6 oder Fe_2Cl_3. Kral[1]) empfiehlt Eisenchlorid und schwefelsaures Eisenoxyd.

Letheby[2]) hält eine Lösung von Ferrichlorid brauchbar zur Desinfection, und Stanford[3]) empfiehlt dieselbe sogar als das kräftigste Desinfectionsmittel.

Kühne[4]) hält saures schwefelsaures Eisenoxyd wenigstens wirksamer als Eisenvitriol.

Krafft und Sucquet[5]) (französ. Pat.) vermischen eine Eisenoxydauflösung mit gefaultem Harn und verwenden das gefällte Hydrat zur Desinfection.

Manganverbindungen. Cotterau[6]) versetzt 100^l Kothjauche mit $8—10^l$ Manganlauge, d. h. den Rückständen der Chlorbereitung, welche schon von Payen vorgeschlagen waren. Die saure Flüssigkeit wird filtrirt und liefert beim Eindampfen etwa 4^k rohen Salmiak. — Das französische Kriegsministerium erließ die Verfügung, daß in den Militair-Spitälern alle Abtritte nach diesem Verfahren desinficirt werden sollen.[7])

Brown[8]) ließ sich die Verwendung derselben für England patentiren.

Auf den französischen Schlachtfeldern[9]) ist die concentrirte Manganlauge zur Desodorisirung mit Erfolg angewendet.[10]) —

Alle diese Eisen- und Manganverbindungen wirken im Wesentlichen nur desodorisirend, durch Bindung des Schwefelammoniums, kohlensauren Ammoniums u. dgl., wenn ihnen nicht Phenol zugesetzt wird. Werden jedoch die mit Eisenverbindungen versetzten Abfälle ausgebreitet, so daß die atmosphärische Luft ungehindert hinzutreten kann, so wirkt das Eisenoxyd kräftig zerstörend, indem es an die organischen Stoffe einen Theil seines Sauerstoffes abgibt, selbst aber sofort wieder atmosphärischen Sauerstoff aufnimmt und so durch wiederholte Reduction und Oxydation als Sauerstoffüberträger wirkt, die organischen Substanzen also gleichsam verbrennt, wie dieses Kuhlmann[11]), Poleck[12]) und Pesci[13]) nachgewiesen haben.

---

[1]) Uhland's Maschinenconstr. 1869. 72.
[2]) Dingler's polyt. J. 1867. **183**. 227; Wagner's Jahresber. 1867. 541; Chem. Centralbl. 1867. 156.
[3]) Dingler's polyt. J. 1873. **209**. 318; Archiv f. Pharm. **203**. 318.
[4]) Berliner klinische Wochenschr. 1867. 297.
[5]) Dingler's polyt. J. 1847. **103**. 148; 1849. **113**. 311.
[6]) Dingler's polyt. J. 1847. **102**. 458.
[7]) Monit. industr. 1848. Nro. 1072.
[8]) Dingler's polyt. J. 1847. **106**. 312.
[9]) Dingler's polyt. J. 1871. **199**. 79; Berichte d. deutschen chem. Gesellsch. 1870. 887.
[10]) Vergl. auch Zeitschrift f. Biolog. 1866. **2**. 440.
[11]) Dingler's polyt. J. 1860. **155**. 31; 1861. **162**. 46; Wagner's Jahresber. 1859. 241; 1861. 174.
[12]) Beiträge S. 65.
[13]) Berichte d. deutschen chem. Gesellsch. 1875. 259.

Zinkverbindungen. Zinkvitriol ($ZnSO_4 \cdot 7H_2O$ oder $ZnO, SO_3 + 7HO$) ist zur Desinfection von Cholera-Wäsche empfohlen [1]) und wird allein oder mit einer Oelemulsion versetzt in Paris zur Desinfection der flüssigen Excremente in großen Mengen angewendet. [2])

Das Girondin [3]) von J. Meyer in Newyork enthält 25,0 Proc. schwefelsaures Zink und 1,4 Proc. schwefelsaures Kupfer. Nach einem Bericht der städtischen Sanitätsbehörde (Board of Health) in Newyork ist die Wirkung desselben befriedigend.

Eau antiméphitique von Larnaudes ist eine Lösung von Zinkvitriol und Kupfervitriol.

Chlorzink = $ZnCl_2$ (Burnett's Flüssigkeit oder Drew's Desinfectans) ist vielfach zur Desinfection von Auswurfstoffen vorgeschlagen [4]); nach einem Gutachten der wissenschaftlichen Deputation für das Medicinalwesen [5]) ist es aber nur bei faulenden Stoffen wirksam, welche viel (?) Wasser enthalten.

Letheby [6]) empfiehlt ein Gemisch von Chlorzink und unterchlorigsaurem Zink als das beste (?) Desinfectionsmittel für Schlachthäuser, Ställe u. dgl.

Nach Raulin [7]) fördern Zink und Eisenverbindungen die Entwicklung von Pilzen; andere Metalle wirken dagegen schädlich und selbst in kleinen Mengen giftig: 0,00001 Quecksilbernitrat und 0,000002 Quecksilberchlorid hindern jede Pilzbildung. —

Auch andere Zink- [8]), Quecksilber- und selbst Arsenverbindungen sind vorgeschlagen, doch steht ihrer allgemeinen Anwendung ihre Giftigkeit im Wege.

Kupferverbindungen. [9]) Clemens [10]) empfiehlt bei der Rinderpest Räucherungen mit Kupferchlorid.

---

1) Verhandlungen d. Choleraconferenz in Weimar 1867. S. 44; Küchenmeister, Handbuch S. 187.
2) Dingler's polyt. J. 1851. **119.** 319.
3) Chemisches Centralbl. 1872. 47.
4) Dingler's polyt. J. 1848. **109.** 76; 1867. **183.** 227.
5) Lex u. Roth, Handbuch, Bd. 1. S. 512.
6) Dingler's polyt. J. 1867. **183.** 227; Wagner's Jahresber. 1867. 541.
7) Compt. rend. 25. Nov. 1872.
8) Dingler's polyt. J. 1846. **100.** 216.
9) Dr. Burg hat bei einer Durchsicht des statistischen Materials über die Todesfälle während der Choleraepidemie zu Paris 1861—1865 gefunden, daß unter 26832 Messing- und Kupferarbeitern nur etwa 16, d. h. 0,6 pro Mille Todesfälle zu verzeichnen waren; in anderen statistischen Aufnahmen fand er unter 5650 Kupferschmieden, Metallgießern und Verfertigern von Messinginstrumenten nicht einen an Cholera Verstorbenen verzeichnet, in dem Verein von Metallarbeitern, Bon-Accord, in Paris fand er, daß seit Gründung desselben (1819) nicht ein einziges seiner Mitglieder an der Cholera gestorben war. An diese Thatsachen reiht sich die fernere an, daß die von Kupferminen umgebene Stadt

Ellermann's desodorisirende Flüssigkeit ist eine Lösung von Kupfervitriol. [1])

Bleiverbindungen. Raphanel und Ledoyen [2]) lösen 4^k salpetersaures Blei und 1^k essigsaures Blei in 1^{cbm} Wasser.

Die Kupfer- und Bleiverbindungen desodorisiren zwar; einer allgemeinen Anwendung sind jedoch auch sie nicht fähig, da sie giftig und zu theuer sind.

Chlorwasserstoff = HCl. Guiton Morveau [3]) empfahl schon 1773 Salzsäuregas zum Reinigen der Spitäler, und Jeromel [4]) schlug vor, auf Abtritte eine Schale mit Salzsäure zu stellen, um das Ammoniak zu absorbiren.

Harn mit wenig (?) Salzsäure versetzt soll nicht faulen. [5])

Schwefelsäure = H_2SO_4 oder HO, SO_3. Leube [6]) schlägt vor, die Excremente mit $^1/_{30}$ ihres Gewichtes Schwefelsäure zu versetzen, und zwar soll diese Desinfection täglich, ja oft stündlich ausgeführt werden.

Payen [7]) theilt mit, daß 1—2 Proc. Schwefelsäure oder Oxalsäure die Fäulniß von Thierharn hindern, daß dagegen 2 Proc. Kochsalz, Steinkohlenruß oder Pottasche ohne Wirkung sind; nach Thomé und Ilisch [8]) werden die Fäulnißorganismen am besten durch Schwefelsäure, Salzsäure, Salpetersäure und Phenol getödtet.

Immerhin dürfen die Mineralsäuren nur in sehr verdünntem Zustande angewendet werden; Sander [9]) hat einmal, um seinen Abort zu desinficiren, $4{,}5^k$ Schwefelsäure in denselben gegossen; selbstverständlich beschwerten sich die Hausgenossen über den schrecklichen Gestank (Schwefelwasserstoff, Fettsäuren). — Jedenfalls ist der fortwährende Gebrauch der Säuren, wie Leube vorschlägt, im hohen Grade lästig und bedenklich, das Mauerwerk, Metalle u. dgl. werden stark angegriffen, so daß vor Anwendung von Mineralsäuren gewarnt werden muß.

Schwefeldioxyd = SO_2. Homer [10]) berichtet, daß Odysseus nach Vernichtung der Freier den Palast mit Dämpfen von „pestzerstörendem

---

Rio-Tinto zu keiner Zeit von der Cholera heimgesucht worden ist, wenn diese auch ringsum in der Provinz geherrscht. (Dingler's polyt. J. 1872. **203.** 424.)

[10]) Wagner's Jahresber. 1866. 528; 1867. 541.

[1]) Lex u. Roth, Handbuch, Bd. 1. S. 512.

[2]) Dingler's polyt. J. 1847. **103.** 150; 1849. **113.** 312.

[3]) Medical Times and Gazette 1873.

[4]) Dingler's polyt. J. 1824. **14.** 356.

[5]) Dingler's polyt. J. 1853. **127.** 400.

[6]) Dingler's polyt. J. 1874. **214.** 340; Wagner's Jahresber. 1874.

[7]) Dingler's polyt. J. 1854. **132.** 145.

[8]) Verhandl. d. Choleraconferenz 1867. S. 61.

[9]) Küchenmeister, Handbuch S. 169.

[10]) Buch 22, Vers 481 bis 492.

Schwefel" ausräucherte. Ovid[1]) spricht von der säubernden und reinigenden Kraft des brennenden Schwefels, und Plinius berichtet in seiner Naturgeschichte, daß bei der feierlichen Einweihung von Häusern Schwefel angewendet wurde, da der bei der Verbrennung aufsteigende Rauch alle Zaubereien abhalte, alle Teufel und bösen Geister austreibe. Auch die Chinesen desinficiren seit undenklichen Zeiten mit brennendem Schwefel.

Hoppe-Seyler und Jüdell[2]) empfehlen zur Desinfection der Luft in abgeschlossenen Räumen die schweflige Säure. Directe Versuche zeigten, daß man durch Anwendung derselben auf das Leichteste und völlig zuverlässig alle Pilzsporen und damit wohl auch alle Krankheitskeime zerstören kann. Auf 1^{cbm} sind $14{,}3$—$28{,}6^{g}$ Schwefel erforderlich.

Die Ministerialentschließung vom 28. Nov. 1865 in Bayern empfiehlt, Decken, Betten u. dgl., welche mit Cholerakranken in Berührung gekommen sind, zu schwefeln. Zur Desinfection eines Zimmers von etwa 112^{cbm} sollen $0{,}5^{k}$ Schwefel verbrannt werden.[3])

Von anderer Seite werden 1 bis 3^{k} Schwefel für ein Zimmer verlangt.[4])

Die Denkschrift der Choleracommission für das Deutsche Reich[5]) empfiehlt zur Desinfection von Räumen mit darin befindlichen Gegenständen für 1^{cbm} Raum zwischen 16—160^{g} Schwefel zu verbrennen. Die Bemerkung: „Wieviel zur Desinfection von Wohnungsräumen nothwendig ist, ist durch Versuche zu erörtern; aber da würde so viel Entwicklung schwefliger Säure nöthig sein, daß sie bis selbst dem Nachbarhause schadete" ist schwer zu verstehen. — 1^{cbm} Luft oder 1000^{l} enthalten 210^{l} Sauerstoff; da

$$S + O_2 = SO_2,$$

so erfordern 32^{g} Schwefel $22{,}4^{l}$ Sauerstoff, um Schwefeldioxyd zu bilden, der in 1^{cbm} atmosphärischer Luft enthaltene Sauerstoff also 300^{g} Schwefel, wenn angenommen werden soll, daß das Schwefeldioxyd sich zu Schwefelsäure oxydirt; 20—30^{g} Schwefel für 1^{cbm} Raum dürften jedoch in der Regel genügen.

Guyton-Morveau und Dewar[6]) sprechen sich auf das Bestimmteste für die schweflige Säure aus, da sie vorzüglich geeignet sei, parasitische Keime zu tödten.

Nach Hirzel[7]) bestehen die Desinfectionsschwärmer von Magirus

---

[1]) Fasti, Buch 4, Vers 739 u. 740; Lex u. Roth, Handbuch, S. 514.
[2]) Medicinisch-chem. Untersuch. 3. 417; 4. 580.
[3]) Ziemssen, Handbuch S. 373.
[4]) Vierteljahrsschr. f. öffentl. Gesundheitspfl. 1874. 16.
[5]) Zeitschrift f. Epidemiol. 1874. 314.
[6]) Lex u. Roth, Handbuch, Bd. 1. S. 514.
[7]) Polytechn. Notizbl. 1867. 269.

in Ulm aus Patronen, welche mit einem langsam abbrennenden, sehr viel Schwefeldioxyd entwickelnden Pulversatz gefüllt sind. Sie werden zur Desinfection von Aborten (?) und solchen Localen empfohlen, in denen Kranke oder Leichen gelegen haben.

W. Reißig in Darmstadt stellt für Desinfectionszwecke Lichter und Räucherkerzen her, die beim Brennen Schwefeldioxyd entwickeln, — eine unnütze Spielerei.

Roberts [1]) gibt an, daß die desinficirende und parasitentödtende Wirkung des Schwefels von einem Gehalt desselben an Schwefeldioxyd herrührt. Er hat sich das Sulfozon, mit Schwefeldioxyd gesättigtes Schwefelpulver, am 26. März 1873 in England patentiren lassen.

Alkohol absorbirt angeblich sein 300faches Volum Schwefeldioxyd; einige Tropfen (?) dieser Lösung sollen genügen, ganze Kisten mit Wäsche zu desinficiren. [2])

Davy und Tauffier [3]) wenden eine wässrige Lösung von schwefliger Säure an. —

Blanchard und Chateau [4]) wollen die Abortsgruben mit Phosphorsäure desinficiren.

Wunderlich, Brehme und Carus hängen Tücher mit Essig im Zimmer auf und lassen die Fußböden mit Essig waschen. [5]) — Daß hier von einer Desinfection ebensowenig die Rede sein kann, als wenn mit Aepfelschalen, Kaffeebohnen, Wachholderbeeren, Kölnischem Wasser u. dgl. geräuchert wird, sondern höchstens von einem Verdecken der schädlichen und stinkenden Gase, liegt auf der Hand.

Producte der trocknen Destillation. Die Anwendung des Rauches zum Conserviren von Fleisch ist längst bekannt. — Mackensie [6]) hebt die antiseptischen Eigenschaften der Holzsäure hervor.

Fuchs [7]) empfiehlt zur Desinfection Holzessig und Holztheer, allein oder in Verbindung mit Eisenvitriol oder Zinkvitriol oder auch Mineralöle, namentlich Petroleum. Coutaret [8]) desinficirt die Aborte, sowie auch die Abdeckerei zu Aubervilliers mit Kreosotwasser und einer Lösung von holzsaurem Eisen. Nicht nur der Geruch, sondern auch Fliegen, Würmer u. dgl. verschwanden. Chlorkalk hatte sich als völlig unzureichend erwiesen.

---

[1]) Bayerisches Industrie- u. Gewerbebl. 1873. 273; Berichte d. deutschen chem. Gesellsch. 1875. 171.

[2]) Dingler's polyt. J. 1871. 202. 564.

[3]) Dingler's polyt. J. 1832. 47. 120.

[4]) Dingler's polyt. J. 1867. 186. 482.

[5]) Küchenmeister, Handbuch S. 186; vergl. auch Reichardt, Desinfection S. 28.

[6]) Dingler's polyt. J. 1831. 40. 74.

[7]) Dingler's polyt. J. 1873. 210. 133; vergl. auch Industriebl. 1871. 327.

[8]) Dingler's polyt. J. 1846. 101. 407; 1846. 102. 459.

Dougall's Desinfectionspulver[1]) ist nach Neßler's Untersuchung[2]) gewöhnlicher Gaskalk.

Perreymond[3]) macht den Vorschlag, 100^l Harn mit 1^k Theer zu versetzen; derselbe geht dann selbst nach Monaten nicht in faulige Gährung über. Dieser desinficirte Harn aus Schulen, öffentlichen Pissoiren u. dgl. soll durch künstliche Wärme oder in großen Behältern mit künstlicher Ventilation verdunstet werden; die zurückbleibende Masse gibt ein gutes Düngemittel, welches die Kosten der Darstellung völlig decken (?) soll.

Demeaux und Corne[4]) schlagen ein Gemisch von Gyps mit 2—4 Proc. Steinkohlentheer, Hille Theer mit Kalk vor.

Baboeuf[5]) empfiehlt eine Lösung von Theer in Natronlauge.

Chevallier[6]) will die menschlichen Abgänge mit Steinkohlentheeröl desinficiren.

Dusart hat mit Erfolg zur Desinfection von Aborten das schwere Steinkohlentheeröl von 210—300° Siedp. angewendet; auf 1^{cbm} faulende Excremente genügten 3^l Oel, um jede Fäulniß zu beseitigen.

Benzol = C_6H_6, Siedp. 80,5°, und Toluol = C_7H_8 oder $C_6H_5—CH_3$, Siedp. 111°, werden selten zur Desinfection verwendet.

Xylol = C_8H_{10} oder $C_6H_4(CH_3)_2$, Siedp. 137°, hat sich nach einer Mittheilung von Zülzer[7]) bei Pocken sehr gut bewährt.

Phenol (Phenylalkohol, Carbolsäure) = $C_6H_5—OH$, Siedp. 282 bis 283°. Die ausgezeichnet desinficirende Eigenschaft des Phenoles wurde schon von dessen Entdecker Runge[8]) im Jahre 1834 erkannt; Calvert[9]) empfahl im Jahre 1855 die Anwendung desselben zur Desinfection. Müller[10]) fand, daß die Carbolsäure eins der besten Desinfectionsmittel für Harn ist. Hofmann[11]) bestätigte ihre antiseptischen Eigenschaften, und Weber[12]) empfahl sie als das beste Desinfectionsmittel.

Parkes[13]) berichtet, daß $2—4^g$ Phenol genügen, die Ausleerungen einer Person 10—12 Tage unverändert zu erhalten. Letheby[14]) und Davis[15]) haben seit 1867 die Carbolsäure systematisch zur Des-

[1]) Dingler's polyt. J. 1865. 175. 400; Wagner's Jahresber. 1862. 544.
[2]) Dingler's polyt. J. 1867. 184. 80; Wagner's Jahresber. 1867. 542.
[3]) Dingler's polyt. J. 1845. 98. 336.
[4]) Dingler's polyt. J. 1859. 156. 46.
[5]) Berichte. d. deutschen chem. Gesellsch. 1871. 811.
[6]) Dingler's polyt. J. 1852. 125. 468.
[7]) Industriebl. 1872. 23.
[8]) Poggendorff's Annal. 31. 70.
[9]) Dingler's polyt. J. 1859. 156. 50; 1870. 197. 461; Wagner's Jahresber. 1867. 606.
[10]) Wagner's Jahresber. 1863. 575; Journ. f. prakt. Chemie 88. 211.
[11]) Wagner's Jahresber. 1863. 576.
[12]) Verhandl. d. Choleraconferenz in Weimar 1867. 61.
[13]) Army medical report 1866. 322.
[14]) Dingler's polyt. J. 1867. 183. 225; Wagner's Jahresber. 1867. 540.
[15]) Dingler's polyt. J. 1870. 197. 461; Industriebl. 1870. 311.

infection angewendet. In Folge der günstigen Resultate bei Cholera, Typhus, Scharlach und Pocken hat die englische Verwaltung den Gebrauch derselben als Desinfectionsmittel für Schiffe, Armee, Gefängnisse und Hospitäler vorgeschrieben.[1])

In Paris ist Phenol seit 1865 im Großen eingeführt und seit 1866 bei den Leichenbegängnissen vorgeschrieben.[2])

Homburg[3]) in Berlin hat Desinfectionstafeln eingeführt. Dieselben bestehen aus Pappe, welche wie ein Schwamm mit Carbolsäure vollgesogen ist, so daß dieselbe fast das $1^1/_2$fache ihres Gewichtes an roher Carbolsäure und zwar 1^{qm} fast 1^{k} davon enthält. Die Anwendung derselben ist offenbar sehr bequem.

Liebreich, Schür und Wichelhaus[4]) empfehlen Carbolsäure (1 Th. reiner krystallisirter Carbolsäure auf 100 Th. Wasser) zum Spülen der Wasserclosetts, Pissoirs, Röhrenleitungen an Abtritten u. s. w., Carbolsäurepulver (100 Th. Torf, Gyps, Erde, Sand, Kohlenpulver mit 1 Th. Carbolsäure) für Nachtstühle, Abtritte, Düngerhaufen.

Eine Specialcommission der Pariser Academie empfiehlt 1 Th. Carbolsäure mit 3 Th. Sand oder Sägespänen zu mischen und in offenen Gefäßen an den zu desinficirenden Orten aufzustellen. Phenol, mit 15 bis 25 Th. Wasser verdünnt, wurde zum täglichen Besprengen des Fußbodens und des Bettzeuges der Krankenzimmer sehr nützlich befunden.[5]) — Weder durch Chlor noch durch unterchlorigsaure Salze konnten die von den Leichen in der Pariser Morgue während der Sommerhitze ausgegebenen Gase zerstört werden. Der Zweck wurde aber erreicht, indem man 1^{k} Phenol in dem 1900^{l} frisches Wasser enthaltenden Reservoir auflöste, welches zum Besprengen der Leichen diente. Die faulige Gährung wurde dadurch vollständig unterdrückt.

Schrader und Behrend[6]) in Schönefeld bei Leipzig bringen Carbolsäurepulver in den Handel. Sie fordern pro Person und Tag 1^{g} Phenol zur Desinfection der Abgänge. 100^{k} des Pulvers (Kieselsäure und Thon mit 10 Proc. Carbolsäure) kosten 20 Mark.

Pettenkofer[7]), Gietl[8]) u. A.[9]) empfehlen ein Gemisch von Eisenvitriol mit Phenol.

---

1) Vgl. William Budd, Cholera and Disinfection (Bristol 1871).

2) Dingler's polyt. J. 1870. 197. 461.

3) Dingler's polyt. J. 1871. 202. 309; 1873. 207. 342; Wagner's Jahresber. 1871. 706.

4) Dingler's polyt. J. 1870. 198. 350; Berichte d. deutschen chem. Gesellsch. 1870. 823; Wagner's Jahresber. 1870. 554; Chem. Centralbl. 1870. 670.

5) Dingler's polyt. J. 1872. 203. 326; Industriebl. 1872. 124.

6) Wagner's Jahresber. 1867. 534; 1871. 702.

7) Was man gegen die Cholera thun kann.

8) Zeitschrift f. Epidemiol. 1874. 397.

9) Verhandl. d. Choleraconferenz. 1867. S. 80.

Das Kobligk'sche Desinfectionsmittel besteht aus Torfgruß mit Phenol; im Berliner Arbeitshause hat es sich sehr gut bewährt.[1]) Aehnlich ist das Desinfectionspulver von Burk.[2])

Das Calvert'sche Pulver[3]) besteht aus Sand, Alaun und 20 bis 30 Proc. Phenol; das Schür'sche Desinfectionspulver[4]) aus 20 Th. Holzkohlenpulver, 10 Th. Sägespäne, 10 Th. Kalk und 1 Th. Phenol. Ziurek löscht 100 Th. Kalk und vermischt mit 5 Th. Phenol; Letheby[5]) verwendet Kalk mit 20 Proc. Phenol.

Die epidemiologische Section der Berliner medicinischen Gesellschaft[6]) empfiehlt eine Lösung von Phenolnatron (1 : 6) zum Spülen von Steckbecken u. dgl.

Wiederhold[7]) empfiehlt eine Lösung von Phenol in Schwefelsäure, Crookes[8]) Phenol, in welches Schwefeldioxyd geleitet ist (engl. Pat. vom 18. Octob. 1871). Westerton[9]) vermischt Phenol mit Aether, Alkohol oder sonst einem flüchtigen Körper, um so die Verbreitung desselben in der Luft zu begünstigen (engl. Pat. vom 31. März 1871). Mason[10]) versetzt die Carbolsäure mit wohlriechenden Stoffen, um sie als Räucherungsmittel angenehm zu machen. Russel[11]) läßt dieselbe mit Wasser zusammen verdunsten; namentlich zur Desinfection von Krankenzimmern soll sich dieses Verfahren sehr gut bewährt haben. Salt[12]) hat einen kleinen Ofen construirt, um Phenol zu Räucherungszwecken bequem verdampfen zu können.

Das in England und Amerika vielfach zum Desinficiren von Gruben angewendete Metropolitan desinfecting fluid ist eine frisch bereitete Mischung von 1 Th. Phenol, 3 Th. Eisenchlorid und 6 Th. Wasser.

Macdougall's Patent carbolic desinfecting soap ist gewöhnliche Seife mit etwas Phenol. Calvert[13]) liefert Seife für Hautkrankheiten mit 20 Proc. Phenol, phenolhaltige Toiletteseife u. dgl. Cliff's antiseptische Flüssigkeit ist eine Lösung von Phenol in Schmierseife.

Hoppe-Seyler[14]) hat gezeigt, daß keine niederen Organismen in einer Flüssigkeit leben können, welche 1 Proc. Phenol enthält,

---

1) Berliner Cholerabericht.
2) Dingler's polyt. J. 1871. 201. 470.
3) Dingler's polyt. J. 1871. 202. 552.
4) Lex u. Roth, Handbuch, Bd. 1. S. 531.
5) Dingler's polyt. J. 1867. 183. 226.
6) Lex u. Roth, Handbuch, Bd. 1. S. 530.
7) Wagner's Jahresber. 1867. 527.
8) Berichte d. deutschen chem. Gesellsch. 1872. 541.
9) Berichte d. deutschen chem. Gesellsch. 1871. 893.
10) Lancet v. 13. Mai 1871.
11) Glasgow Med. Journ. 1869. 210.
12) Lancet v. 20. Febr. 1869.
13) Dingler's polyt. J. 1871. 202. 549.
14) Medicinisch-chem. Untersuchungen 3. 569.

Manassein [1]), daß schon $1/_{16}$ Proc. genügt, die Sporenkeimung der Schimmelpilze zu verhindern, Zürn (S. 54), daß selbst $1/_{20}$ Proc. die Bakterien sofort tödtet. Flisch berichtet, daß niedere Organismen durch Phenol am sichersten getödtet werden; ebenso Trautmann [2]) und Plugge. [3])

Crace-Calvert [4]) hat Eiweiß und Mehlkleister in unverschlossene Flaschen gebracht; diese Lösungen versetzte er mit verschiedenen Mengen der gegenwärtig als Antiseptica am meisten gebräuchlichen Substanzen. Die erhaltenen Resultate sind aus folgender Tabelle ersichtlich:

Angewandtes Antisepticum.	Menge des Antisepticums	Zeit, binnen welcher die Lösung einen üblen Geruch annahm. Temperatur 21 bis 28°. Eiweiß.	Mehlkleister.
Mac Dougall's Desinfectionspulver . .	5 Proc.	11 Tage	25 Tage
Carbolsäurehaltiges Desinfectionspulver	5 Proc.	blieb unzersetzt	blieb unzersetzt
Sogenannter Chloralaun	2 Proc.	9 Tage	—
Chlorzink	2 Proc.	15 Tage .	—
Chlorkalk	5 Proc.	16 Tage	14 Tage
Uebermangansaures Kalium	5 Proc.	—	—
Theeröl	2 Proc.	11 Tage	25 Tage
Carbolsäure	2 Proc.	blieb unzersetzt	blieb unzersetzt
Cresylsäure	2 Proc.	blieb unzersetzt	blieb unzersetzt
Ohne Zusatz	—	—	7 Tage

Diese Tabelle zeigt deutlich, daß Carbolsäure und Cresylsäure die einzigen wahren Antiseptica sind; diese Ergebnisse stimmen mit denen überein, welche Crookes, Dr. Angus Smith und Dr. Sansom [5]) erhielten; denn die Wirkung beider Säuren hielt an, bis sowohl die Eiweißlösung als der Mehlkleister gänzlich eingetrocknet waren.

Es ergibt sich daraus, daß, wenn zur Beseitigung des Geruches von irgend einer im Zustande der Fäulniß oder Zersetzung begriffenen Substanz blos desodorisirende Mittel erforderlich sind, auch Manganchlorür, Chlorkalk, übermangansaures Kalium, Chloralaun u. s. w. benutzt werden können. Wird aber die Verhütung der Zersetzung einer orga-

1) Pharmac. Centralh. 1871. 254.
2) Die Zersetzungsgase als Ursache der Cholera (Halle 1869).
3) Dingler's polyt. J. 1871. 205. 493; Berichte d. deutschen chem. Gesellsch. 1872. 823.
4) Dingler's polyt. J. 1871. 199. 68; Wagner's Jahresber. 1871. 701; Chemisches Centralbl. 1871. 101; 1872. 791.
5) Chemical News vom 18. Novemb. 1870.

nischen Substanz beabsichtigt, dann muß man zur Anwendung von Phenol schreiten, weil der Zweck nur mit diesem erreicht werden kann.

Da die von faulender organischer Substanz ausgegebenen Producte bekanntlich die Zersetzung von Körpern, welche gleicher Natur sind, begünstigen (indem, wie bereits erwähnt, die Luft als Vehikel für die Uebertragung der Bakterienkeime dient), so stellte Calvert nachstehende Versuche an, um zu ermitteln, welche von den genannten Substanzen das stärkste Vermögen besitze, solche Keime zu zerstören, und somit die animalische Substanz vor Fäulniß zu schützen. Auf den Boden weithalsiger Flaschen brachte er eine bestimmte Menge von jedem der betreffenden Mittel und hängte mittels eines Drahtes über denselben ein Stück frisches Fleisch auf. Die folgende Tabelle zeigt die erhaltenen Resultate:

Angewandtes Antisepticum.	Das Fleisch zeigte Flecken nach:	Es wurde faul nach:
Uebermangansaures Kalium	2 Tagen	4 Tagen
Chloralaun	2 »	10 »
Dougall's Desinfectionspulver	12 »	19 »
Chlorkalk	14 »	21 »
Theeröl	16 »	25 »
Chlorzink	19 »	— »
Carbolsäurehaltiges Desinfectionspulver	wurde nicht fleckig, sondern trocknete zu einer harten Masse ein.	
Carbolsäure		
Cresylsäure		

Daß Phenol sich bei der Imprägnirung von Holz [1]), zur Aufbewahrung anatomischer Präparate [2]) bestens bewährt, ist bekannt. — Nußbaum [3]) zeigt, daß Phenol ein ausgezeichnetes Desinfectionsmittel für Wunden ist, und Lister bestätigt die Eigenschaft desselben, bei chirurgischen Verbänden Gährungs- und septische Processe auszuschließen; auch Verf. hatte im Herbst 1870 längere Zeit Gelegenheit, die günstigen Wirkungen einer Mischung von 1 Th. Phenol und 7 Th. Leinöl für Wunden zu beobachten.

Zürn [4]) kennt kein besseres und zugleich billigeres Desinfectionsmittel als Phenol, namentlich bei Rotz, Rinderpest, Ruhr und anderen ansteckenden Thierkrankheiten.

Lex [5]) zeigt, daß Phenol selbst in schwacher Lösung ein ausgezeichnetes Mittel sei, die Zersetzung der menschlichen Excremente zu hindern. Roth bezeichnet dasselbe als das bei weitem beste fäulnißwidrige Mittel, welches bis jetzt bekannt ist.

---

[1]) Dingler's polyt. J. 1866. 182. 311.
[2]) Dingler's polyt. J. 1872. 203. 424.
[3]) Chemisches Centralbl. 1871. 116.
[4]) Schmarotzer S. 269.
[5]) Handbuch, Bd. 1. S. 516 u. 528.

Der Bericht der Choleracommission für das Deutsche Reich [1]) bestätigt, daß Phenol alle Fermente zerstört, meint aber, der Geruch belästige zu sehr, ein Vorwurf, der höchstens die rohe Carbolsäure treffen kann, da reines Phenol nur schwach und keineswegs unangenehm riecht. In amerikanischen Commissionsberichten wird Phenol allgemein als das wirksamste Antisepticum bezeichnet [2]), und Rothe [3]) hebt hervor, daß Phenol alle übrigen Desinfectionsmittel an Wirksamkeit überragt und bei allen Infectionskrankheiten stets mit dem besten Erfolge angewendet wird.

Hogyes [4]) schließt aus einer großen Anzahl sorgfältiger Versuche: „Die Einathmung von mit undesinficirten Choleratheilchen gesättigter Luft kann dieselben Symptome hervorrufen, wie die durch Magen, Mastdarm oder Gefäßsystem stattgefundene Aufnahme, während die Einathmung des mit Partikelchen der durch Carbolsäure desinficirten Choleraentleerungen gesättigten Luft ganz unschädlich zu sein scheint. — Von undesinficirten Choleraentleerungen nimmt der Luftstrom Pilzelemente mit sich fort, welche, in gesättigten Boden gelangend, reichlich gedeihen und schnell sich vermehren, während die aus mit Carbolsäure desinficirter Choleraentleerung stammenden Pilzelemente zur Fortpflanzung unfähig sind.“ —

Kresol = C_7H_8O oder $C_6H_4\langle{}^{CH_3}_{OH}$. Die Cresylsäure des Steinkohlentheeres (Siedp. 188—200°) ist wahrscheinlich ein Gemisch der drei bekannten isomeren Monooxytoluole; sie hat, wie Calvert (S. 49) nachgewiesen, dieselben antiseptischen Eigenschaften wie Phenol.

Naphthalin = $C_{10}H_8$ (Siedp. 218°) ist von Pelouze [5]) zur Desinfection vorgeschlagen.

Trinitrophenol = $C_6H_2(NO_2)_3$—OH, auch Pikrinsäure genannt, soll nach Robin [6]) die Fäulniß verhindern; als Desinfectionsmittel ist es offenbar zu theuer.

Fuchsin = $C_6H_4(C_7H_6)_2N_3H_3 \cdot HCl$, salzsaures Rosanilin, soll nach Laujorrois [7]) in einprocentiger Lösung jede Fäulniß hindern. Jegel [8]) hat in einer solchen Lösung jedoch Penicillium, und selbst bei 10 Proc. Kugelhefe gezogen. — Vielleicht war die von Laujorrois benutzte Lösung stark arsenhaltig. Zur Desinfection würde es sich schon des hohen Preises wegen nicht eignen.

---

[1]) Zeitschr. f. Epidemiol. 1874. 313.
[2]) Vierteljahrsschr. f. öffentl. Gesundheitspfl. 1874. 15.
[3]) Die Carbolsäure in der Medicin.
[4]) Zeitschrift f. Epidemiol. 1874. 109 u. 126.
[5]) Wagner's Jahresber. 1866. 528.
[6]) Dingler's polyt. J. 1851. 121. 70.
[7]) Dingler's polyt. J. 1873. 207. 515.
[8]) Bayerisches Industrie- u. Gewerbebl. 1874. 345.

Thymol $= C_{10}H_{14}O$ oder $C_6H_3 \begin{matrix} \diagup CH_3 \\ - C_3H_7 \\ \diagdown OH \end{matrix}$. Nach Paquet[1]) ist Thymol zum Causterisiren von hohlen Zähnen, in 1000 Th. Wasser gelöst, für eiternde Wunden als antiputrides Mittel dem Phenol vorzuziehen. Dotch[2]) hat sich die Anwendung desselben für England patentiren lassen. Sulima-Samuillo[3]) zeigt, daß Thymol als Desinfectionsmittel Beachtung verdient; vorläufig ist dasselbe zu theuer.

Cuignet und Delanne[4]) (französ. Pat.) wollen durch trockne Destillation von benzoesaurem Kupfer ein neues Desinfectionsmittel, Phenoläther genannt, herstellen.

Salicylsäure $= C_7H_6O_3$ oder $C_6H_4 \begin{matrix} \diagup OH \\ \diagdown CO\text{-}OH \end{matrix}$. Nach Professor Kolbe[5]) wird dieselbe in folgender Weise dargestellt: Man löst in der käuflichen starken Natronlauge so viel krystallisirtes, zuvor geschmolzenes Phenol auf, daß Natron und Phenol sich genau sättigen, dampft die Lösung in einem flachen eisernen Gefäße ein und erhitzt die erhaltene, zuerst zähteigige Masse bei gelindem Feuer unter beständigem Durchrühren derselben, zuletzt unter Zerreiben mit einem schweren Pistill bis zur staubigen Trockne. Dieses so bereitete trockne Natriumphenol ($C_6H_5 \cdot ONa$) wird, wenn es sich um Darstellung größerer Mengen handelt, am besten in einer metallenen Retorte mittels Oel- oder Luftbad langsam erhitzt. Wenn die Temperatur im Innern des Retorteninhaltes etwa 100° erreicht hat, beginnt man einen nicht zu raschen Strom trockner Kohlensäure einzuleiten. Man läßt die Temperatur langsam höher gehen, bis sie im Verlauf von mehreren Stunden gegen 180° erreicht. Erst nach längerem Einleiten fängt Phenol an abzudestilliren, später in reichlicher Menge, zusammen die Hälfte des verwendeten Phenoles. Zuletzt steigert man, unter fortwährendem Einleiten von Kohlensäure, die Temperatur auf 220—250°, bis kein Phenol mehr übergeht. Der nach beendigter Reaction zurückbleibende graue Rückstand besteht aus natriumsalicylsaurem Natrium. Der Proceß verläuft nach folgender Gleichung:

$$\left.\begin{matrix} C_6H_5ONa \\ C_6H_5ONa \end{matrix}\right\} + CO_2 = C_6 \left\{\begin{matrix} H_4 \\ COONa \end{matrix}\right\} ONa + C_6H_5OH.$$

Dieses natriumsalicylsaure Natrium ist sehr leicht löslich in Wasser; auf Zusatz von Salzsäure gesteht das Ganze zu einem dicken Brei von aus-

---

1) Dingler's polyt. J. 1869. 194. 360; Wagner's Jahresber. 1869. 516.
2) Berichte d. deutschen chemischen Gesellsch. 1872. 543.
3) Polytechn. Notizbl. 1874. 137.
4) Wagner's Jahresber. 1873. 748; Berichte d. deutschen chemischen Gesellsch. 1873. 1271.
5) Dingler's polyt. J. 1874. 214. 132; Journ. f. prakt. Chemie 10. 89.

geschiedener Salicylsäure, welche durch Abpressen und Umkrystallisiren fast rein erhalten wird.

Es ist das große Verdienst des Professors Kolbe, nicht nur die leichte Darstellung der Salicylsäure, sondern auch ihre antiseptischen Eigenschaften zuerst [1]) nachgewiesen zu haben. Fleisch, Hühnereier, Milch, Bier, Harn gehen nicht in Fäulniß über und zeigen keine Pilzbildung, wenn sie mit etwas Salicylsäure versetzt werden. Die durch 5 ^{g} Bierhefe bewirkte, im Fluß befindliche Gährung von 120 ^{g} Zucker, in 1 ^{l} Wasser gelöst, wird durch 0,5 ^{g} Salicylsäure aufgehoben. [2]) Neubauer [3]) zeigte, daß dieselbe sich ausgezeichnet zum Conserviren von Wein eignet.

Salicylsäure hat sich ferner vortrefflich als Zusatz zu Zahnpulver oder in wässriger Lösung zum Reinhalten der Zähne, gegen übeln Mundgeruch, riechenden Fußschweiß u. dgl. bewährt.

Thiersch [4]) zeigte, daß Salicylsäure auf nicht gereinigten Quetschwunden und auf schorfenden Krebsflächen als Pulver die Fäulnißgerüche zerstört. In Lösungen von 1 Th. Salicylsäure, 3 Th. phosphorsaurem Natrium und 50 Th. Wasser begünstigt sie die Ueberhäutung der Granulationsflächen. Auch auf frischen Wunden, bei Amputationen u. s. w. wurde sie mit günstigem Erfolge angewendet. Fehling [5]) empfiehlt sie dringend für die geburtshülfliche Praxis. Wagner [6]) hat sie mit Erfolg auf Quetschwunden, Fußgeschwüren u. dgl. angewendet, Zürn [7]) und Friedberger [8]) in der Thierheilkunde.

Kolbe [9]) zeigte ferner, daß ein Mensch täglich 1,5 ^{g} Salicylsäure nehmen kann, ohne irgend welche Beschwerde. Er spricht die Ueberzeugung aus, daß sie innerlich gegeben ein vorzügliches Heilmittel für contagiöse Blutkrankheiten sein müsse. Wagner [10]) hat sie darauf bei Diphtheritis, Fontheim [11]) bei Diphtheritis und Masern mit Erfolg angewendet.

Zürn [12]) hat vergleichende Versuche mit Lösungen von Salicylsäure, Phenol und essigsaurer Thonerde (Aluminiumacetat) angestellt, indem er einen Tropfen faulender Flüssigkeit mit einem Tropfen der genannten Lösungen zusammenbrachte und unter dem Mikroskop das Verhalten der

---

[1]) Dingler's polyt. J. 1874. 213. 165.
[2]) Dingler's polyt. J. 1875. 215. 245; Journ. f. prakt. Chem. 1875. 11. 9.
[3]) Dingler's polyt. J. 1875. 215. 169; Journ. f. prakt. Chem. 1875. 11. 1.
[4]) Dingler's polyt. J. 1874. 213. 168.
[5]) Dingler's polyt. J. 1875. 215. 345.
[6]) Journ. f. prakt. Chem. 1875. 11. 57.
[7]) Journ. f. prakt. Chem. 1875. 11. 214.
[8]) Archiv f. wissenschaftl. u. prakt. Thierheilkunde 1. 60.
[9]) Dingler's polyt. J. 1875. 215. 347.
[10]) Dingler's polyt. J. 1875. 215. 384; Journ. f. prakt. Chem. 1875. 11. 62.
[11]) Journ. f. prakt. Chem. 1875. 11. 211.
[12]) Dingler's polyt. J. 1875. 216. 373; Journ. f. prakt. Chem. 1875. 11. 218.

Organismen: Micrococcus, Bacterium Termo, B. Lineola, Spirillum und Infusorien beobachtete. Es ergab sich Folgendes:

Lösungen von	Essigsaurer Thonerde	Phenol	Salicylsäure
1 : 100	Infusorien und Fäulnißorganismen starben sofort; Eiweiß der Infusorien geronnen, Membran gesprengt.		
1 : 300	Infusorien und Fäulnißorganismen starben sofort.		Infusorien und Spirillen starben nach etwa 2 Minuten.
1 : 500	Infusorien starben nach 1,5 Minuten, Spirillen sofort.	Infusorien und Bakterien sofort todt.	Dieselben starben erst nach einigen Minuten.
1 : 1000	Infusorien starben nach einigen Minuten, Fäulnißorganismen fast sofort.	Dieselben sofort todt.	Dieselben lebten noch nach 30—60 Minuten.
1 : 2000	Die Organismen lebten noch nach einigen Minuten.	Dieselben sofort oder nach wenigen Minuten todt.	Sie lebten noch mehrere Stunden.

Es ist noch besonders bemerkenswerth, daß nur die freie Salicylsäure, aber nicht die isomeren Säuren (Paraoxybenzoësäure und Oxybenzoësäure), noch die Salze und Aether der Salicylsäure, noch auch die chemisch verwandten Verbindungen, wie Saligenin, salicylige Säure und Salicin, antiseptisch wirken.[1] —

Terpentinöl wird von Culloch[2]) empfohlen. Chloroform ist nach den Versuchen von Augend[3]) ein starkes Antisepticum; ferner ist beobachtet, daß die Leichen mit Chloralhydrat vergifteter Menschen auffallend lange der Fäulniß widerstanden.[4]) Orfila empfiehlt Aether. — Zur allgemeinen Anwendung eignen sich diese Stoffe offenbar nicht.

2. Wasserentziehung.

Wiesner[5]) hat gefunden, daß die Hefezellen in einer concentrirten Zuckerlösung oder in starkem Alkohol durch rasche Wasserentziehung getödtet werden.

---

1) Dingler's polyt. J. 1874. 215. 250; vergl. auch das. 217. 136.
2) Dingler's polyt. J. 1823. 11. 123.
3) Dingler's polyt. J. 1851. 121. 72.
4) Indnstriebl. 1872. 23.
5) Journ. f. prakt. Chem. 106. 252.

Calloud[1]) empfiehlt zum Desinficiren der Aborte Salinenmutterlauge, und Wanklyn[2]) hält Chlornatrium, Chlorcalcium und Chlormagnesium für die besten Desinfectionsmittel. —

Allerdings wirken Kochsalz, Alkohol und ähnliche Substanzen durch Wasserentziehung tödtlich auf die Bakterien und damit fäulnißwidrig, aber nur dann, wenn sie in großen Mengen verwendet werden. Ihre Anwendung dürfte daher nur in den seltensten Fällen empfehlenswerth sein.

Auch das Eintrocknen der menschlichen Excremente durch künstliche Wärme ist praktisch kaum durchführbar; zudem ist es noch sehr fraglich, ob dadurch eine wirkliche Desinfection erreicht wird, wenn keine hohen Temperaturen angewendet werden; Bacterium Termo kann, wie bereits erwähnt, 2 Jahre lang eingetrocknet aufbewahrt werden, ohne abzusterben.

3. Hohe und niedere Temperaturen.

Leider sind die Angaben, in wie weit niedere Organismen durch Erhitzen getödtet werden, durch welche Temperaturen also eine Desinfection zu erreichen ist, noch sehr widersprechend.

Nach Kühne werden die Elemente des kaltblütigen Frosches bei 40° getödtet, und er und Stricker stimmen darin überein, daß die den Gewebselementen des warmblütigen Menschen tödtliche Wärme auf 44° festzusetzen sei. Bei Pflanzen wechselt sie nach Max Schultze und Kühn von 47—48°, während Spallanzani, Liebig, Tornowsky u. A. finden, daß Eier, Sporen und Bakterienkeime durch Temperaturen von 50 und 60° getödtet werden. Die Conferven und verwandte Organismen gedeihen, wie Mooker in Sorujkund fand, in einer heißen Quelle von 75°, andere wurden von Capitain Strachey in Thibet in Quellen von fast 79° beobachtet, von Humboldt in La Grinchera von 85°, von Brenner in Californien von $87\frac{1}{2}$°.[3]) Daß sich ferner in den 97,8° heißen Quellen Islands noch lebende Organismen finden, ist bekannt.[4]) Krasan[5]) hat beobachtet, daß langsam ausgetrockneter Weizensamen mehrere Stunden auf 100° erhitzt werden kann, ohne seine Keimkraft zu verlieren; der Same der amerikanischen Akazie keimt angeblich nur, wenn er vorher 10 Minuten gekocht ist.

Cohn[6]) hat gefunden, daß kurzes Kochen oder selbst Erwärmen auf 80° hinreicht, die Entwicklung der meisten Bakterien zu hindern

---

1) Dingler's polyt. J. 1850. 115. 387.

2) Dingler's polyt. J. 1873. 210. 465.

3) Industriebl. 1875. 61.

4) Botanische Zeitg. 1869. 27. 244.

5) Sitzungsber. d. Wiener Acad. d. Wissensch., mathem.-naturwissensch. Cl. 68. I. 195.

6) Cohn, Beiträge 2. Hft. S. 217.

(vergl. S. 22). Auch Lancaster[1]) ist der Ansicht, daß diese niederen Organismen schon bei Temperaturen unter 100° getödtet werden, daß das Erhitzen aber hinreichend lange geschehen müsse. Sechsstündiges Erwärmen in verschlossenen Röhren auf 75° genügte, die Entwicklung von Bakterien zu verhindern.

Nach Hoffmann werden die Bakterien beim Kochen in offenen Gefäßen erst nach längerer Zeit, rasch dagegen bei gewöhnlicher Siedhitze in zugeschmolzenen Glasröhren getödtet; Wymann fand erst 5- bis 6stündiges Kochen ausreichend, die letzten Keime zu vernichten.[2])

Schröder[3]) hatte gefunden, daß nicht alle Fäulnißorganismen durch Kochen getödtet werden. Gscheidlen[4]) zeigt, daß die Bakterien in Rübenabkochungen beim Sieden, im Käse aber erst beim Erhitzen auf 110° in zugeschmolzenen Röhren vernichtet werden. Pasteur[5]) gibt an, daß viele Organismen beim Erhitzen auf 110° absterben, und Lex[6]) hat selbst nach kurzem Erwärmen auf 127° noch vitale Bewegung beobachtet.

Penicillium-Sporen werden nach Manassein trocken erst bei 200°, feucht erhitzt schon bei 83° getödtet; die Sporen von Ustilago Carbo können eine trockene Hitze von 150° ertragen.[7]) Hefe kann eine kurze Zeit auf 130° erwärmt werden, ohne zu Grunde zu gehen.[8])

Place[9]) berichtet, daß die Bakterien in schwach sauren, in neutralen und alkalischen Flüssigkeiten Temperaturen bis zu 160° ertragen, ehe ihre typischen Formen vernichtet werden. Crace-Calvert[10]) hat sogar gefunden, daß erst 204° die Bakterien sicher tödten. —

Henry[11]) glaubt, daß die einstündige Dauer einer Temperatur von 93° im Stande ist, das Scharlachgift zu zerstören. Letheby[12]) hält zur Desinfection von Betten und Kleidungsstücken dagegen 130—150° für erforderlich.

Ransom[13]) beschreibt eine Vorrichtung, um Betten, Wäsche u. dgl. auf Temperaturen von etwa 120° zu erhitzen. Höhere Hitzegrade sind nicht zu empfehlen, weil dadurch namentlich Baumwolle und Leinen erheblich leiden. Eine Reihe von Versuchen ergab folgende beachtenswerthe Resultate:

---

[1]) Nature 1874. 421; Naturforscher 1874. 224.
[2]) Botanische Zeitg. 1869. 27. 244.
[3]) Dingler's polyt. J. 1862. 163. 398; Liebig's Annal. 117. 273.
[4]) Gäa 10. 59.
[5]) Dingler's polyt. J. 1873. 210. 238.
[6]) Klinische Wochenschr. 1867.
[7]) Zürn, Parasiten S. 275.
[8]) Botanische Zeitg. 1874. 476.
[9]) Maandbl. v. Naturwetenschappen 1873. 126.
[10]) Chem. Centralbl. 1871. 600; Proceed. of the Royal Soc. 1871. Nro. 128.
[11]) Dingler's polyt. J. 1873. 210. 468.
[12]) Dingler's polyt. J. 1867. 183. 227; Wagner's Jahresber. 1867. 541.
[13]) Dingler's polyt. J. 1873. 210. 467.

Nr.	Name, Dicke und Zustand der Substanz	Angewandte Wärme	Zeitdauer der Operation	Resultate		
				Innere Wärme	Gewichtsverlust	Gesengt oder nicht
1	Pferdehaarkissen, 5 Zoll (127 mm) dick; normal feucht . .	121—128° 2 Operationen	8 Stunden	120°	1/10	Nicht.
2	Dasselbe, nahezu trocken	120	2⅔ »	105	1/40	Nicht.
3	Weißes Laken, 24 Mal zusammengelegt, ½ Zoll dick, feucht . .	120	6⅜ »	101	1/12	Ein wenig; nicht schadhaft.
4	Federkissen, 5 Zoll dick, feucht	116	7⅔ »	111	1/10	Nicht.
5	Flockkissen, 5 Zoll dick, feucht	114—118 2 Operationen	23 »	122 (?)	1/10	Nicht
6	Pferdehaarkissen, sehr feucht, 5½ Zoll dick	145	3⅛ »	81	⅛	Gesengt; schadhaft.
7	Dasselbe, bedeutend trockener	147	4¾ »	147	1/17	Desgl.
8	Flockkissen, 5½ Zoll dick, feucht . . .	145—150 2 Operationen	10½ »	138	1/10	Desgl.

Das Eindringen der Wärme hängt also nicht nur von der Zeitdauer, sondern auch der Dicke des Bettes, der Kleidungsstücke u. dgl., dem Feuchtigkeitsgehalte, der Natur seines Materiales, vielleicht auch von dem Drucke ab.

Ob demnach in den Desinfectionsanstalten, wie sie von Henry [1]), Oppert [2]), Esse [3]) u. A. [4]) beschrieben worden, die Desinfection der Decken, Betten und Kleidungsstücke zuverlässig ist, wenn nicht, wie in Stettin [5]), Phenol mit angewendet wird, darf wohl bezweifelt werden. [6])

Die Desinfection menschlicher Abgänge durch Siedhitze ist praktisch nicht durchführbar, auch nicht empfehlenswerth; dieselben würden in wenig

[1]) Dingler's polyt. J. 1832. 46. 47.
[2]) Vierteljahrsschr. f. öffentl. Gesundheitspfl. 1872. 506; 1873. 358.
[3]) Vierteljahrsschr. f. öffentl. Gesundheitspfl. 1871. 534.
[4]) Zeitschr. d. niederrhein. Ver. f. öffentl. Gesundheitspfl. 1872. 166.
[5]) Deutsche Bauzeitg; Industriebl. 1871. 125.
[6]) Vergl. Vierteljahrsschr. f. Epidemiol. 1874. 315.

Tagen doch wieder in Fäulniß übergehen, da die Luft nicht völlig abgehalten werden kann, somit sehr bald neue Bakterien zugeführt würden.

Auch die von Hildebrandt[1]) u. A.[2]) empfohlene Anwendung von siedendem Wasser, namentlich auch zum Desinficiren von Viehwagen, ist nicht ohne Bedenken.

Kälte. Bei 0° werden bekanntlich alle Gährungs- und Fäulnißprocesse unterbrochen und zum Stillstand gebracht; wenn Kälte demnach auch ein gutes Conservirungsmittel für Fleisch und ähnliche organische Stoffe ist, so wird sie doch kaum als Desinfectionsmittel gelten können.

Vibrionen werden nach den Beobachtungen von Crace-Calvert[3]) auch bei —9,3° nicht getödtet, Fäulnißbakterien können ohne Schaden mehrere Stunden auf —20° abgekühlt werden.[4]) Pockenlymphe kann $1\frac{1}{2}$ Stunden auf —80° abgekühlt werden, ohne ihre Wirkung zu verlieren[5]), und Hefe kann sogar —113° ertragen, ohne abzusterben.[6])

B. Zerstörung der fäulnißfähigen Substanz.

1. Verkohlen oder Verbrennen.

Küchenmeister[7]) schlägt vor, die sämmtlichen Choleradejectionen mit Sägespänen, Steinkohlen- oder Braunkohlenpulver gemischt zu verbrennen. Nach den Versuchen von Fleck verbrennt eine Mischung von Steinkohlenpulver mit 8 Proc. Jauche, Tannenholzsägespäne sogar mit 35 Proc. ohne Fäulnißgeruch und mit verhältnißmäßig wenig Rauch, sobald die auf dieses Gemisch einwirkende Flamme eine sehr schnell vorschreitende Verbrennung der entwickelten Verkohlungsgase gestattet. Bei Verbrennung derartiger Mischungen in größerem Maaßstabe wird demnach nicht nur für ein schnell austrocknend und verkohlend zugleich wirkendes Flammenfeuer, sondern auch dafür Sorge getragen werden müssen, daß die im Beginn der Verbrennung auftretenden und möglicher Weise nicht direct verbrannten Rauchmassen vor ihrem Eintritt in den Schornstein eine zweite Flammenfeuerung passiren, um die Verbrennung zu einer in jeder Hinsicht vollständigen zu gestalten.

Wenn es auch vielleicht möglich sein wird, bei ausbrechender Cholera eine derartige Vernichtung der menschlichen Entleerungen durchzuführen, um damit die Weiterverbreitung dieser Seuche zu verhindern, so ist doch

---

1) Dingler's polyt. J. 1863. 167. 238.
2) Eulenberg, Vierteljahrsschrift f. gerichtl. Med. 1871. 343.
3) Naturforscher 1871. 284.
4) Cohn, Beiträge 2. Hft. S. 221.
5) Compt. rend. 4. Juill. 1870; Naturforscher 1870. 326.
6) Botanische Zeitg. 1874. 476.
7) Küchenmeister, Handbuch S. 383 u. 453.

die Zerstörung der fäulnißfähigen Abfallstoffe einer Stadt durch Verkohlen oder Verbrennen völlig unausführbar.

2. Oxydirende Chemikalien.

Chlorkalk = $CaOCl_2$ oder $CaO,ClO + CaCl$ wurde schon im Jahre 1825 von Dingler [1]) empfohlen, faulendes Fleisch geruchlos zu machen, von Bricheteau, Chevallier und Payen [2]) zur Desinfection der Aborte, von Children für Schiffe [3]), dann bei Typhus zur Desinfection der Zimmer [4]) und der Nachtgeschirre. [5])

Fuchs [6]) empfiehlt den Chlorkalk zur Desinfection als in jeder Beziehung ausreichend, und nach Küchenmeister [7]) ist Chlorkalk das wirksamste Desinfectionsmittel für Zimmer, Betten und Geräthschaften, wenn sie zugleich mit Seifenlauge gemischt und gekocht werden; — dürfte doch höchstens für weiße Wäsche anzuwenden sein.

Eckstein [8]), Pergamentpapier-Fabrikant in Wien, empfiehlt in einem Memorandum an den Gemeinderath daselbst zur Desinfection Chlorkalk, in einen Pergamentsack gefüllt, in die Aborte, Canäle u. s. w. zu bringen. Am Schluß des Memorandums hält er es selbst für nöthig, sich gegen jede Zumuthung einer Geschäftsreclame zu verwahren. Gegen die Desinfection der Aborte mit Phenol spricht er sich entschieden aus, weil dann in kurzer Zeit die Brunnen damit vergiftet würden. — Als ob es angenehmer wäre, wenn die Brunnen die nicht desinficirten Excremente aufnehmen!

Pagnon-Vuatrin [9]) schüttet in die Gruben Steinkohlenasche, dann eine Chlorkalklösung und Salzsäure. Jourdan [10]) (franz. Pat.) mischt Chlorkalk mit Kaliumbisulfat ($KHSO_4$) und Kohle. Collin's Desinfectionspulver [11]) (engl. Pat.) ist ein Gemisch von Chlorkalk mit schwefelsaurer Thonerde (Aluminiumsulfat); desgl. das Desinfectionsmittel von Orioli. [12]) Die so erhaltene unterchlorigsaure Thonerde war schon längst unter dem Namen Wilson's Bleichflüssigkeit oder Chloralaunerde bekannt. [13]) Smith [14]) empfiehlt 1 Th. Chlorkalk mit 1 Th. Kalialaun.

---

[1]) Dingler's polyt. J. 1825. **17**. 385.
[2]) Dingler's polyt. J. 1826. **22**. 456.
[3]) Dingler's polyt. J. 1827. **25**. 535.
[4]) Dingler's polyt. J. 1830. **36**. 401.
[5]) Dingler's polyt. J. 1831. **40**. 76.
[6]) Polytechn. Notizbl. **21**. 291.
[7]) Küchenmeister, Handbuch S. 167.
[8]) Dingler's polyt. J. 1872. **206**. 423; Wagner's Jahresber. 1873. 742.
[9]) Dingler's polyt. J. 1847. **106**. 160.
[10]) Dingler's polyt. J. 1847. **103**. 150.
[11]) Dingler's polyt. J. 1849. **114**. 239.
[12]) Dingler's polyt. J. 1860. **157**. 155.
[13]) Wagner's Jahresber. 1860. 189.
[14]) A. Smith, Disinfectans and Disinfection (Edinburg 1869).

Labarraque[1]) empfahl eine Lösung von unterchlorigsaurem Natrium (Eau de Labarraque), welche dann auch zur Desinfection von Pferdeställen[2]) und der Pariser Fleischhallen[3]) angewendet wurde; ähnlich ist die Desinfectionsflüssigkeit von Barnett und Stade.[4])

Der Polizeipräfect von Paris odnete im Jahre 1848 die Anwendung des unterchlorigsauren Kalium (Eau de Javelle) zum Desinficiren der Aborte an, eine Maßregel, die von Paulet bekämpft wurde.[5])

Pettenkofer[6]) spricht sich entschieden gegen die Anwendung von Chlorkalk aus; auch die Berliner Choleracommission im August 1873 und Roth[7]) verwerfen denselben. Klotzsch[8]) berichtet, daß eine Pilzvegetation bei Zusatz von Chlorkalk nicht unterbrochen wurde, Thomé[9]) und Plugge[10]), daß Chlorkalk, wenn nicht in großer Menge angewendet, wirkungslos ist (vergl. S. 49).

Chlor. Nach Wiederhold[11]) sollen die Excremente, namentlich von Typhus- und Cholerakranken, in einen Steintopf entleert werden, in welchem sich concentrirte Salzsäure befindet. Bei jedesmaligem Einschütten wird eine Messerspitze chlorsaures Kalium hinzugethan. Auch von anderer Seite ist dieses Gemisch von chlorsaurem Kalium und Salzsäure, Euchlorine genannt, empfohlen worden.[12])

Parkes[13]) empfiehlt eine gelinde Chlorräucherung; man nimmt 2 Theelöffel Kochsalz, 2 Theelöffel Mennige, 1/2 Weinglas Schwefelsäure und Wasser. Zum Ausräuchern des Leinenzeuges, der Matratzen und des übrigen Bettzeuges mit Chlor verfährt man nach den neuesten Vorschriften Regnault's in folgender Weise. In einem starken, aus Segeltuch angefertigten Beutel von 1^l Fassungsraum bringt man 500^g Chlorkalk; dann näht man den Beutel zu und steckt ihn in einen irdenen Topf, welcher 1^l gewöhnliche Salzsäure von 1,15 spec. Gewicht und 3^l Wasser enthält. Sobald der Chlorkalk mit der verdünnten Säure in Berührung kommt, wird das Zimmer verschlossen, und die Gegenstände bleiben der Einwirkung der Chlordämpfe 24 Stunden lang ausgesetzt; dann wird das

---

[1]) Dingler's polyt. J. 1827. **24**. 375; 1828. **27**. 319.
[2]) Dingler's polyt. J. 1825. **18**. 265.
[3]) Dingler's polyt. J. 1825. **17**. 384; 1829. **33**. 408.
[4]) Berichte d. deutschen chemischen Gesellsch. 1874. 827.
[5]) Dingler's polyt. J. 1849. **111**. 160.
[6]) Wagner's Jahresber. 1866. 527.
[7]) Lex u. Roth, Handbuch, Bd. 1. S. 521.
[8]) Hallier's Zeitschrift f. Parasitenkunde **1**. 278.
[9]) Zeitschrift f. Biolog. **2**. 451; Verhandl. der Choleraconferenz 1867. 61.
[10]) Pflüger's Archiv f. Physiolog. 1872.
[11]) Wagner's Jahresber. 1866. 527.
[12]) Lex u. Roth, Handbuch, Bd. 1. S. 475 u. 512.
[13]) Dingler's polyt. J. 1872. **203**. 326.

Zimmer 48 Stunden lang gelüftet. Zehn von diesen Töpfen sollen zur Desinfection von 20—25 Matratzen hinreichen.

Letheby[1]) meint, daß das Chlor als stark diffundirender Körper zur Desinfection von Räumen sehr gut geeignet sei, wo Personen an Fieber, Blattern und Cholera gelegen hätten. Die aus Braunstein und Salzsäure entwickelte Chlormenge soll nicht so groß sein, daß sie die Lungen der in dem Raume befindlichen Personen reizt, aber so groß, daß das Chlor deutlich gerochen werden kann; bei richtiger Handhabung soll das Chlor auch in Räumen verwendet werden können, in denen sich Kranke befinden.

Wanklyn[2]) spottet über derartige Angaben; ihm will es scheinen, daß die Weisheit des Arztes, welcher ein Täßchen mit Chlorkalk und Salzsäure in das Zimmer seines Kranken stellt, nicht höher steht als die der Rinderpestcommissäre mit ihren in Carbolsäure getauchten Tüchern an den Hörnern des Rindviehes.

Zürn[3]) spricht sich gegen Chlorräucherungen in Viehställen aus, weil sie nur geringe Wirkung haben; außerdem ist das Vieh sehr empfindlich gegen Chlordämpfe. —

Daß in der That Chlor zur Desinfection von Krankenzimmern durchaus ungeeignet ist, würde nicht besonders erwähnt zu werden brauchen, wenn derartige Chlorräucherungen leider nicht noch gar zu oft angewendet würden. Soll wirklich so viel Chlor entwickelt werden, daß auch nur annähernd von Desinfection die Rede sein kann, so wird die Luft längst unathembar sein. Ein in einem Krankenzimmer aufgestelltes Schälchen Chlorkalk nützt gar nichts, schadet aber unter Umständen sehr viel, da hierdurch die Aufmerksamkeit der Wärter für Unreinlichkeit u. dgl. gar leicht eingeschläfert wird.

Brom ist in dem letzten nordamerikanischen Kriege in großen Mengen als Luftreinigungsmittel angewendet worden.[4]) — Da es die Schleimhäute noch stärker angreift als Chlor, so ist es nicht empfehlenswerth.

Jod. Browne[5]) empfiehlt Jod gegen Pockengift, Kletzinsky[6]) zur Desinfection der Zimmerluft das in einem offnen Gefäße der Selbstverdunstung überlassene Jod. Sobald die Joddämpfe im Zimmer riechbar werden, schließt er das Gefäß für einige Tage. Er rechnet 1 Gran Joddampf auf 100 österreich. Cubikklafter Luft. — In dieser homöopathischen Verdünnung ist das Jod jedenfalls durchaus harmlos.

---

1) Dingler's polyt. J. 1867. 183. 225; Wagner's Jahresber. 1867. 539.
2) Dingler's polyt. J. 1873. 210. 467.
3) Zürn, Parasitenkunde S. 273.
4) Lex u. Roth, Handbuch, Bd. 1. S. 513.
5) Dingler's polyt. J. 1832. 47. 316.
6) Küchenmeister, Handbuch S. 425.

Nicht besser ist der Vorschlag von Webb[1]), Talg, Stearin oder Petroleum mit einer kleinen Menge Chlorjod zu versetzen; beim Verbrennen sollen dieselben dann desinficirende Wirkungen ausüben (engl. Pat., 18. Sept. 1872).

Richardson[2]) hat vorgeschlagen, zu einer mit Jod gesättigten Lösung von Wasserstoffsuperoxyd 2,5 Proc. Seesalz zuzusetzen und diese Flüssigkeit im Zimmer zu verstäuben.

Da Jod viel theurer ist als Chlor, ohne nennenswerthe Vorzüge vor diesem zu haben, so ist auch seine Anwendung nicht zu empfehlen.

Stickstofftrioxyd = N_2O_3 (salpetrige Säure = NO_3). Durch Räucherungen mit salpetriger Säure wurde im Jahre 1780 eine Typhusepidemie zu Winchester abgeschnitten; Smith erhielt hierfür vom Parlament eine Belohnung von 5000 Pfd. Sterl.[3])

Fitzgerald[4]) will die Luft mit Stickstofftrioxyd desinficiren, Vogel[5]) schlägt vor, damit die Luft in Aborten zu reinigen, und Zürn[6]) empfiehlt dasselbe zur Desinfection der Ställe, da die Hausthiere die salpetrigen Dämpfe besser vertragen als Chlor, Chlorwasserstoff oder Schwefeldioxyd.

Die Specialcommission der Pariser Academie empfahl zur Desinfection von Oertlichkeiten, in denen sich während der Belagerung von Paris an ansteckenden Krankheiten leidende Personen aufgehalten hatten, sapetrige Säure. Für 30 bis 40^{cbm} Raum werden 2^{l} Wasser, 1500^{g} Salpetersäure und 300^{g} Kupferspäne in Steinzeuggefäßen aufgestellt, Thüren und Fenster verklebt.[7]) — Nach dem Urtheil der Commission läßt sich jedoch Phenol weit bequemer anwenden; es ist nicht so gefährlich[8]), überdies billiger und erwies sich von ganz gleicher Wirksamkeit.

Uebermangansaures Kalium, Kaliumpermanganat = $KMnO_4$ oder KO,Mn_2O_7 wurde von A. W. Hofmann[9]) mit Erfolg zur Reinigung von Trinkwasser angewendet. Von anderer Seite wurde es dann zur Desinfection von Aborten u. dgl. vorgeschlagen.[10])

---

[1]) Berichte d. deutschen chemischen Gesellsch. 1874. 743.
[2]) Lex u. Roth, Handbuch, Bd. 1. S. 513.
[3]) Pharmacist 1874. 56; Lex u. Roth, Handbuch, Bd. 1. S. 513.
[4]) Wagner's Jahresber. 1866. 528.
[5]) Bayerisches Industrie- u. Gewerbebl. 1875. 22.
[6]) Zürn, Parasitenkunde S. 270.
[7]) Dingler's polyt. J. 1872. 203. 326; Industriebl. 1872. 124.
[8]) Vergl. Lex u. Roth, Handbuch, Bd. 1. S. 514.
[9]) Dingler's polyt. J. 1859. 153. 62.
[10]) Wagner's Jahresber. 1866. 523.

Frankland[1]), Martius[2]), Roth[3]) und Wiederhold[4]) sprechen sich dagegen aus.

Kühne[5]) empfiehlt das von Kunheim dargestellte Gemisch von übermangansaurem Natrium mit schwefelsaurem Eisenoxyd (Ferrisulfat) zum Desinficiren der Aborte. Selbstverständlich darf kein Eisenvitriol[6]) zugesetzt werden, da hierdurch das Natriumpermanganat zersetzt wird.

Lex[7]) hat durchaus keine dauernde Wirkung mit diesem Gemisch erzielen können; da dasselbe außerdem zu theuer ist, so kann es nicht empfohlen werden.

In England wird sehr oft zum Ausspülen des Mundes eine Lösung von übermangansaurem Natrium als Condy's liquid verwendet. Nach anderen Angaben versteht man unter Condy's Flüssigkeit eine frische Mischung von übermangansaurem Kalium mit Salzsäure; dieses Gemisch wird auch Chorozon genannt.

Schlenther und Bochanicki[8]) haben eine Desinfectionsseife in der Art hergestellt, daß sie Seifenschnitzel mit Kaliumpermanganat durch Pressen in eine harte Masse verwandelten. Leider zersetzt sich dieselbe in kurzer Zeit, so daß ein ganz werthloses Gemisch von Manganoxyd mit Seife entsteht.[9]) Hager[10]) mischt statt dessen 100 Th. mit Salpetersäure gereinigten Thon und 5 Th. übermangansaures Kalium und verwendet diese Masse als Waschmittel.

Nach dem Vorschlage von Böttcher[11]) werden die starken Ausdünstungen von eiternden Wunden[12]) durch ein aufgelegtes Bäuschchen Schießwolle, welches mit übermangansaurem Kalium getränkt ist, sofort beseitigt.

Fleck[13]) hat 47,2 cc Düngerjauche, welche aus einer alkalischen Silberlösung 100 mg Silber abscheiden, mit einem großen Ueberschuß der verschiedenen Desinfectionsmittel versetzt. Wurde hierauf die Flüssigkeit (nach dem Absetzen) mit alkalischer Silberlösung gekocht, so resultirte eine

---

1) Chemical News April 1867.
2) Virchow u. Hirsch, Jahresber. 1867. 545.
3) Lex u. Roth, Handbuch, Bd. 1. S. 525.
4) Wagner's Jahresber. 1871. 557.
5) Wagner's Jahresber. 1866. 525; 1867. 544.
6) Vergl. Küchenmeister, Handbuch S. 168.
7) Lex u. Roth, Handbuch, Bd. 1. S. 526.
8) Dingler's polyt. J. 1868. 190. 431; Polytechn. Notizbl. 1868. 337.
9) Dingler's polyt. J. 1869. 192. 516.
10) Dingler's polyt. J. 1871. 202. 309; Wagner's Jahresber. 1871. 706.
11) Dingler's polyt. J. 1871. 199. 247; 200. 344; Polytechn. Notizbl. 1871. 33 u. 129.
12) Vergl. Dingler's polyt. J. 1864. 172. 159.
13) Dingler's polyt. J. 1873. 210. 140; Fleck, 1. Jahresber. d. chem. Centralstelle S. 26.

um so geringere Menge Silber, je mehr Fäulnißstoffe durch das Desinfectionsmittel oxydirt oder gefällt worden waren.

Es wurden somit, nach Einwirkung von

Nr.	Desinfectionsmittel.	noch abgeschieden Milligr. Silber	Desinfectionswerth entspr. mg Silber:	Wirkungswerth: Nr. 1 = 100
1	Chlorkalk mit Schwefesäure.	29,5	70,5	100,0
2	Chlorkalk und Eisenvitriol .	30,2	69,8	99,0
3	Lüder & Leidloff's Pulver .	35,1	64,0	92,0
4	Carbolsäurepulver	39,6	60,4	85,6
5	Kalk	40,3	59,7	84,6
6	Alaun	43,3	56,7	80,4
7	Eisenvitriol	45,9	54,1	76,7
8	Chloralaun.	47,8	52,2	74,0
9	Bittersalz	59,7	40,3	57,1
10	Uebermangansaures Kalium mit Schwefelsäure. . . .	63,8	36,2	51,3

Er schließt daraus, daß, mit Ausnahme des übermangansauren Kaliums, die oxydirenden Desinfectionsmittel die größte Wirkung haben, daß das Lüder und Leidloff'sche Desinfectionspulver wirksamer ist als Phenol u. s. w. — Dem gegenüber ist hervorzuheben, das die Mittel 3 bis 9 hier die organischen Massen nur gefällt haben, daß aber die erhaltenen Niederschläge, mit Ausnahme des durch Phenol, in kurzer Zeit dennoch in Fäulniß übergehen werden, die aufgestellten Werthe daher nur bei der Reinigung von Canalwässern in Betracht kommen können. Bei Nr. 2 kommt die präcipitirende Wirkung des durch die Zersetzung der Bestandtheile frisch gefällten Ferrihydrates (Eisenoxydhydrat) und die oxydirende des überschüssigen Chlorkalkes zusammen. — Die Excremente und Abfälle einer Stadt aber mit so viel Chlorkalk oder übermangansaurem Kalium zu versetzen, daß die fäulnißfähigen Stoffe völlig oxydirt werden, ist praktisch gar nicht durchführbar. Geringere Mengen dieser Substanzen sind fast werthlos.[1])

Ozon. Mangon[2]), Richardson[3]) u. A. wollen mit Ozon desinficiren, Richardson[4]) auch mit Wasserstoffsuperoxyd. — Ob diese noch wenig gekannten Stoffe wirklich als Desinfectionsmittel verwendet werden können, ist zweifelhaft.

---

[1]) Vergl. Vierteljahrschr. f. öffentl. Gesundheitspfl. 1872. 602.
[2]) Dingler's polyt. J. 1856. **141**. 456.
[3]) Lex u. Roth, Handbuch, Bd. 1. S. 511.
[4]) Vierteljahrsschrift f. öffentl. Gesundheitspfl. 1870. 149.

3. Begünstigung der Verwesung.

Kohle. Matteucci[1]) erklärt die desodorisirende Kraft der Kohle dadurch, daß dieselbe auf den eiternden Wunden oder auf faulendem Fleisch einen elektrischen Zustand erzeuge, durch welchen sie jene Verwandtschaften verlieren, in deren Folge sie Eiter erzeugen oder in Fäulniß übergehen. Fäulniß läßt sich nach seiner Auffassung am besten dadurch hindern, daß die Körper negativ elektrisch gemacht werden, so daß sie sich nicht mit dem stark negativ-elektrischen Sauerstoff verbinden können.

Hondel[2]), Roth[3]) und Stenhouse[4]) empfehlen Holzkohle als gutes Desinfectionsmittel. Reichardt[5]) schlägt vor, in den Krankenzimmern einen Topf mit frisch ausgeglühter Holzkohle aufzustellen.

Frigerio[6] desodorisirt die Nachtstühle mit Thierkohle, welche nach seinen Versuchen 11,5mal so stark wirkt, als die von Rouppe zu gleichem Zweck vorgeschlagene Holzkohle.

Tamling[7]) empfiehlt stark verkohlte Lohkuchen; Rogers[8]) und Hays[9]) haben sich die Anwendung von Torfkohle patentiren lassen. Nach Davy[10]) ist die Torfkohle jedoch weniger gut als Torf, da sie kaum $^1/_4$ so viel Ammoniak zu absorbiren vermag als dieser.

Stanford[11]) will die Excremente mit Seegraskohle desodorisiren, und Marquart glaubt, mit Hülfe derselben großartige Abfuhrsysteme ins Leben rufen zu können.

Pichot und Malapert[12]) suchen dem Papier dadurch desodorisirende Eigenschaften zu ertheilen, daß sie demselben Holzkohle oder Thierkohle zusetzen. — Nach Crace-Calvert[13]) wird dagegen die Entwicklung der Fäulnißorganismen durch Kohle sogar begünstigt.

Salmon[14]) hat von der französischen Academie einen Preis von 8000 Fr. erhalten für die Erfindung seiner animalisirten Kohle zum Desinficiren der Abtritte und Nachtstühle. Er glüht in Cylindern den Schlamm aus Flüssen, Teichen u. s. w. oder Erde mit $^1/_{10}$ ihres Gewichtes an organischen Stoffen. Excremente, mit gleichen Theilen dieses Pulvers

---

1) Dingler's polyt. J. 1831. 39. 458.
2) Dingler's polyt. J. 1854. 132. 400.
3) Lex u. Roth, Handbuch, Bd. 1. S. 510 u. 517.
4) Dingler's polyt. J. 1854. 133. 28; Zeitschr. f. Biolog. 1. 47.
5) Reichardt, Desinfection S. 27.
6) Dingler's polyt. J. 1829. 34. 446.
7) Dingler's polyt. J. 1850. 118. 320.
8) Dingler's polyt. J. 1849. 111. 318; 113. 374.
9) Berichte d. deutschen chem. Gesellsch. 1871. 619.
10) Dingler's polyt. J. 1856. 141. 229.
11) Industriebl. 1870. 23; Chem. Centralbl. 1870. 728.
12) Dingler's polyt. J. 1858. 147. 311; Wagner's Jahresber. 1858. 503.
13) Chem. Centralbl. 1872. 791.
14) Dingler's polyt. J. 1835. 56. 398; 1849. 113. 312.

gemischt, sollen sofort geruchlos werden. Poittevin [1]) hat sich dasselbe Verfahren in England patentiren lassen.

Soldan [2]) empfiehlt erdige Braunkohle, Steinkohlengruß u. dgl., Moride [3]) die Kokes der Bogheadkohle, Davy [4]) Torf, den jedoch Payen [5]) verwirft. Fleck [6]) empfiehlt Sägespäne; seine Angabe, daß diese nicht nur Desodorisations-, sondern auch Desinfectionsmittel sind, darf wohl bezweifelt werden.

Erde. Küchenmeister [7]) sagt darüber: „Wenn wir unsere Hausthiere betrachten, so sehen wir z. B. Hunde und Katzen entweder sich kleine Latrinen ausgraben, in die sie ihren Koth absetzen, oder doch, mit den Füßen scharrend, Erde über die abgesetzten Kothmassen hinwerfen. Die Menge Erde, die sie darauf verwenden, ist nicht eben groß. Dieses Verfahren ist ein den Thieren durch den Instinct eingelehrtes und also das uranfänglichste und natürlichste Desinfectionsverfahren. Gordon erzählt, um die Häufigkeit der Schweinefinne in Indien zu erklären, daß die Hindus, dem Alter und den Ständen nach, zu verschiedenen Stunden des Tages auf einem vor dem Orte gelegenen, freien Raume ihre Nothdurft verrichten und den abgesetzten Koth leicht mit Erde bedecken. Wenn die Menschen diese Orte verlassen haben, kommen die wild lebenden Schweine, wühlen den Erdboden weg und verzehren, was verzehrbar im aufgewühlten Kothe ist. Ebenso bedecken sie selbstverständlich durch weiteres Wühlen den menschlichen Koth mit Erde und helfen ihn desinficiren."

Auch von anderer Seite werden Erde, Straßenkehricht, Steinkohlenasche, Stroh, überhaupt alle Stoffe, welche die Excremente trocknen und lockern zu gleichem Zwecke vorgeschlagen und angewendet. —

Alle diese Substanzen machen die Excremente zwar geruchlos, durch Absorbtion der stinkenden Gase, die Fäulniß ist aber nur durch Zusatz großer Massen zu beschränken; ganz gehindert wird sie wohl nie, wenn die Abgänge nicht, wie bei dem erwähnten „uranfänglichsten und natürlichsten Desinfectionsverfahren" in die Erde verscharrt oder gut ausgebreitet werden. [8])

Es wird demnach die Hauptaufgabe der Gesundheitspflege sein müssen, die Concurrenz der Verwesung zu unterstützen und die Bedingungen dazu möglichst rasch und vollständig herzustellen. Dieser Forderung wird am Vollkommensten durch Ausbreitung der städtischen Abfallstoffe, namentlich

---

1) Dingler's polyt. J. 1839. 73. 317.
2) Dingler's polyt. J. 1845. 97. 315.
3) Wagner's Jahresber. 1859. 473 u. 686.
4) Dingler's polyt. J. 1856. 141. 229.
5) Dingler's polyt. J. 1843. 87. 80.
6) Küchenmeister, Handbuch S. 455.
7) Küchenmeister, Handbuch S. 171.
8) Vergl. Zeitschrift f. Epidemiol. 1874. 317.

der menschlichen Excremente bevor sie in Fäulniß übergegaugen sind, auf Feldern und Wiesen (durch Berieseln) genügt werden.

Sonstige Vorschläge. Robinet[1]) bedeckt die Excremente mit einer mehrere Millimeter dicken Schicht Oel, um jeden übeln Geruch der Abortsgruben zu vermeiden. Auch Bayard[2]) empfiehlt Oel, wendet aber außerdem ein Gemisch von 25 Th. Eisenvitriol, 20 Th. Thon, 15 Th. Gyps mit etwas Steinkohlentheer an.

Faucille[3]) und Arlett[4]) schlagen vor, die Abtritte durch Wasserdampf geruchlos zu machen. — Nach einem französischen Patent werden mittels einer Locomobile gespannte Wasserdämpfe in die Grube eingeführt, dann durch eine Chlorentwicklung die letzten Gerüche zerstört.[5]) Le Voir[6]) meint, daß ein mit Wasser benetztes Gewebe, in den Abtritten aufgehängt, den Geruch beseitigt.

Desmartis[7]) empfiehlt Campecheholzextract. — Robin[8]) hat gefunden, daß Fleisch, in starken Kaffee getaucht, sich über 9 Monate unverändert erhält. Nach einem französischen Patent vom 10. Februar 1843 wird zur Desinfection der Aborte Kaffeesatz angewandt.[9])

Bohl[10]) schlägt vor, geglühten Dolomit mit Kohlenpulver anzuwenden, Herpin[11]) Kohle und Gyps. Die so desodorisirten Excremente sollen wöchentlich abgefahren und zu Poudrette verarbeitet werden.

Siret[12]) in Meaux desinficirt die Aborte mit Holzkohle, einer bituminösen Substanz und Eisenvitriol; für dieses Verfahren erhielt er von der französischen Academie der Wissenschaften einen Preis von 1500 Fr. Später setzt derselbe[13]) noch Kalk, Gyps u. dgl. hinzu.

Maillet[14]) versetzt den Grubeninhalt mit Eisenvitriol und Kohle und bringt die so geruchlos gemachten Excremente auf's Feld. Die jährlichen Abgänge eines Menschen sollen 20 Ares Land völlig düngen.

Brown[15]) (engl. Pat.) versetzt den Abtrittinhalt mit Eisenvitriol, Manganlauge u. dgl., rührt um, bestreut die Masse mit einem Pulver,

---

1) Dingler's polyt. J. 1845. 98. 248; 1847. 103. 151.
2) Dingler's polyt. J. 1849. 113. 313.
3) Dingler's polyt. J. 1846. 100. 196.
4) Dingler's polyt. J. 1849. 113. 313.
5) Dingler's polyt. J. 1847. 103. 152.
6) Dingler's polyt. J. 1863. 169. 160; Wagner's Jahresber. 1863. 575.
7) Dingler's polyt. J. 1862. 165. 73.
8) Dingler's polyt. J. 1852. 125. 468.
9) Dingler's polyt. J. 1847. 103. 149.
10) Dingler's polyt. J. 1870. 198. 448.
11) Dingler's polyt. J. 1849. 114. 64.
12) Dingler's polyt. J. 1843. 90. 80; 1845. 96. 255.
13) Dingler's polyt. J. 1847. 103. 148.
14) Dingler's polyt. J. 1848. 108. 309.
15) Dingler's polyt. J. 1873. 210. 142; London journ. of arts 1847. 118.

welches er durch Erhitzen von 75 Th. Asche oder Straßenkehricht mit 25 Th. Abfällen aus Gerbereien, Sägespänen u. s. w. erhalten hat, und trocknet das Gemisch an der Luft. Broquet und Marie [1]) (franz. Pat.) nehmen ein Gemenge von Kohle, Eisenvitriol, Chlorkalk und schwefelsaurem Blei.

Paulet [2]) hat sich in Frankreich ein Gemisch von Eisenvitriol und Seife (also ölsaures Eisen) patentiren lassen. Später versetzt er den Inhalt der Abtrittsgruben in Paris mit einer Lösung von Zinkvitriol und Oelemulsion. [3])

Louvet-Milan [4]) mischt Eisenvitriol, Kalk, Kohle, Ruß und etwas Wohlriechendes, um damit Aborte und Gossen zu desinficiren.

Dubois [5]) (französ. Pat.) wendet eine Abkochung von Gerberlohe und Raute mit Eisenvitriol an, färbt die Excremente also einfach durch Dinte schwarz.

Matthon [6]) (französ. Pat.) leitet die Dämpfe von brennendem Hopfen, Wachholderbeeren, Wermuth und Anis in die Abtrittsgrube bis zum Siedepunkt (!) des gesammten Kothinhaltes. Dann wird ein kochend heißes Gemisch von Schwefelsäure, Eisenvitriol, Alaun, Anis, Wachholder, metallischem Kupfer hineingeschüttet und schließlich noch gefaulte Pomeranzen und verdorbene Citronen zugesetzt, welche man vorher zerquetscht und von Zeit zu Zeit mit Schwefelsäure besprengt haben muß! —

Ueber den Werth oder vielmehr Unwerth dieser Vorschläge wird kein Zweifel sein.

Ausführung der Desinfection.

Bei der Desinfection der Luft sollen nicht nur die zwar unangenehmen, in den gewöhnlich vorhandenen Mengen aber unschädlichen Gase: Kohlensäure, Ammoniak, Schwefelwasserstoff, sowie die stinkenden, noch wenig bekannten flüchtigen organischen Stoffe entfernt werden, die Desinfection soll vor allen Dingen die Entwicklung der Bakterien und Pilze verhindern, die vorhandenen aber tödten oder beseitigen. Es liegt auf der Hand, daß dieses nimmermehr durch Aufstellung frisch geglühter Kohle und anderer nicht flüchtiger fester oder flüssiger Körper erreicht werden kann, sondern nur durch gas- und dampfförmige Substanzen oder aber durch eine kräftige Ventilation.

Zur Desinfection der Luft in Krankenzimmern ist vor Allem die peinlichste Reinlichkeit, die augenblickliche Beseitigung beschmutzter

---

[1]) Dingler's polyt. J. 1847. **103.** 149.
[2]) Dingler's polyt. J. 1847. **103.** 151.
[3]) Dingler's polyt. J. 1851. **119.** 319.
[4]) Dingler's polyt. J. 1850. **116.** 237.
[5]) Dingler's polyt. J. 1847. **103.** 151.
[6]) Dingler's polyt. J. 1847. **103.** 149; Monit. industr. 1846.

Wäsche u. dgl., sowie eine passende Ventilation (selbstverständlich ohne den Kranken der directen Zugluft auszusetzen) erforderlich. Beschmutzte Stellen auf dem Fußboden werden sofort mit Phenolwasser aufgewaschen; Steckbecken, Nachtstühle, Nachttöpfe u. dgl. werden nach jedesmaligem Gebrauch sofort entleert, mit Phenolwasser gut ausgespült, und dann mit etwa 10^{g} Desinfectionspulver [1]) versehen. Außerdem empfiehlt es sich, flache Schalen mit Desinfectionspulver No. 3 aufzustellen. Ist dem Kranken der Carbolsäuregeruch unangenehm, so wird zur Herstellung der Desinfectionsmischungen nur reines Phenol angewendet.

Können die zu desinficirenden Krankenzimmer, Gefängnißräume, Leichenkammern, Zwischendecke auf Schiffen u. dgl. auf einige Tage geräumt werden — und nur dann ist eine völlige Desinfection möglich — so verbrennt man in passender Weise für jeden Cubikmeter Raum 20 bis 30^{g} Schwefel und hält Thür und Fenster 12 bis 24 Stunden gut verschlossen. Hierauf ist gut zu lüften und der Fußboden mit Phenolwasser zu scheuern; wenn möglich werden auch Decken und Wände mit Kalkmilch, der 2 Proc. Carbolsäure zugesetzt ist, getüncht. — Viehställe können ähnlich behandelt werden. [2])

Wunden werden nach Anleitung eines Arztes mit Phenol oder Salicylsäuremischungen desinficirt, Hände nach Berührung mit Geschwüren u. dgl. mit Phenolwasser oder mit einer Lösung von 10^{g} Salicylsäure in 100^{cc} Alkohol und 900^{cc} Wasser gewaschen.

Wäsche ist nach dem Gebrauch sofort in Phenolwasser zu bringen und nach einigen Tagen mit Seifenlauge gut auszukochen. Decken, Kleidungsstücke u. dgl. werden reichlich mit einer Lösung von 1 Th. Phenol in 10 Th. Petroleumbenzin besprengt, einige Tage in einer gut schließenden Kiste aufbewahrt und nun in passender Weise auf etwa 100°

---

[1]) 1. Desinfectionspulver: 10 Th. rohe Carbolsäure (50 Proc.) werden mit etwas Sägespänen oder Torfgruß gut gemischt, dann 90 Th. pulverisirter Eisenvitriol zugesetzt.

2. Desgl. 10 Th. rohe Carbolsäure mit 90 Th. Torfgruß, Kohlenpulver, Erde u. dgl. gemischt.

3. Desgl. zum Aufstellen: 10 Th. reines Phenol mit 90 Th. Torf, Sägespänen.

4. Phenolwasser: 10^{g} Phenol werden in 1^{l} Wasser gelöst.

Die chemischen Fabriken Eisenbüttel bei Braunschweig und E. de Haën in Hannover liefern 100^{k}

Phenol, chemisch rein	zu	250—280	Mark.
» technisch rein	»	200—240	»
» roh (Carbolsäure von 50 Proc.)	»	36 — 40	»
Petroleumbenzin oder Gasoline (Siedp. 70—90)	»	50	»
» » Fleckenwasser (Siedp. 80—110)	»	39	»

Kleinere Quantitäten sind durch jede Droguenhandlung zu beziehen.

[2]) Anleitung zur gründlichen Desinfection von Viehställen bei Rinderpest und ähnlichen Seuchen gibt Zürn S. 276.

erhitzt. Federbetten können in wenig bedenklichen Fällen ebenso behandelt werden; sonst sind sie nach dieser Behandlung mit Phenol einer Bettfedern-Reinigungsanstalt zu übergeben. Stark beschmutzte Matratzen, Kleidungsstücke, Decken u. dgl. sollten, namentlich bei Cholera, verbrannt werden, wenn nöthig auf Gemeindekosten.

Pissoirs sind am besten durch einen fortwährenden Wasserstrahl rein zu halten; sonst sind sie, wie auch unreine Höfe, Schlachtereien u. dgl. täglich mit Carbolsäurewasser zu besprengen.

Abortsgruben sind zu entleeren, nachdem der Inhalt mit einer Lösung von 2—4^{k} des 1. Desinfectionspulvers gemischt ist; dann werden mit Hilfe einer Gießkanne die unreinen Wandungen derselben mit der Lösung gut abgespült. Bei fernerem Gebrauch sind täglich für jede Person etwa 15^{g} Desinfectionspulver anzuwenden. —

Wenn durch diese Desinfection ohne Zweifel manches Menschenleben erhalten, die Verbreitung der Epidemien wesentlich beschränkt werden kann, so wird sie jedoch zur Unterdrückung von Cholera, Typhus, Ruhr nicht ausreichen (wenigstens nicht in größeren Orten, da es nie möglich sein wird, Alle zur gründlichen Desinfection der Auswurfstoffe zu zwingen), solange nicht ein vernünftiges System der Städtereinigung durchgeführt ist [1]), weil offenbar von einer Desinfection des verunreinigten Untergrundes (vergl. S. 31) nicht die Rede sein kann.

Sehr richtig sagt Pfeiffer [2]): Man könne nicht unmittelbar, sondern nur durch sorgfältige Entfernung der Schädlichkeiten im Boden lange vor Ausbruch der Seuche Schutz gewähren. „Reinhaltung der Luft und des Trinkwassers durch gute Canäle und gute Baugesetze, Trockenlegung des Untergrundes und Fernhaltung von Auswurfstoffen von demselben, das sind die Ziele, die zu erreichen sind. Den Wasserleitungen müssen die ebenso nöthigen Canalisirungen folgen. — Trifft uns die Cholera in derselben Sorglosigkeit wie 1866, so ist es den betreffenden Behörden und Gemeinden nicht mehr erlaubt, durch eine Scheingeschäftigkeit im Desinficiren die Verantwortung für das Leben der Tausende von Opfern von sich abwälzen zu wollen.“

---

[1]) Vergl. Lex u. Roth, Handbuch, Bd. 1. S. 534.

[2]) Pfeiffer, Die Cholera in Thüringen und Sachsen; Küchenmeister, Handbuch S. 246.

Leichenwesen.

Die Leichen können für die Ueberlebenden unschädlich gemacht werden durch rasche Zerstörung, und zwar durch Verbrennen oder durch Chemikalien; durch Verhindern der Zersetzung: Mumificirung; durch Beerdigen.

1. Leichenverbrennung.

Nach Jacob Grimm [1]) war im Alterthume bald die Verbrennung die allgemeine Bestattungsweise der Todten, bald kamen beide Methoden — das Begraben und Verbrennen — gemeinsam vor; bald begrub man nur unter gewissen Verhältnissen, bald verabscheute man das Verbrennen überhaupt und beerdigte ausschließlich. Im Allgemeinen herrschte das Verbrennen vor bei kriegerischen und nomadischen, das Begraben bei ackerbautreibenden Völkern.

Unstreitig ist das Begraben die älteste Bestattungsform und älter als das Verbrennen; wenigstens scheint der Steinzeit die Verbrennung der Todten völlig fremd gewesen zu sein. In Europa wurde der Leichenbrand erst gleichzeitig mit der Bronze durch die Indogermanen eingeführt, während die für die europäische Culturentwicklung wichtigen, nichtindogermanischen Völker, die Juden, Phönizier, Araber, sowie die Chinesen, Aegypter, Etrurier, die Sisadiner, denen das Feuer als heilig galt, und Andere dagegen ihre Todten beerdigten. Im südlichen und westlichen Deutschland sowie in der Schweiz scheint die Leichenverbrennung sogar erst von den Römern eingeführt und durch die christlichen Priester abgeschafft zu sein. [2])

Am 28. Brumaire des Jahres V (18. Nov. 1796) wurde ein Decret veröffentlicht, daß jeder majorenne Franzose sich nach dem Tode verbrennen

---

[1]) Grimm, Kleinere Schriften II. S. 218.

[2]) Mittheil. aus d. Göttinger anthropolog. Verein 1874. 28.

lassen dürfe. Von dieser facultativen Leichenverbrennung ist jedoch kein Gebrauch gemacht.

In Deutschland wurde zuerst im Jahre 1829 die Verbrennung der Leichen wieder in Anregung gebracht [1]); dann von H. Richter [2]), doch fanden seine Vorschläge bei Laien und Technikern lebhaften Widerspruch und wurden wieder vergessen. Seit wenigen Jahren haben namentlich Wegmann-Ercolani und Reclam durch Wort und Schrift für Leichenverbrennung gewirkt.

Scheiterhaufen unter freiem Himmel. — Die Schifffahrt treibenden Völker des Alterthums (Skandinavier u. A.) verbrannten ihre Leichen an den Ufern der Flüsse und den Meeresküsten gewöhnlich auf dem Schiffe, welches der Todte bei Lebzeiten benutzt hatte. Die Römer und Griechen errichteten Scheiterhaufen (πυρὰ und rogus) aus 2 bis 3 m langen Holzscheiten (Fig. 13). Sie umhingen diese Scheiterhaufen mit Tüchern, Gewändern und Waffen, warfen Blumen, Vögel und Opferthiere in die Glut und sprengten Wein und Wohlgerüche hinein. [3])

Fig. 13.

Außerordentlich groß waren die Scheiterhaufen des Patroklus, Hektor, Cäsar; die der mittleren Stände sind nicht genauer beschrieben, und die der Armen waren so klein, daß die Leichen nur angesengt und dann in Todtengruben geworfen wurden. Auf den öffentlichen Brandstätten Roms, culinae genannt, herrschte dem entsprechend ein so mörderlicher Gestank, daß die Göttin Mephitis daselbst eine Capelle hatte. Solche Brandstätten mußten wenigstens 15 Stadien oder 2000 Schritt von der Stadt entfernt sein.

Auch in den Urnen, welche in Norddeutschland so häufig gefunden werden, findet sich nicht etwa ein Häuflein Asche, sondern mehr oder weniger angebrannte und zerschlagene Knochensplitter. [4]) Die Verbrennung war also auch hier ungenügend. —

---

[1]) Dingler's polyt. J. 1829. 32. 226.
[2]) Gartenlaube 1856. No. 49.
[3]) Küchenmeister, Handbuch S. 484.
[4]) Spener'sche Zeitg. 1874. No. 193.

Die Untersuchungen von Bischof über die Organgewichte des menschlichen Körpers geben folgende Zahlenwerthe:

	Mann	Weib	Jüngling	Neugeborene	
				Knabe	Mädchen
	Proc. des Gesammtgewichtes des betr. Individuums				
Skelett	15,9	15,1	15,6	17,7	15,7
Muskeln	41,8	35,8	44,2	22,9	23,9
Brusteingeweide . . .	1,7	2,4	3,2	3,0	4,5
Baucheingeweide . . .	7,2	8,2	12,6	11,5	12,1
Fett	18,2	28,2	13,9	20,0	13,5
Haut	6,9	5,7	6,2		11,3
Gehirn	1,9	2,1	3,9	15,8	12,2

Der Körper eines Erwachsenen enthält im Durchschnitt 58,5 Proc. Wasser und 41,5 Proc. Trockensubstanz, der Körper eines Neugeborenen 66,4 Proc. Wasser.

Aus den vergleichenden chemischen Untersuchungen von Bibra, Lehmann, Heinz u. A. berechnet sich der mittlere Gehalt der festen Knochen an erdigen Bestandtheilen zu 66,6 Proc.; unter Hinzuziehung der Knorpelmassen, der Epiphysen und anderer Knochenansätze sinkt dieser Werth aber auf ungefähr 55,0 Proc. herab, so daß, mit Einrechnung des Gehaltes an unverbrennlicher Substanz der Gewebetheile zu 1 Proc., der Gesammtgehalt an Wasser, Aschenbestandtheilen und organischen Massen im menschlichen Körper sich durch nachstehende Mittelwerthe ausdrücken läßt.

Wasser . . . . 58,5 Proc.
Brennbare Substanz . . . 32,5 »
Mineralbestandtheile . . . 9,0 »

Die Leiche eines Erwachsenen im Gewichte von 70^k besteht nach dieser Zusammenstellung annähernd aus:

41,0^k Feuchtigkeit,
6,3^k Mineralbestandtheilen (Asche),
22,7^k brennbarer organischer Masse
und darin 7^k Proteïn und 14^k Fettstoffe.

Fleck[1]) berechnet hieraus, daß bei der Verbrennung dieser organischen Stoffe 65760^c frei werden, welche also hinreichen müßten, die 41^k Wasser zu verdampfen. Der hohe Wassergehalt würde die Ver-

[1]) Zeitschrift f. Epidemiolog. 1874. 164.

brennungstemperatur [1]) aber so erniedrigen, daß an ein Weiterbrennen der etwa angezündeten Leiche nicht zu denken ist. [2]) Selbst wenn getrocknetes Muskelfleisch an einer Flamme angezündet wird, so brennt nur das Fett, nicht aber die Proteïnsubstanz fort; diese überzieht sich mit einer dichten, glänzenden Kohle, welche nur sehr schwer verbrannt werden kann.

Die unter Fleck's Leitung ausgeführte Verbrennung von zwei Rindern mit Reisig, theergetränktem Stroh und Holz erforderte 36 Stunden zur Verkohlung. Sehr ungünstig ist auch der Bericht einer Commission, welche bei Metz die Verbrennung von Pferdeleichen zu leiten hatte. [3]) Die stark mit Theer begossenen Thiercadaver wurden auf eine Art Herd gelegt, der aus großen Feldsteinen aufgebaut war, mit trocknem Reisig und Stroh bedeckt, nochmals reichlich mit Theer und Petroleum überschüttet und dieses angezündet. Sofort entwickelte sich eine gewaltige Flamme, die dicke pechschwarze Rauchwolken um sich verbreitete, und eine solche Hitze, daß man glaubte, der allseitig vom Feuer umgebene Cadaver müsse sehr bald verkohlen. Schon nach einer halben Stunde mußte wiederholt Theer und Petroleum nachgegossen werden, um das Feuer zu unterhalten. Nach etwa 2 Stunden waren dann Kopf, Hals und die Unterschenkel des Thieres stark verbrannt, die großen Fleischmassen des Rumpfes aber nur geröstet. Es wurden daher zahlreiche tiefe Einschnitte in das Fleisch gemacht, die Bauchhöhle geöffnet, die Eingeweide, welche kaum erwärmt waren, entfernt und die Höhlung mit Reisig und Stroh gefüllt. Nun wurde der Cadaver von Neuem auf das Reichlichste und Sorgfältigste mit Theer und Petroleum überschüttet und dieser angezündet. Wieder die mächtige rußige Flamme und eine furchtbare Hitze, aber selbst nach fünfstündiger Unterhaltung des Feuers waren die organischen Massen noch nicht hinreichend verkohlt, so daß sie schließlich verscharrt werden mußten.

Die noch heute am Ganges, namentlich zu Calcutta stattfindenden Leichenverbrennungen [4]), sind so schauderhaft, daß nur äußerst rohe Völker dieselben ausführen können. Die Luft wird meilenweit durch einen dicken stinkenden Rauch auf das Unerträglichste verpestet, die nur angesengten Körper werden in den Ganges geworfen und sind dort die Beute von Thieren. [5]) — Also kein Scheiterhaufen!

Verbrennungen in Oefen. — 1. Professor Ludwig Brunetti in Padua [6]) hat einen Ofen von Backsteinen hergestellt, welcher die Gestalt eines Parallelogramms hat, mit 10 durch Schieber verschließbaren Oeff-

---

[1]) Dingler's polyt. J. 1873. 210. 234.
[2]) Vergl. Liebig, Reden und Abhandlungen S. 83.
[3]) Lex u. Roth, Handbuch, Bd. 1. S. 556.
[4]) Spener'sche Zeitg. 1874. No. 193; Zeitschrift f. Epidemiol. 1875. 57.
[5]) Zur Frage der Leichenverbrennung S. 11.
[6]) Brunetti, Cremazione de cadaveri.

nungen in den Wänden, um die Luftzufuhr zu reguliren. Im oberen Theile des Ofens sind gußeiserne gewölbte Flügelthürchen in Form einer Kuppel angebracht, welche geöffnet und geschlossen werden können, um die Flammen über der Leiche zu concentriren. Diese selbst wird auf einer breiten eisernen Platte mit starken eisernen Drähten befestigt, weil sie sonst Bewegungen ausführen würde, auf den im Ofen aufgeschichteten Holzstoß gesetzt und derselbe angezündet. Es entwickelt sich eine bedeutende Menge starkriechendes Gas, welches zu einer neuen Leichenverbrennung gebraucht werden kann; von einer Verwendung zu öffentlichen Beleuchtungszwecken will der Verfasser vorläufig absehen. Nach etwa 30 Minuten beginnt die Leiche selbst zu verbrennen. Diese Verbrennung übt nach Angabe des Verfassers[1]) „stets einen großen Eindruck auf das Gemüth aus und macht tiefsinnig". Der nach etwa 2 Stunden verkohlte Leichnam wird zerkleinert und unter Erneuerung des Brennmateriales innerhalb weiterer 2 Stunden vollständig verbrannt. Angeblich sind zu einer Verbrennung nur 70 bis 80^{k} Holz erforderlich. Bei der Verbrennung eines 51^{k} schweren Mannes wurden nur 1,75^{k} einer harten glasartigen Knochenmasse erhalten, 56 Proc. der Aschenbestandtheile waren demnach als Flugasche fortgeführt. — Das Verfahren ist offenbar völlig unannehmbar.

2. Professor E. Kopp[2]) schlägt einen cylindrischen oder viereckigen, aus feuerfesten Steinen aufgeführten Ofen vor, von etwa 3^{m} Höhe und 1^{m} Durchmesser, unten mit einem weiten Rost, unter welchem sich der Aschenfall befindet. Etwa 0,3^{m} unter der oberen großen Oeffnung, welche auch gewölbeartig zusammengezogen sein könnte, befindet sich der Feuercanal, durch welchen die Flamme in den 3—4^{m} hohen Schornstein abgeführt wird. Auf den Rost schüttet man nun 0,3—0,4^{m} hoch trockne Holzstücke oder Holzkohlen, stellt die Leiche mit oder ohne Sarg aufrecht in die Mitte des Ofens und füllt den Zwischenraum zwischen ihr und den Wänden mit Brennmaterial, welches beinahe bis zum Feuercanal aufgeschüttet wird, und gibt endlich noch eine Lage glühender Kohlen oder brennendes Holz obenauf. Hierauf wird die obere Oeffnung durch Platten verschlossen. — Obgleich die Verbrennung so von oben nach unten stattfindet, erscheint es doch unwahrscheinlich, daß dieselbe eine vollständige und geruchlose ist. Außerdem ist das Aufschütten des Brennmateriales um die Leiche herum, wenn dieselbe vielleicht nur in ein Tuch gehüllt ist, fast barbarisch zu nennen.

3. Figur **14** zeigt den Verbrennungsapparat von H. Thompson[3]), der unter seiner persönlichen Aufsicht geprüft ist. Ein cylindrischer Raum von etwa 2^{m} Länge und **1,7**^{m} Breite steht mit einem Ofen in Ver-

---

[1]) Wegmann-Ercolani, Leichenverbrennung S. 37.
[2]) Vierteljahrsschr. f. öffentl. Gesundheitspfl. 1875. 13.
[3]) Scientific American, Mai 1874. S. 295.

bindung, so daß ersterer bis auf etwa 1100° erhitzt werden kann. Der Leichnam wird in einem Metallsarge auf ein Gitterwerk von feuerfesten Steinen gestellt und der Verbrennungsproceß ungefähr 55 Minuten unterhalten, nach welcher Zeit von der Leiche nur etwa 2,5^k Asche übriggeblieben sind. Es geht also auch hier etwa die Hälfte der unverbrennlichen Stoffe als Flugasche fort. — Die Kosten einer Verbrennung sollen sich auf 100—140 Mark belaufen. — Daß eine in dem Metallsarge befindliche Leiche in diesem Ofen innerhalb 55 Minuten völlig verbrannt werden kann, darf wohl bezweifelt werden.

Fig. 14.

4. Der Verbrennungsapparat von Professor Polli [1]) in Mailand wird nach einer Zeichnung des Ingenieurs Clericetti von dem eisernen Ringe ab (Fig. 15) gestützt, welcher mittels eiserner Widerlager an den gußeisernen Säulen A, B befestigt ist. Der Mantel des Verbrennungsapparates, der aus Steingut nach der Form der alten römischen Aschenurnen hergestellt wird, besteht aus zwei Theilen; der obere cdfe ist unbeweglich und an seiner unteren Seite mit den Löchern 1 2 3 4 ... versehen, welche zum Einströmen der Luft dienen. Der untere kann mittels einer Winde von seiner ursprünglichen Lage ef um 470^{mm} in senkrechter Richtung bis e′f′ heruntergelassen werden, wobei der Fuß in die hölzerne Unterlage voxytz hineintritt. Er trägt eine Art Untertasse von Eisenblech HJK, welche die Ueberreste der Verbrennung aufnimmt und mittels der zwei Handhaben L bequem herausgenommen werden kann, um den Inhalt in die Aschenurnen zu entleeren. Die Verbrennung geschieht mittels Leuchtgas, welches durch drei an ihrer ganzen Oberfläche durchlöcherte hohle Ringe zugeführt wird. Die zwei unteren Ringe rs und r′s′ dienen zur Verbrennung der Leiche, der obere r″s″ zum Verbrennen des Rauches.

Der in ein Tuch gehüllte Leichnam wird auf die Platform AB getragen und in den cylindrischen eisernen Käfig, welcher sich in dem Verbrennungsgefäß befindet, hinuntergelassen. Es wird nun das aus dem Ringe rs ausströmende Gas entzündet und beim leisesten Geräusch oder

1) Polli, Sulla incinerazione dè cadaveri (Milano 1872).

der geringsten Bewegung, die man bei einem etwaigen Scheintode wahrnehmen sollte, würde der Käfig mittels der Handhaben αβ und einer Kette sofort heraufgezogen werden — gewiß eine sonderbare Vorsicht. Nach einigen Augenblicken der Beobachtung öffnet man die Hähne zu den beiden oberen Ringen r′s′ und r″s″, um zur völligen Verbrennung zu schreiten. — Daß dieser Apparat sehr bald unbrauchbar werden muß, liegt auf der Hand.[1]) Außerdem gibt der Erfinder selbst zu, daß der Rauch nicht geruchlos, und daß namentlich ein an gebratenes Fleisch erinnernder Geruch nur schwer zu vermeiden ist, — Grund genug, das Verfahren für unannehmbar zu erklären.

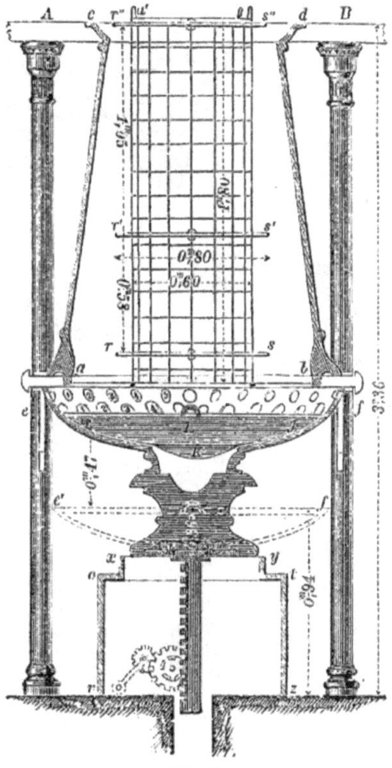

Fig. 15.

5. Nach H. Richter[2]) wird die in ein Gewebe von Asbest gehüllte Leiche auf einen Rost von Platin in ein feuerfestes Gewölbe gebracht und eine Stichflamme von Leuchtgas oder Wasserstoff darauf gerichtet. Die Kammer ist mit Glasfenstern versehen, damit die Leidtragenden Zeugen des Vorganges sein können. Die flüchtigen Verbrennungsproducte werden condensirt. — Das Verfahren ist längst als unausführbar verworfen.

6. Terruzzi und Betti[3]) bringen in den Ofen einen Metallkasten, der bestimmt ist, die zu verbrennende Leiche aufzunehmen. Das eine Ende des Kastens ist geschlossen, das andere wird mit einem gut schließenden Deckel versehen, in dessen Mitte ein eisernes Rohr befestigt ist, welches die flüchtigen Destillationsproducte in das Feuer leitet. — Auch Kopp[4]) bespricht ähnliche Muffelöfen.

---

[1]) Vergl. Zur Frage der Leichenverbrennung S. 13; Vierteljahrsschr. für öffentl. Gesundheitspfl. 1875. 18.

[2]) Gartenlaube 1856. No. 49.

[3]) Ullersperger S. 33.

[4]) Vierteljahrsschr. f. öffentl. Gesundheitspfl. 1875. 21.

7. Der Verbrennungsapparat von F. Steinmann [1]) ist nach dem Regenerativsystem eingerichtet.

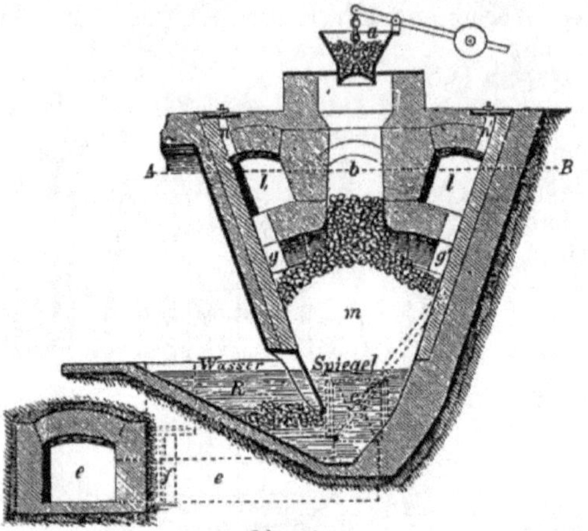

Fig. 16.

Fig. 16 stellt den Schnitt FG, Fig. 17 Schnitt CDE und Fig. 18 Schnitt AB dar. Nach seiner Angabe besteht der ganze Apparat aus zwei Theilen, dem Gaserzeuger oder Generator und dem Leichenverbrennungsraum nebst Schornstein. m ist ein trichterförmiger Schacht zur Aufnahme der Kohle, welche in zwei Mundlöchern b b durch die Füllapparate a a aufgeschüttet wird. Durch die Schlitzöffnungen g g' ist die Verbindung des Schachtes mit den Canälen l l' hergestellt. c c' ist eine Wechselklappe, deren Flügel auf der Zeichnung so eingestellt ist, daß der von e e kommende Luftstrom, seinen Weg nach rechts durch den Regenerator h' und von da weiter durch l' g' nehmend, die Kohlenschicht in m durchdringt und hier die Gasentwicklung bewirkt. Die entwickelten Gase werden alsdann durch g und l abgesogen, gehen durch den linken Regenerator h und die Wechselklappe c von der entgegengesetzten Seite und gelangen so nach dem Schlot d. Es wird also zunächst der Regenerator h die den Gasen innewohnende Temperatur aufnehmen, welche letztere alsdann beim Umwechseln der Klappe c sich dem neuen Luftstrom mittheilt, denn es erfolgt in diesem Fall genau die entgegengesetzte Manipulation. Dadurch aber, daß der neue Luftstrom im erhitzten Zustand zur Wirkung gelangt, tritt nothwendig auch eine

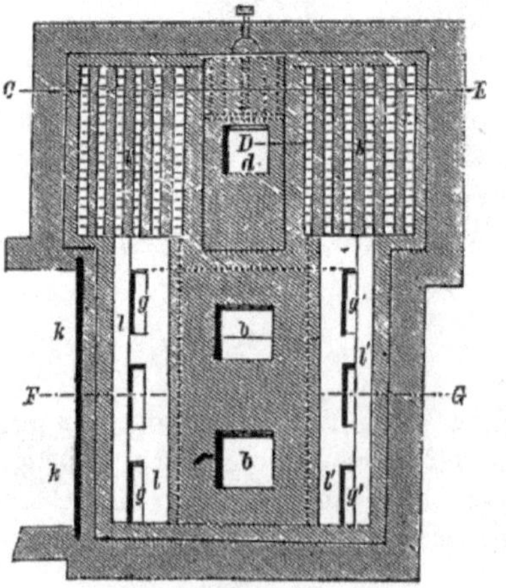

Fig. 17.

---

[1]) Dingler's polyt. J. 1874. 214. 387.

intensivere Gasbildung ein, und die Gase erhitzen nun in einem höheren Grad den Regenerator h'. Dieser Kreislauf geht also folgendermaßen vor sich: der eine Regenerator wird erhitzt von den abgehenden Gasen, und der in entgegengesetzter Richtung eintretende Luftstrom absorbirt einen Theil der vorher abgegebenen Hitze des anderen Regenerators; diese wird aber jedesmal wieder ersetzt resp. erhöht beim eintretenden Wechsel.

Der Schacht m ist auf der unteren Seite mit Blech verkleidet, damit durch Wasserzulauf zunächst der hermetische Abschluß hergestellt ist. Die entstehende Asche wird von Zeit zu Zeit bei k mittels einer Krücke herausgenommen, während die Schlacken durch die gewöhnlich verschlossenen Schlitze n n' abgestoßen werden. f ist eine Drosselklappe zur Regulirung des Luftstromes. Das erste Anzünden der Kohle erfolgt natürlich von oben, und ist der eine Regenerator auf eine höhere Temperatur gebracht, so wechselt man von Viertel- zu Viertelstunde.

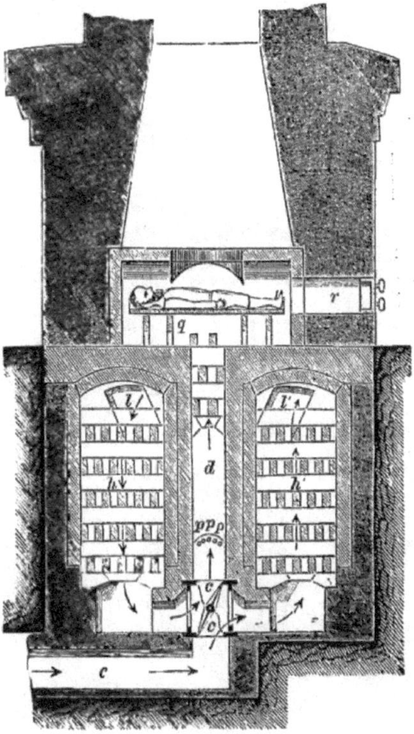

Fig. 18.

Wenn man nun auch durch die Luftklappe f die Gasbildung oder Verbrennung so ziemlich in der Gewalt hat, so wird dennoch, wie die Erfahrung lehrt, bereits ein Theil der Kohlenwasserstoffgase in den Regeneratoren zur Verbrennung gelangen; es bleibt also noch übrig, den nach d entweichenden Theil durch äußere Luft zu entzünden, welche man durch die fünf Oeffnungen p, die durch Blechröhrchen auszubüchsen sind, zuführt. Ferner wird durch die permanente Wasserverdampfung bei k, eventuell beim Durchströmen der Dämpfe durch die Glutschichten, eine Wasserzersetzung eintreten, sich also ein stark wasserstoffhaltiges Gas bilden, das bekanntlich an Intensität alle anderen Gase übertrifft. Am Mundloch des Schlots d ist noch ein Netzwerk von Steinen angebracht, damit die Mischung von Luft und brennendem Gas vor dem Austritt nach dem Verbrennungsraum q sich vollständig vollziehen kann, so daß nur noch die Feuerluft nach q gelangt.

Der zu verbrennende Leichnam wird durch die Oeffnung r auf muldenförmige Chamotteplatten gelegt. Der ganze Raum nach dem Schornstein zu ist durch ein Gewölbe abgeschlossen, in welchem sich nur die nothwendige Oeffnung, die außerdem mit einer Regulirungsklappe zu versehen ist, zum Austritt der Gase befindet. Dieses Gewölbe ermöglicht eine gewisse Pression der Feuerluft und damit eine intensive Einwirkung auf alle Theile des Leichnams.

Ein besonderer Vortheil des Verfahrens besteht noch darin, daß man dazu sogenannte fette Steinkohle (Backkohle) verwenden kann, welche bei allen sonstigen Gasgeneratoren nicht verwendbar ist. Nicht unerwähnt darf bleiben, daß das unvermeidliche starke Geräusch, welches das Platzen der Leiche im ersten Stadium der Verbrennung verursacht, hier durch die starken Wände ziemlich unhörbar gemacht wird.

Fig. 19.

8. Aehnlich ist das Verfahren von Siemens, doch ist hier nur ein Regenerator vorhanden. Nach einer Mittheilung von F. Siemens [1]) wird der Gaserzeuger derart in Betrieb erhalten, daß in Zwischenräumen von 4 bis 6 Stunden eine Nachfüllung des verbrauchten Brennmateriales an Steinkohle, Braunkohle, Holz oder Torf stattfindet. Das gebildete Gas wird in den Regenerator geführt, wo dasselbe mit einem regulirbaren Luftstrom verbrennt. Die Flamme durchstreicht die Regeneratorkammer, wodurch die aufgeschichteten Ziegel bis zur Weißglut erhitzt werden. Die abziehenden Verbrennungsgase bringen noch den Ofen, welcher zur Aufnahme der Leiche bestimmt ist, zur schwachen Rothglut und entweichen dann in den Schornstein. Nun wird der Ofendeckel gehoben, der Sarg in die Verbrennungskammer hinabgelassen (Fig. 19), der Deckel wieder gesenkt und die Leiche der Rothglut ausgesetzt. Dann wird die Gasklappe geschlossen, so daß nur im Regenerator bis nahe zur Weißglut

---

[1]) Gartenlaube 1874. 312.

erhitzte Luft in den Verbrennungsraum gelangt und den vorgewärmten und theilweise ausgetrockneten Leichnam rasch verzehrt.

Mit diesem Apparate sind bereits mehrere Versuche[1]) mit Thierleichen gemacht, sowie auch zwei menschliche Leichname verbrannt. Nach den Untersuchungen von Schmidt waren die abziehenden Verbrennungsgase geruchlos und frei von unverbrannten Bestandtheilen[2]); doch konnte man durch Verminderung der zuströmenden Luft die abziehenden Gase auch sofort rauchhaltig machen. Thierleichen von 82^{k} verbrannten in $1^{1}/_{2}$ Stunden und erforderten für nur 3 Mark Kohlen.

Ueber die am 6. November 1874 in diesem Apparate vorgenommene zweite und voraussichtlich letzte[3]) Leichenverbrennung wird von einem „Fachmanne" (Reclam?) Folgendes berichtet[4]): „Nachdem hinter dem Sarge (der die Frau eines süddeutschen Arztes enthielt) die eiserne Oeffnung geschlossen und der erhitzte Luftstrom in den Verbrennungsraum eingeleitet worden war, ergab die Beobachtung durch den Schieber zur Regulirung der Temperatur, daß keineswegs ein prasselndes, qualmendes, rauchendes oder aufblähendes Flammenmeer vorhanden war, sondern daß sich eine sichtlich fibrirende, mattröthliche Luftwelle um die zarten Glieder ergoß, die nach kurzer Zeit rothglühend wurden und dann zur Weißglut übergingen. Der ganze Proceß machte weniger den Eindruck einer Verbrennung als einer rapid gesteigerten Eintrocknung, bei der nach Verflüchtigung des hygroskopischen und chemisch gebundenen Wassers, der Kohlensäure, des Ammoniaks u. s. w. die nicht flüchtigen Stoffe als Asche versetzt (?) zurückblieben. Nach Verlauf einer halben bis dreiviertel Stunden hätte der Verbrennungsact schon abgeschlossen werden können, wenn nicht die Weichtheile, und ganz besonders Leber und Lunge der Hitze größeren Widerstand entgegengesetzt hätten, so daß der Proceß etwas über $1^{1}/_{4}$ Stunde dauerte. Während dieser ganzen Zeit waren störende Eindrücke auf die Sinne des Geruchs oder etwa des Gehörs durchaus nicht bemerkbar."

Es hat sich nachträglich herausgestellt, daß die anfangs zur Verbrennung benutzte weißglühende Luft, bei welcher man die Knochen als eine weißgraue, porzellanähnliche Masse erhält, nicht so vortheilhaft ist als rothglühende. Nach einem von Reclam auf der Naturforscherversammlung in Breslau gehaltenen Vortrage[5]) scheint die Verbrennungswärme zwischen 1000 und 1500° zu schwanken. Auch der Verbren-

---

[1]) Zeitschrift f. Epidemiolog. 1874. 319 u. 400.

[2]) Vierteljahrsschr. f. öffentl. Gesundheitspfl. 1875. 20.

[3]) Das sächsische Ministerium soll jede weitere Verbrennung menschlicher Leichen untersagt haben.

[4]) Beilage z. Augsburg. Allg. Ztg. 1874. 4897; vergl. auch 4179, Leichenverbrennung in Breslau.

[5]) Beilage z. Augsburg. Allg. Ztg. 1874. 4165.

nungsapparat hat einige Abänderungen erhalten. Er befindet sich nicht mehr unter mittelbar unter der Leichenhalle, sondern neben derselben, und der Sarg gleitet, wenn er in die Gruft hinabgelassen ist, durch einen zweckmäßig eingerichteten Gang auf Rollen nach dem Verbrennungsraum, dessen Kopfende durch eine die gesammte Wand einnehmende eiserne Thür verschlossen ist. Sobald durch die geöffnete Thür der Sarg eingeschoben ist, wird dieselbe wieder geschlossen und die Verbrennung beginnt. Nach Angabe des Redners verbrennen die im prachtvollsten Roth leuchtenden Körper mit vollständig weißer, nach unten herabfließender Flamme, bis nur noch das glühend leuchtende Skelett übrig ist. Keine Detonation wird vernommen, der Vorgang ist in allen Theilen ästhetisch schön (?), den Beobachter zur Bewunderung (?) hinreißend.

2. Zerstörung der Leichen durch Chemikalien.

Professor Gorini in Lodi[1]) erhitzt eine von ihm geheimgehaltene Substanz (Salpeter?) bis zum Schmelzen und verbrennt die Leiche in der wallenden Flüssigkeit. Dr. Pini in Mailand[2]) beschreibt ein Experiment in folgender Weise. Nachdem die Flüssigkeit in Wallung gekommen war, nahm Gorini von den am Boden liegenden Bestandtheilen einer menschlichen Leiche ein Bein, einen Fuß, eine Hand, eine Hüfte (?) und zuletzt einen Kopf, und kaum waren diese Theile mit der heißen Flüssigkeit in Berührung gebracht, so brannten sie lichterloh auf, und in etwa 20 Minuten waren sie vollständig zerstört; der Rauch und die Gase, welche aus dem Tiegel emporstiegen, verflüchtigten sich in der Luft; das Zerstörungswerk ging nicht nur schnell, sondern auch ohne alles Geräusch vor sich, und der Geruchsinn der Umstehenden wurde auch nicht im mindesten beleidigt (?).

Eine Einzelverbrennung kostet 50 bis 60 Mark; sind mehrere Leichen auf einmal zu verbrennen, so ist das Verfahren billiger.[3]) — Selbst nach diesen oberflächlichen Angaben läßt sich bestimmt sagen, daß diese Art der sogenannten Feuerbestattung in keiner Weise empfehlenswerth ist.

Die Leiche des Fürsten Pückler-Muskau wurde am 7. Februar 1871 von drei Aerzten geöffnet, das Herz in einem Glasgefäße mit 3,5^{k} Schwefelsäure übergossen, wodurch es bald in eine dunkelschwarze formlose Masse umgewandelt wurde, das Gefäß in eine kupferne Urne gesetzt und verlöthet. Der Leichnam selbst wurde in einen Metallsarg gelegt

---

[1]) Zeitschrift d. Ver. deutscher Ingen. 1875. 243; Gorini, La conservazione della salma di Giuseppe Mazzini (Genova 1873).

[2]) Wegmann-Ercolani, S. 34. u. 42.

[3]) Vergl. Vierteljahrsschr. f. öffentl. Gesundheitspfl. 1875. 12.

und mit 5^k Natron, 10^k Kali und $12{,}5^k$ gebrannten Kalk versetzt, dann in einem Sarge von Eichenholz mit der Urne zusammen beerdigt.[1] — Dieses Verfahren ist offenbar unpraktisch und unannehmbar.[2])

F. J. Kral[3]) macht folgenden Vorschlag: „Ich bin ganz damit einverstanden, daß mein Cadaver zuerst in den Secirsaal, dann in das pathologische Laboratorium gelange, um nach meinen im Leben gegebenen Memorialen untersucht zu werden, im Interesse der Wissenschaft und der Menschheit (?). Meine Ueberreste sollen dann zweckmäßig verkleinert werden. Die Maschinen dazu existiren bereits und brauchen daher nicht mehr erfunden zu werden. Meine so zerkleinerten Ueberreste werden mit Salzsäure versetzt. Knochen- und Muskelsubstanz und leimgebende Gewebe geben mit geringen Mengen von Salzsäure eine Gallerte. Diese soll mit Erde innig gemischt werden, und dieses Gemenge so lange liegen, bis es reif und tauglich wird zur Düngung der Felder. Ich weiß, ich werde Nachahmer finden (?), man braucht keine Kirchhöfe, man kann diese zu saatentragenden Feldern machen."

Von diesem Standpunkte aus wäre es offenbar rationeller, die Leichen erst auf Leuchtgas und Ammoniak zu verarbeiten, die rückständige Kohle in der Zuckerfabrikation und dann zum Düngen der Felder zu verwenden, oder aber die Todten im Magen der Ueberlebenden zu bestatten, wie dies — zum Theil durch religiöse Anschauungen veredelt — noch heute unter wilden und halbwilden Völkerschaften geschieht und auch im Nomadenzeitalter der indogermanischen Raçe bekannt war.[4]) Für civilisirte Völker können derartige Vorschläge selbstverständlich gar nicht in Betracht kommen!

„Der gestorbene Leib ist", wie Cl. Winkler[5]) sehr richtig sagt, „kein Gegenstand, mit dem wir nach Belieben schalten und walten, auf dessen Vernichtung wir ohne weiteres die Künste der Wissenschaft und der Technik anwenden können. Er ist ein Sanctuarium, über das Religion und Sitte schützend die Hände breiten, seine Unverletzlichkeit sorglich wahrend. Diese Unantastbarkeit entspringt den Gefühlen der Liebe und Verehrung gegen den Lebenden, welche wir unwillkürlich auf die todte Form übertragen und, wie wir sorglich bestrebt sind, von Geschiedenen nur Gutes zu reden, so documentirt auch diese sich nur auf die leblose Hülle erstreckende Art der stillen Todtenverehrung einen schönen Zug des menschlichen Gemüths. So lange die Form erhalten geblieben ist, gilt sie uns noch als Individuum, für dessen Schutz die Ueberlebenden ein-

[1]) Dingler's polyt. J. 1874. **214**. 391; Gartenlaube 1874. 680.
[2]) Vergl. auch Zeitschrift f. Epidemiolog. 1875. 54.
[3]) Kral, Die irdische Auferstehung. Eine naturwissenschaftlich-philosophische Betrachtung (Brünn 1873), S. 8.
[4]) Vergl. Ausland 1874. No. 21.
[5]) Ausland 1875. 6.

stehen und dem kein Haar gekrümmt werden darf. Unversehrt übergeben wir den Leib der Gruft und schließen mit einem letzten Abschiedsworte die Erde darüber."

3. Mumificirung.

Metallsalze. Blandet[1]) empfiehlt zum Conserviren von Leichentheilen unterchlorigsaures Baryum, Tauffier[2]) Zinnchlorid ($SnCl_4$).

Sucquet[3]) wendet zur Conservirung von Leichentheilen eine Lösung von Zinkchlorid ($ZnCl_2$) an. Falcony[4]) injicirt, um eine Leiche zu conserviren, 1 k Zinkvitriol ($ZnSO_4 \cdot 7 H_2O$) in Wasser gelöst; ebenso Strauß-Dürkheim.[5])

Gannal[6]) schlägt ein Bad in folgender Mischung vor: Schwefelsäure, Alaun und Kali je 2 Th. mit 1 Th. Salpeter. — Wohl ein Irrthum! Nach einer anderen Mittheilung[7]) spritzt derselbe in alle Gefäße des Leichnams eine concentrirte Lösung von schwefelsaurer Thonerde, unter Umständen versetzt mit Kupferchlorid.

Wicke[8]) empfiehlt für Thiere Kupfervitriol.

Quecksilberchlorid ($HgCl_2$) wurde früher allgemein zum Conserviren von Leichentheilen angewendet. Nach einer anderen Vorschrift soll der Leichnam einige Zeit in einer Lösung von Quecksilberchlorid und Salmiak liegen; derselbe soll seine Farbe behalten und so hart werden, daß er polirbar ist.[9])

Silvestri[10]) hat sich folgendes Verfahren in England patentiren lassen: 100 Th. Quecksilberchlorid, 100 Th. Kieselsteinpulver, 100 Th. kohlensaurer Kalk, 25 Th. Salmiak, 17 Th. Chlorblei und 17 Th. Chlorzink werden fein gepulvert und in einem emaillirten eisernen Kessel mit so viel Wasser versetzt, daß eine Art „Syrup" entsteht. In diesem Bade sollen menschliche Leichen 4 bis 6 Monate liegen, dann abgewaschen und mit arabischem Gummi überzogen werden.

Kletzinsky[11]) hat mit arseniger Säure, Zinkchlorid und einer großen Menge ätherischer Oele, Harze u. dgl. ein Herz einbalsamirt.

---

1) Dingler's polyt. J. 1852. 125. 397.
2) Dingler's polyt. J. 1832. 47. 121.
3) Dingler's polyt. J. 1846. 100. 216.
4) Dingler's polyt. J. 1852. 123. 165.
5) Dingler's polyt. J. 1852. 123. 474.
6) Zeitschrift f. Epidemiol. 1875. 20.
7) Dingler's polyt. J. 1840. 77. 468.
8) Dingler's polyt. J. 1854. 131. 319.
9) Dingler's polyt. J. 1846. 100. 426.
10) Dingler's polyt. J. 1847. 103. 414.
11) Dingler's polyt. J. 1864. 173. 398.

Birch-Hirschfeld [1]) wäscht die Leiche mit einer Lösung von Phenol in Alkohol (1:3) und injicirt in die Arterien eine Lösung von Quecksilberchlorid in 30 Th. Alkohol. Die Eingeweide werden entfernt und die Höhlen mit Sublimatlösung ausgespült, dann mit Kohlenpulver und aromatischen Kräutern gefüllt. Mund und Nasenhöhle werden mit phenolhaltiger Watte verstopft.

Wasserentziehung. Daß Leichen in concentrirten Kochsalzlösungen conservirt werden können, ist selbstverständlich. Ob aber die Aethiopier (nach Herodot III. 24) ihre Leichen wirklich in einem Sarge von Steinsalz aufgestellt haben, und ob sich hierdurch die Sage von der Frau des Lot [2]) erklären läßt, wie Küchenmeister [3]) vermuthet, erscheint bei der Beschaffenheit des Steinsalzes doch fraglich.

Democrit schlug vor, die Leichen in Honig zu conserviren; dieses Verfahren scheint jedoch nur bei der Leiche Alexander d. Gr. angewendet zu sein. [4])

Die meisten indianischen Mumien sind durch Austrocknen der Leichen hergestellt; noch heute scheint dieses Verfahren von einigen Indianerstämmen angewendet zu werden. [5]) Die Mumien von Teneriffa sind ebenfalls durch Austrocknen hergestellt unter Mitanwendung aromatischer Kräuter. [6])

White [7]) empfiehlt einen Cementsarg, der bei einer Dicke von nur 20^{mm} gehörige Festigkeit und Härte besitzt und doch leicht ist. Nachdem die Leiche hineingelegt ist, wird der Deckel mit Cement luftdicht verschlossen und die Luft ausgepumpt; die Leiche soll sehr gut conservirt werden — wenn der Sarg den Luftdruck aushält.

Dr. v. Steinbeis [8]) hat vorgeschlagen, die Leichen in einem Troge von Portlandcement mit Romancement zu bedecken. Diese Steinsärge können zum Bau von Kirchen verwendet, oder als selbstständige Monumente auf einem Friedhofe aufgestellt werden.

Aromatische Stoffe. Dupré [9]) will die Leichen in eigenthümlicher Weise räuchern.

---

[1]) Zeitschrift f. Epidemiol. 1875. 20.

[2]) 1. Buch Moses, **19**. 26.

[3]) Zeitschrift f. Epidemiol. 1875. 16—19.

[4]) Küchenmeister, Handbuch S. 493; Zeitschrift f. Epidemiol. 1875. 16. Auch in Guano sollen Leichen vollständig conservirt werden (Dingler's pol. J. 1849. **112**. 400).

[5]) Zeitschrift f. Epidemiol. 1874. 157; 1875. 16.

[6]) Zeitschrift f. Epidemiol. 1875. 15.

[7]) Dingler's polyt. J. 1835. **57**. 318.

[8]) Beilage z. Augsburg. Allg. Ztg. 3. Juni 1874; vergl. auch Dingler's polyt. J. 1829. **34**. 312; 1865. **175**. 325.

[9]) Dingler's polyt. J. 1844. **92**. 80.

Nach Herodot[1]), Diodor[2]) und Czermak[3]) mumificirten die Aegypter ihre Leichen von etwa 2000 v. Chr. bis ins 2. Jahrhundert n. Chr. Aus den Leichen der 1. Classe entfernten die Einbalsamirer zunächst das Gehirn und füllten die Höhle mit bestimmten Substanzen. Dann wurden die Eingeweide herausgenommen, mit Wein und aromatischen Stoffen gereinigt, die Bauchhöhle mit Myrrhen, Cassia und anderen aromatischen Substanzen (mit Ausnahme des Weihrauches) gefüllt und zugenähet. Nun wurde der Leichnam mit Nitrum (?) eingesalzen, nach 70 Tagen mit Byssusbinden gut umwickelt und diese mit Gummi und Harz überstrichen. Diese Classe kostete 1 Talent oder 3843,6 Mark. In der 2. und 3. Classe wurden die Eingeweide mit starker Natronlauge entfernt, welche mit Cedernöl u. dgl. versetzt war, und dann die Leiche mit Nitrum behandelt. Das in reichlicher Menge angewendete Mumienharz ist nach Küchenmeister[4]) Asphalt, nach anderen Angaben vielleicht auch der in jenen Ländern bekannte vegetabilische Theer, Katren genannt, welchen man aus einem in Syrien und Arabien wachsenden Strauche erhält.[5])

Bobierre[6]) injicirt in die Halspulsader eine Lösung von Campher in Holzgeist, überzieht den Leichnam mit Firniß, bedeckt ihn mit Bleistreifen und legt ihn in einen Bleisarg, in welchem sich ein offenes Gefäß mit schwefligsaurem Natrium befindet.

Bufaline[7]) injicirt eine Lösung von 70^g Campher, 70^g Phenol in 200^g Petroleum.

Bafflard[8]) empfiehlt ein Gemisch von 4^k Phenol mit 16^k Sägespäne; die Leiche wird in dem Sarge zunächst auf eine $40—50^{mm}$ hohe Schicht dieses Gemisches gebettet und dann damit völlig überschüttet.

Von allen Conservirungsmethoden menschlicher Leichen verdienen die mit Phenol jedenfalls den Vorzug. An eine allgemeine Einführung der Mumification ist selbstverständlich nicht zu denken.

4. Friedhöfe.

Schon beim Eintritt des Todes werden durch das Aufhören der Sauerstoffzufuhr mannigfache Veränderungen im Körper hervorgerufen, im Muskelsaft treten freie Säuren auf, Albuminate gerinnen u. s. f. — Die Zersetzung der beerdigten Leichen geschieht theils durch Fäulniß (S. 20)

[1]) Herodot II. Cap. 85—88.
[2]) Diodor I. Cap. 91—92; Zeitschrift f. Epidemiol. 1875. 2.
[3]) Sitzungsber. d. Wiener Academie, 1852. 9. 427.
[4]) Zeitschrift f. Epidemiol. 1875. 15.
[5]) Dingler's polyt. J. 1836. **60**. 408; 1851. **119**. 319.
[6]) Dingler's polyt. J. 1846. **100**. 424.
[7]) Dingler's polyt. J. 1872. **205**. 80.
[8]) Industriebl. 1875. 35.

theils durch Verwesung (S. 24)[1]), die eingeleitet werden durch die Keime, welche jeden Körper bedecken und durch die im Darmcanal enthaltenen zahllosen Bakterien und Sporen.[2]) Würmer oder richtiger Larven sind in den Gräbern von Paris nicht vorhanden, wie Orfila nachgewiesen hat, können überhaupt auch nur dann auftreten, wenn im Sommer Fliegen ihre Eier an die Leiche ablegen; dieses kann sehr leicht verhütet werden, wenn das Leichentuch mit Phenollösung besprengt wird — jedenfalls eine schon aus Gesundheitsrücksichten empfehlenswerthe Maßregel. Die Redensart: „Die Würmer halten die Fackel beim kalten Brand der Leichenverwesung“ [3]) richtet sich selbst. —

In nassem Thon- und Torfboden wird der Luftzutritt und damit die Verwesung sehr verlangsamt; unter Umständen kann selbst Fettwachsbildung eintreten, die von einigen Seiten [4]) sogar als ein ganz besonderer Nachtheil der Beerdigung angeführt wird.

Derartige Fettwachsbildungen wurden in den Jahren 1786 und 1787 beim Umgraben des Kirchhofes des Innocents in Paris aufgefunden und von Fourcroy [5]) und Chevreuil untersucht. Nach Fourcroy ist dieses „Adipocire“ eine Ammoniak- und Kalkseife, nach Chevreuil [6]) ein Gemenge verschiedener Fette. Man war anfangs der Meinung, daß dieses Fett das im Körper schon vorhandene sei, welches bei der Fäulniß im nassen Boden zurückbleibe. Wetherill [7]) glaubt, daß diese Umwandlung des gewöhnlichen neutralen Fettes in Leichenwachs durch Verlust des Glycerins und fast aller Oelsäure stattfinde, so daß nur Stearin- und Palmitinsäure übrig bleibe. Gregory [8]) hat beobachtet, daß auch Knochen in Adipocire verwandelt werden können. Fourcroy betont dagegen, daß mit Ausnahme der Knochen, Nägel und Haare alle thierischen Stoffe in Fettwachs verwandelt werden können, wenn die umgebende feuchte Erde mit Fäulnißproducten völlig gesättigt sei und der Zutritt der Luft abgehalten werde.

Virchow und Andere [9]) haben in anatomischen Anstalten die Umwandlung menschlicher Leichentheile, welche im Wasser lagen, in Fettwachs beobachtet.

Die Hauptmasse des Gehirnrückstandes einer Moorleiche bestand nach Hantelmann und Pansch [10]) fast ausschließlich aus Cholestearin; eine ähnliche Fettwachsbildung beschreibt Schaafhausen.[11])

---

1) Lex u. Roth, Handbuch, Bd. 1. S. 502.
2) Vergl. S. 23 und Wagner's Jahresber. 1863. 480.
3) Zeitschrift f. Epidemiol. 1875. 43.
4) Zeitschrift f. Epidemiol. 1875. 47.
5) Annal. de Chim. 1791. VIII. 17; XXIII. 136.
6) Dingler's polyt. J. 1821. 6. 322.
7) Wagner's Jahresber. 1856. 387; Transact. of the amer. phil. soc. XI. 1.
8) Liebig's Annal. d. Chem. 61. 362.
9) Lehmann, Zoochemie (Heidelberg 1858), S. 542.
10) Moorleichenfunde in Schleswig-Holstein (Kiel 1873), S. 22.
11) Verhandl. d. naturhist. Ver. in Dessau 1874.

Fettwachsbildung findet also nur in nassem, undurchlässigen Boden statt, ist daher durch passende Wahl des Friedhofes und durch Drainage leicht zu vermeiden.

Die bemerkenwerthen Untersuchungen von Fleck[1]) haben gezeigt, daß, solange ein Wechselverkehr der Atmosphäre mit den Gräbern stattfindet, die Zersetzung der organischen Stoffe durch Verwesung vor sich geht. Die Untersuchung der Gräberluft zeigte dem entsprechend, daß dieselbe weder in unmittelbarer Nähe der Leiche noch 1 ^{m} davon die geringste Spur von Schwefelwasserstoff, daß 1 ^{cbm} derselben nicht über 2,6 ^{cc} Ammoniak enthält; von einer Verunreinigung der Atmosphäre konnte also keine Rede sein. Die in den Gräbern niedergehenden Tagewässer enthielten Aminbasen, Milchsäure und wenig Fettsäuren, welche ebenfalls bald zu Kohlensäure und Ammoniak und dieses weiter zu salpetrige Säure und Salpetersäure oxydirt werden.

Das Resultat der von ihm angestellten Untersuchungen lautete: „Zur Anlage von Kirchhöfen empfiehlt sich ein lockerer, grobkörniger Kiesboden mit lebhafter Grundwasserbewegung, also auf einem schnell abfallenden Terrain angelegt, für die Beschleunigung der Verwesungsvorgänge und daher für eine öftere Belegung der Gräber in verhältnißmäßig kürzesten Zwischenräumen am meisten.“[2])

Die Section für öffentliche Gesundheitspflege auf der 47. Versammlung deutscher Naturforscher und Aerzte in Breslau stellte folgende Anforderungen auf[3]):

1. Jede Frage einer Kirchhofsanlage ist individuell zu betrachten. Erforderlich ist vor Allem ein genauer Situationsplan mit Klarstellung der geologischen Gestaltung, namentlich Feststellung der nächsten undurchlässigen Schicht.

2. Man muß Sorge gegen die Wasserverunreinigung treffen, und zwar durch Tieferlegung des Grundwassers. Jeder Kirchhof ist wo immer thunlich zu drainiren, wobei das durch die Drains abfließende Wasser keinesfalls als Nutzwasser verbraucht werden darf.

3. Gegen eine zu starke Auswaschung durch Aufschlagswasser sorgt man durch Feststellung der filtrirenden Fläche. Jedes Grab muß eine bestimmte Tiefe haben; wo diese nicht vorhanden ist, muß die filtrirende Schicht durch Aufschüttung vergrößert werden.

4. Es ist eine Kirchhofsordnung zu erlassen, die auch individuellen Verhältnissen Rechnung trägt. Bei Kirchhöfen auf Abhängen müssen die am Tiefsten gelegenen Gruben zuerst benutzt werden.

---

[1]) Fleck, 3. Jahresber. S. 28—45.

[2]) Vergl. auch die Angaben Creteur's in Küchenmeister, Handbuch S. 344; leider sind dieselben wenig zuverlässig (Lex u. Roth, Handbuch, Bd. 1. S. 555).

[3]) Vierteljahrsschr. f. öffentl. Gesundheitspfl. 1875. 301.

5. Gegen die Luftverunreinigung soll man einen günstig gelegenen Boden auswählen; womöglich nicht an Abhängen, keine groben Kiesmassen, sondern gleichgelegene, feine Schichten.[1])

6. Ob es möglich sein wird, Distanzen der Kirchhöfe von bewohnten Stätten aufrecht zu erhalten, ist zweifelhaft. Es dürfte genügen, wenn man die Kirchhofsanlage derartig macht, daß der betreffende Ort nicht unter dem Winde des Kirchhofs liegt.

7. Der Bodenverunreinigung soll man durch Größe der Gräber, wie durch absoluten Ausschluß von Massengräbern vorbeugen. Wo irgend Geruch wahrnehmbar ist sollen die alten Gräber aufgegraben und desinficirt werden. Eine vernünftige Pflanzencultur soll durch das Gesetz obligatorisch gemacht werden.

Kopp[2]) schlägt vor, die Leichen rings um die Städte auf Feldern und in Wäldern zu beerdigen, oder doch die Friedhöfe mit Acacien und ähnlichen Bäumen zu bepflanzen.

Winkler[3]) empfiehlt gebrannten Kalk anzuwenden, welcher ohne erheblichen Kostenaufwand allenthalben zu beschaffen ist, auch schon von Kaiser Joseph II. am 15. September 1784 gesetzlich vorgeschrieben wurde. Winkler führt aus, daß es das Wesen und die Feier des heutigen Begräbnisses in keiner Weise störe, wenn man vor dem Einsenken des Sarges auf die Sohle der Gruft ein Bett von gebranntem Kalk in groben Stücken brächte, welches jenem als Unterlage diente, und wenn die nachherige Zufüllung der Gruft anfänglich, vielleicht schuhhoch, ebenfalls mit Kalk und dann erst mit Erde erfolge. Wollte man sich ferner entschließen, die Seitenwandungen des Sarges durchbrochen herzustellen und die Oeffnungen mit Tuch zu verkleiden, wodurch der äußere Anblick in keiner Weise beeinträchtigt würde, so wären alle Bedingungen zur Abänderung des nachfolgenden Verwesungsprocesses gegeben. Die Entwickelung übelriechender Gase, die Verjauchung würden durch die Gegenwart des Kalkes umöglich gemacht werden. Welche Zeitdauer die Auflösung eines Leichnams beim Vorhandensein von Kalk in Anspruch nehmen könnte, läßt sich nicht in voraus sagen; daß dieselbe aber dem jetzigen Verwesungsproceß gegenüber eine beträchtlich abgekürzte sein muß, steht außer allem Zweifel. Aber nicht allein, daß die Begräbnißplätze auf solche Weise in kürzerer Zeit wieder verfügbar werden; wichtiger noch ist es, daß die Beschaffenheit des Erdreiches fordauernd dieselbe lockere, für den Verwesungsproceß geeignete bleiben wird. Ein Verfetten und Verstopfen desselben mit fauligen Producten ist nicht mehr möglich und beim spätern Aufgraben würde sich nichts, als eine durchlässige Schicht von kohlensaurem

[1]) Dingler's polyt. J. 1874. **214**. 479.

[2]) Vierteljahrsschr. f. öffentl. Gesundheitspfl. 1875. 5.

[3]) Dingler's polyt. J. 1875. **215**. 468.

Kalk vorfinden, die in ihrer mechanischen Beschaffenheit der ursprünglichen Friedhoferde gleichkommen würde. —

Daß Friedhöfe, welche in unmittelbarer Nähe der Wohnungen liegen, geschlossen werden müssen, ist selbstverständlich.[1] — In Italien soll die Entfernung der Begräbnißplätze von den Wohngebäuden 100^{m}, in Sachsen 136^{m}, in Oesterreich und Frankreich 200^{m} betragen; der hygienische Congreß zu Brüssel im J. 1852 forderte 400^{m}, Reich[2]) sogar eine halbe geographische Meile. —

Für die Einrichtung eines neuen Begräbnißplatzes ergeben sich demnach im Wesentlichen folgende Gesichtspunkte.

Die Entfernung von dem Orte sollte etwa 1000^{m}, bei größeren Städten 2000^{m} betragen. — Eine solche Entfernung fordert die Gesundheitspflege, welche jede, auch noch so geringe Verunreinigung des Bodens, des Wassers und der Luft verbietet, fordert aber auch die Rücksicht auf die Leidtragenden, welche entfernt vom lauten Treiben des täglichen Lebens von dem Todten Abschied nehmen.

Wenn möglich, so wähle man einen trocknen, thonhaltigen Sandboden. Thonboden hindert den Zutritt der Luft, und loser Kiesboden hat ein zu geringes Absorptionsvermögen, so daß unter Umständen Zersetzungsproducte entweichen könnten, bevor sie von dem Sauerstoff der Luft völlig oxydirt und unschädlich[3] gemacht sind, obgleich selbst in diesem Falle keine nennenswerthe Verunreinigung der Atmosphäre zu befürchten ist.[4] Der Boden sollte etwa 3^{m} tief drainirt, das Drainwasser wo möglich auf eine Wiese geleitet werden; etwa abfließende faulige Wässer würden so auf die einfachste und zuverlässigste Weise desinficirt und unschädlich gemacht.[5] Selbstverständlich gebietet es die Vorsicht, nicht einen Platz zu wählen, dessen Grundwässer nach einem in der Nähe liegenden bewohnten Orte oder gar nach einer städtischen Wasserversorgungsanlage abfließen.[6]

Die Aufstellung der Särge in ausgemauerten Gruben sollte gar nicht, oder doch nur für solche Leichen gestattet werden, welche durch Phenol mumificirt sind. Die Särge können nicht dicht sein, so daß also die gasförmigen Zersetzungsproducte, selbst die Bakterien und Pilzsporen direct in die Atmosphäre entweichen und diese zuweilen erheblich verunreinigen.

---

1) Vierteljahrsschr. f. öffentl. Gesundheitspfl. 1874. 646.

2) Fleck, 3. Jahresber. S. 26.

3) Vergl. auch Vierteljahrsschr. f. öffentl. Gesundheitspfl. 1875. 3.

4) Vergl. Vierteljahrsschr. f. öffentl. Gesundheitspfl. 1873. 502; 1875. 301.

5) Chem. Centralbl. 1875. 91.

6) Unverständlich sind die Erwägungen: ob die Bodenarten „die Elektricität der Luft anziehen, abstoßen oder indifferent dagegen sind; ob mittels der aufgenommenen Elektricität der Zerfall beschleunigt oder retardirt wird.“ Zeitschr. f. Epidemiol. 1875. 37.

Der Sarg muß mit einer 1,5 bis 2 m dicken Schicht Erde bedeckt werden. Gewiß würde es sich auch empfehlen, der Erde als Sauerstoffüberträger Eisenoxyd oder Eisenvitriol und Kalk zuzumischen (vergl. S. 41). Für Thonboden ist der Vorschlag Winkler's (S. 89) zu empfehlen, nicht aber die Anwendung von Phenol, da hierdurch die Verwesung gehemmt wird.

Reicher Pflanzenwuchs, namentlich auch einige Acacien und ähnliche Bäume, welche lange Wurzeln haben, ohne aber einen zu starken Schatten zu geben, sollten nie fehlen. — Ein Grab sollte nicht früher als nach 30 Jahren wieder benutzt werden.[1])

Leichenverbrennung oder Friedhöfe.

Fragen wir nun nach den Gründen, weshalb die bisherige Bestattung durch die Leichenverbrennung ersetzt werden soll, so wird angegeben:

1. Die Beerdigung inficirt Boden, Grundwasser und Luft.
2. Es fehlt an Platz für die Friedhöfe.
3. Die Beerdigung ist zu theuer.
4. Für die Oekonomie gehen durch die Erdbestattung ungeheure Massen Düngesalze verloren.
5. Die Verbrennung schützt gegen das Lebendig-Begrabenwerden.
6. Die Beerdigung läßt Gräberschändung zu.
7. Die Beerdigung ist unästhetisch.

Die außerdem von Lieball[2]) vorgebrachten Gründe für Leichenverbrennung entziehen sich jeder ernsten Besprechung.

1. Auf die Vergiftung des Bodens, des Wassers und der Luft wird allgemein das Hauptgewicht gelegt. Reclam[3]) behauptet, daß die gegenwärtig übliche Bestattungsweise unbestritten eine der gefährlichsten Bodenverunreinigungen sei, welche wir kennen. „Durch das Vergraben der Leiche übergeben wir der Erde große Mengen organischen Stoffes, welche, sich zersetzend und entmischend, eine Reihe von Fäulnißproducten entwickeln. Diese sind nachweisbar für die Lebenden verderblich. Sie können giftige Gase entwickeln (wie Kohlenwasserstoff, Schwefelwasserstoff, Phosphorwasserstoff) — sie können unter Umständen vorhandene Ansteckungsstoffe der Ruhr, der Cholera, des Typhus in ihrer nachtheiligen Einwirkung begünstigen und unterstützen — sie können

---

[1]) Vergl. Vierteljahrsschr. f. öffentl. Gesundheitspfl. 1870. S. 100 u. 128; Grotefend, Das Leichen- und Begräbnißwesen im preußischen Staate (Arnsberg 1869).

[2]) Lieball, Der Welt Verderben durch Leichenbeerdigung, und das neue Paradies durch Leichenverbrennung (München 1868). Das ganze Buch ist das Product der gröbsten Unwissenheit!

[3]) Beilage z. Augsburg. Allg. Ztg. 1874. 4166.

Krankheitsveranlasser lange Zeit bergen und bewahren, und dieselben in Wirksamkeit treten lassen, wenn dafür günstige Bedingungen herbeigeführt werden ....."

Küchenmeister [1]) meint, daß es Pflicht sei, die jetzige Leichenbestattung zu beseitigen, weil sie die allgemein wirksamste Schädigung der Gesundheit der lebenden Erdbewohner sei, und man mit Aufgabe dieser Methode nicht nur Leichenemanationen, Grabesdünste, Verfaulungs-, Verwesungs- und Modereffluvien beseitige, sondern damit auch die Entstehung von Cholera, Typhus, Blattern und allerhand Seuchen, deren Giftkeime sich in der Fäulniß nicht nur ungestört erhalten, sondern oft, zumal bei Cholera, sich in ihr zu kräftigen und zu stärken scheinen, verhüte (!) und ihre Weiterverbreitung beschränke.

Ullersperger [2]) glaubt als Resultat seiner Forschungen (richtiger kritiklosen Zusammenstellungen!) nachgewiesen zu haben: „Daß Leichenverwesung und deren Folgen die Ansteckungsfähigkeit, Intensität und Bösartigkeit der Infectionen, deren Distanz-Diffusion noch bedeutend potenziren können; daß die ausgedehnten, streng einzuhaltenden, die gesunden Bewohnerschaften in Schrecken, Mißbehaben und Unzufriedenheit, ja in ihrer Gesundheit nachtheiliger moralischer Depression haltenden, sehr kostspieligen Forensen, medicinisch-polizeilichen Präventiv- und Abwehrungsmaßregeln mit Reform der Bestattungen und mit Entfernung der Leichenäcker sowie ihrer Nachtheile zum Theil entbehrlich gemacht werden!" Er spricht ferner von einem See von Leichenlauge und einem Luftmeer von Ansteckungsstoffen. —

Als Beweis für diese Behauptungen wird angeführt, daß i. J. 1774 bei der Beisetzung einer Leiche in Notre-Dame de Montpellier drei Personen in der Stickstoff (offenbar Kohlensäure) haltigen Atmosphäre der frisch ausgehobenen Gruft erstickt seien [3]) — was bekanntlich in Düngergruben, Brunnen, Bierkellern und andern gewerblichen Anlagen nicht selten vorkommt —, daß ferner nach der (sehr nachlässigen) Beisetzung einer corpulenten Dame in einer Kirche zahlreiche Personen unwohl geworden sind.[4]) Ullersperger [5]) erzählt ferner, daß schon im J. 1711 ein Arzt gesagt habe, geöffneten Grüften entströme eine verderbliche Luft, „woran jedes lebende Wesen unversehens ersticken kann!" Selmi [6]) behauptet, in der Luft über den Gräbern befinde sich ein

---

[1]) Zeitschrift f. Epidemiol. 1875. 39.
[2]) Ullersperger, Urne oder Grab, S. 105, 59 u. 43.
[3]) Ullersperger S. 51; Zeitschrift f. Epidemiol. 1875. 27.
[4]) Ullersperger S. 52; Wegmann-Ercolani S. 23; Zeitschrift f. Epidemiol. 1875. 27.
[5]) Ullersperger S. 54.
[6]) Ullersperger S. 93; Zeitschrift f. Epidemiol. 1875.

organischer Körper, das Septopneuma. (?) — Mit derartigen oberflächlichen [1]) Angaben wird eben gar nichts bewiesen!

Bekanntlich bestehen die festen und flüssigen menschlichen Auswurfstoffe im Wesentlichen aus in Zersetzung begriffenen Bestandtheilen unseres Körpers, erstere mit fäulnißfähigen Speiseresten vermischt. Nun stimmen aber die Aerzte darin überein, daß gerade diese Auswurfstoffe die Träger der Infection bei Ruhr, Typhus [2]) und Cholera [3]) sind. Professor v. Gietl [4]) schließt aus seinen langjährigen Beobachtungen, daß der Leib und die Leiche der Cholerakranken, wenn rein gehalten, nicht anstecken, daß dagegen die diarrhöischen Stühle die Erzeuger und Träger des Ansteckungsgiftes sind. [5]) Qualitativ sind die menschlichen Auswurfstoffe also gefährlicher, oder doch mindestens ebenso bedenklich als die Leichen selbst. (Vergl. S. 28.)

Bei einer mittleren Sterblichkeit von 24 auf 1000 und einem Durchschnittsgewicht der Leichen von 40^{k} [6]) mit 32,5 Proc. organischen Stoffen (S. 73) liefern 1000 Menschen also jährlich 312^{k} organische Substanz in ihren Leichen. An Auswurfstoffen geben dieselben nach Wolf und Lehmann [7]) jährlich 33170^{k} Fäces, darin 7795^{k} organische Stoffe [8]) und 428300^{k} Urin mit 20558^{k}, zusammen also 28353^{k} fäulnißfähiger Substanz. Der Mensch liefert also in seiner Leiche nur 1,1 Proc. derjenigen organischen Stoffe, welche er bei Lebzeiten ausscheidet, ja bei Berücksichtigung der sonstigen Abfälle kaum 0,5 Proc.; Fleck [9]) berechnet für Dresden sogar nur 0,3 Proc.

Die fäulnißfähigen Stoffe der menschlichen Leichen sind also qualitativ und quantitativ fast verschwindend gegen die Massen, welche der Mensch bei Lebzeiten der Luft, dem Boden und dem Wasser überliefert.

Dieses wird bestätigt durch die Untersuchung der Grundwässer. So hat Eigenbrodt [10]) für Darmstadt, Pettenkofer [11]) für München,

---

[1]) Die Erzählung von der geistesschwachen Johanna von Castilien ist mindestens tactlos (Ullersperger S. 24; Zeitschrift f. Epidemiol. 1875. 41).

[2]) Vergl. Zeitschrift f. Epidemiol. 1874. 1, 31, 71, 99, 132 u. 400; Vierteljahrsschr. f. öffentl. Gesundheitspfl. 1873. 91.

[3]) Förster, Verbreitung der Cholera durch die Brunnen.

[4]) F. v. Gietl, Gedrängte Uebersicht meiner Beobachtungen über die Cholera vom Jahre 1831 bis 1873.

[5]) Vergl. auch Küchenmeister, Verbreitung der Cholera, S. 65, 92, 374, 448 u. 450; Zeitschrift f. Epidemiol. 1874. 346.

[6]) Fleck berechnet für Dresden nur 36^{k}.

[7]) Varrentrapp S. 15.

[8]) Vergl. die später folgenden Angaben über die menschlichen Abfallstoffe.

[9]) 3. Jahresber. S. 34.

[10]) Vorarbeiten für die Wasserversorgung Darmstadts (Darmstadt 1873), S. 13.

[11]) Zeitschrift f. Biologie, Bd. 1. S. 45.

Weltzien[1]) für Karlsruhe, Reich[2]) für Berlin, Fleck[3]) für Dresden und Bach[4]) für Leipzig gezeigt, daß die Brunnenwässer der Kirchhöfe weniger Fäulnißproducte enthalten als die meisten städtischen Brunnenwässer, welche unter dem Einflusse von Abortsgruben, unreinen Straßengossen und schlecht angelegten Canälen stehen.[5]) Auch die vom Verf. ausgeführten Analysen[6]) zeigen, daß das Grundwasser eines der ältesten Kirchhöfe Hannovers weniger Fäulnißstoffe enthält als eine große Anzahl öffentlicher und Privat-Brunnen.[7])

Die Behauptung, daß durch Einführung der Leichenverbrennung die Inficirung des Bodens, des Wassers und der Luft (vergl. S. 88) vermieden werde, ist demnach durchaus falsch. — Damit soll selbstverständlich nicht gesagt sein, daß nicht einige der jetzigen Begräbnißplätze gesundheitsschädlich sind. Die den vorhandenen Friedhöfen etwa anhaftenden Schädlichkeiten sind aber jedenfalls vermeidbar.

2. Der zweite angebliche Nachtheil der Beerdigung, daß es an Platz für Anlage der Friedhöfe fehle[8]), und daß der Landwirthschaft eine ungeheuer große Fläche entzogen werde, ist ebenso wenig gerechtfertigt. Ein Verstorbener sollte doch wenigstens 2 bis 3 ^{qm} auf 30 Jahre beanspruchen können, um der Erde zurückzugeben, was er von ihr genommen!

3. Die Beerdigung ist zu theuer und bedingt große Holzverschwendung.[9]) Es ist wirklich nicht einzusehen, welche Ersparung die Leichenverbrennung bieten soll, die nicht auch bei der Beerdigung zu erreichen ist. Will man etwa die Leichen nur in ein Tuch gehüllt verbrennen, so können sie auch ohne Sarg beerdigt werden, wie dieses bis zum 17. Jahrhundert noch allgemein[10]) üblich war.

---

[1]) Weltzien, Die Brunnenwässer der Stadt Karlsruhe (Karlsruhe 1866).

[2]) Reich, Die Salpetersäure im Brunnenwasser und ihr Verhältniß zur Cholera (Berlin 1868).

[3]) 3. Jahresber. S. 25.

[4]) Journal f. praktische Chemie 1874. 9. 374; Bach, Die Brunnenwässer der Stadt Leipzig (Leipzig 1874). Bach berichtet auf S. 12 irrthümlich, daß F. Fischer in den hannoverschen Wässern Zooglöa cholerae gefunden habe, während hier überall nur von Zooglöa in dem S. 3 angegebenen Sinne die Rede ist.

[5]) Vergl. Vierteljahrsschr. f. öffentl. Gesundheitspfl. 1874. 637.

[6]) Dingler's polyt. J. 1874. **214**. 480; 1875. **215**. 517; Chem. Centralbl. 1875. 92; F. Fischer, Das Trinkwasser S. 51; Mittheilungen d. Hannoverschen Gewerbever. 1873. 22.

[7]) Die oberflächlichen Angaben von Lefort (Dingler's polyt. J. 1873. 207. 174) verdienen kaum eine Widerlegung. Derselbe vergißt unter anderm anzugeben, ob nicht in der Nähe des Brunnens sich Aborte befinden.

[8]) Zeitschrift f. Epidemiol. 1875. 42 u. 45.

[9]) Ullersperger S. 82.

[10]) Daheim 1874. No. 39; Zeitschrift f. Epidemiol. 1875. 34; Küchenmeister, Handbuch S. 494.

4. „Durch Anhäufung von Todten auf Friedhöfen wird eine enorme Menge von phosphorsauren Salzen Jahrhunderte-lang dem natürlichen Stoffwechsel entzogen und dadurch der reichste Acker mit der Zeit entnervt. Die Beerdigung der Leichen ist eine der schlimmsten volkswirthschaftlichen Sünden, die die Welt gesehen, eine so arge Störung des natürlichen Kreislaufs der Materie, daß sie die Lebenden zu Grunde richten müßte, wenn nicht die vorsorgliche, an Hilfsquellen unerschöpfliche Natur der Blindheit der Menschen zu Hülfe käme." [1])

Diese Angaben sind offenbar völlig unüberlegt! Soll etwa die Asche direct zum Düngen verwendet werden? Warum denn nicht die ganze Leiche, da doch hierbei auch die ungleich werthvolleren Stickstoffverbindungen für die Pflanzen nutzbar gemacht würden, die bei der Leichenverbrennung völlig verloren gehen, bei der Verwesung aber der Hauptsache nach in assimilirbarer Form an die Humusdecke der Erde und an die den Boden durchrieselnden Gewässer abgegeben werden.[2]) Es wird Niemand ernstlich behaupten wollen, die phosphorsauren Verbindungen der seit Jahrtausenden beerdigten (nach Küchenmeister etwa 60 bis 70 Milliarden) Leichen lägen noch immer unbenutzt in der Erde.[3]) Außerdem wurde schon früher gezeigt, daß dieser angebliche Verlust jedenfalls verschwindend klein ist gegen die Massen, welche noch fortwährend dem Boden und den Flüssen übergeben werden.

5. Die Behauptung, daß durch die Leichenverbrennung jede Möglichkeit genommen ist, einen Scheintodten lebendig zu begraben[4]), verdient kaum eine ernste Besprechung. Wir wollen unsere Verstorbenen ebenso wenig lebendig verbrennen, als lebendig begraben. Es sollte überhaupt nicht mehr vorkommen, daß Jemand beerdigt wird, bevor der Tod durch einen Arzt constatirt ist, in zweifelhaften Fällen durch Section.

6. Die Gefahr der Gräberschändung bei der bisherigen Bestattungsweise ist für Deutschland nicht vorhanden und dürfte selbst für England, wo man sogar Patente für Befestigung der Leichen in den Särgen genommen hat[5]), mindestens stark übertrieben sein. Jedenfalls

---

[1]) Zeitschrift f. Epidemiol. 1875. 40, 44 u. 51.

[2]) Vergl. Dingler's polyt. J. 1875. 215. 467.

[3]) Kopp sagt: „Prächtig gedeihen die Pflanzen auf dem mit den menschlichen Leichen gedüngten Gottesacker und herrlich vollzieht sich so der Kreislauf des Lebens. Von diesem Standpunkt betrachtet, kann der Beerdigung die Superiorität über die Leichenverbrennung nicht abgesprochen werden." Er gibt ihr daher überall da, wo sie ohne sanitarische Nachtheile geschehen kann, als der natürlicheren, einfacheren und social-ökonomisch nützlicheren den Vorzug. (Vierteljahrsschr. f. öffentl. Gesundheitspfl. 1875. 3 u. 7.)

[4]) Wegmann-Ercolani S. 21; Ullersperger S. 25 u. 74; Küchenmeister, Handbuch S. 527.

[5]) Dingler's polyt. J. 1824. 13. 341; 1826. 21. 318; 1832. 46. 439.

ist die Gefahr der Aschenschändung weit größer, mögen die Aschenkrüge in gemeinschaftlichen Hallen, Columbarien, oder in den Wohnungen der Ueberlebenden aufbewahrt werden.

7. Auf den Vorwurf die Beerdigung sei unästhetisch [1]) näher einzugehen, ist hier nicht der Ort. Es liegt jedoch in der bisherigen Bestattung ein durch alle sophistische Künste nicht wegzuleugnender poetischer Gedanke, der vielleicht durch die feierliche Verbrennung auf einem Scheiterhaufen unter freiem Himmel, niemals aber durch die Feuerbestattung in einem Ofen ersetzt werden kann! —

Die der Beerdigung gemachten Vorwürfe sind also unbegründet, die Vorzüge der Leichenverbrennung nur scheinbar oder doch verschwindend klein gegen die unläugbaren Nachtheile derselben.

Auf dem Lande und in kleineren Städten ist sie entschieden theurer, als die Beerdigung; es wird Niemand erwarten können, daß kleinere Ortschaften unter Aufwendung eines großen Kapitals ebenfalls einen Verbrennungsapparat bauen und bei jedem einzelnen Sterbefall besonders in Glut bringen sollen, und der Vorschlag von Küchenmeister [2]), in solchen Fällen die Leichen unter Wasser aufzubewahren, bis eine genügende Anzahl für eine Verbrennungscampagne (!) zusammengekommen ist, kann höchstens dem Anatomen annehmbar erscheinen.

Der Leichenverbrennung stehen ferner criminalistische Bedenken entgegen; wie manches Verbrechen ist nicht schon durch Exhumirung der Leichen entdeckt worden. [3]) Der Vorschlag von Ullersperger, den Magen mehrere Jahre aufzubewahren, ist doch völlig unausführbar. [4])

Wenn ferner die bisherigen Versuche mit dem Siemens'schen Ofen auch befriedigend ausgefallen sind, so werden sich doch bei minder sorgfältiger Behandlung des Apparates Uebelstände einstellen, welche für die Nachbarschaft mindestens ebenso unangenehm sind als jene eines Friedhofes.

An eine obligatorische Einführung der Verbrennung ist auch in den größten Städten nicht zu denken. Gegen eine facultative Leichenverbrennung, nach vorausgegangener Section durch zwei Aerzte, wird allerdings kaum etwas einzuwenden sein; doch wird Niemand behaupten wollen, daß durch die jedenfalls nur geringe Anzahl der dann verbrannten Leichen die Gesundheitsverhältnisse einer Stadt irgendwie gebessert werden. [5])

---

[1]) Ullersperger S. 81.

[2]) Küchenmeister, Ueber Leichenverbrennung (Erlangen 1874) S. 53.

[3]) Adler, Die Leichenverbrennung mit besonderer Rücksicht auf die Gesetzgebung (Wien 1874).

[4]) Vergl. Zeitschrift f. Epidemiolog. 1874. 174; Industriebl. 1874. 146; Küchenmeister, Handbuch S. 466 u. 526.

[5]) Vergl. Dingler's polyt. J. 1875. 215. 469; Ziemssen, Handbuch S. 238; Industriebl. 1875. 205.

Küchenmeister [1]) und Reclam [2]) empfehlen die Leichenverbrennung für die Beseitigung der in einer Schlacht Gefallenen. Regely [3]) und Roth [4]) sprechen sich aber ganz entschieden gegen die Verbrennung im Kriege aus.

Das Bedürfniß, die Leichen zu verbrennen, ist vorläufig offenbar nicht vorhanden. Erst möge man für zweckmäßige Beseitigung und Verwerthung der übrigen 99 Proc. fäulnißfähiger Stoffe, welche der Mensch bei Lebzeiten liefert, sorgen, gute Canäle, Wasserleitungen u. dgl. ausführen und für Verbesserung der Friedhöfe thätig sein, und dann zur Prüfung der Leichenverbrennungs-Frage zurückkehren. —

Wie ist es denn aber möglich gewesen, daß die Bewegung für Leichenverbrennung hat in so kurzer Zeit fast in alle Schichten der Bevölkerung dringen können? Ein wesentlicher Grund dieser auffallenden Erscheinung ist offenbar die ungeschickte Opposition der Kirche, welche die Leichenverbrennung für unchristlich erklärt. [5])

Den frommen Eiferern ist es offenbar völlig entgangen, daß auch die Israeliten die Leichenverbrennung kannten. So wurden bekanntlich Saul und seine Söhne verbrannt [6]); auch das „große Brennen" [7]) ist wohl kaum anders als durch Leichverbrennung zu erklären. Da dieselbe im neuen Testamente nicht erwähnt wird, so ist wirklich nicht einzusehen, was die Leichenverbrennung mit der Religion zu schaffen hat. [8])

---

1) Küchenmeister, Handbuch S. 459; Zeitschrift f. Epidemiol. 1875. 24.

2) Beilage z. Augsburg. Allg. Ztg. 1874. 4166.

3) Amtlicher Bericht über die Wiener Weltausstellung (Braunschweig 1874), Hft. 14. S. 161.

4) Lex u. Roth, Handbuch, Bd. 1. S. 557.

5) Das Organ der orthodox-lutherischen Partei, die Deutsche Volkszeitung, schreibt in No. 496 1874 wörtlich:

„ABC. (Allerlei Nachlesen.) Das «Tageblatt» meldet uns von einem Vortrage des Dr. F. Fischer im «Bezirksverein hannoverscher Ingenieure» über Leichenverbrennung. Im Allgemeinen kann man sich ja freuen, daß die Sache dort keinen großen Anklang gefunden zu haben scheint und wir also vor der Hand wohl noch mit Erörterungen dieser ekelhaftesten Ausgeburt des modernen heidnischen Materialismus hier verschont bleiben. Wunder kann uns das ja nicht nehmen, daß in dem fraglichen Kreise wohl das «Sittlich-Schöne», das «Poetische» gegen die Leichenverbrennung herausgekehrt, nicht aber der ethische und der christlich-religiöse Standpunkt betont ist, es liegt das eben in der materialistischen Richtung eines großen Theils der heutigen Wissenschaften. Was können die Vertreter dieser Richtung, die sich auf ihre Abstammung vom Affen etwas zu Gute halten, die sich darüber freuen, Schlamm- und Dreckgeburten zu sein, noch davon wissen, daß es für den Christen sich geradezu von dem lebendigen Gotte ebensowohl lossagen heißt, wenn man mit frevelnder Hand den gestorbenen Leib, die Saat des verklärten Leibes, vernichtet, als wenn man durch Halsabschneiden oder Ersäufen dem lebendigen Leibe ein Ende macht?!"

6) 1. Samuel. 31, 12.

7) 2. Chronika 16, 14 u. 21, 19; Jesaia 30, 33; Jeremias 34, 5.

8) Die Partei scheint völlig vergessen zu haben, daß es ihre Geistlichen

Treffend sagt auch Geigel[1]) in seiner Einleitung zur öffentlichen Gesundheitspflege: „Wohin wir unsere Blicke wenden, überall sehen wir die Kirche in erbittertem Kampfe mit Allem was nach Befreiung, Veredlung, Vervollkommnung (und wenn auch, wie hier, nur scheinbar — F.) dieses irdischen Lebens, nach den großen Zielen des Humanismus deutet. Kein Lebenszeichen erwachender Cultur, keine Regung menschlich schönen Genusses, keine den geistigen Blick erweiternde Entdeckung der Naturwissenschaften, den jene nicht eine Zeit lang principiellen Widerpart gehalten hätte.“ — Daß derartige Bestrebungen einer Partei, welche die Religion nur als Deckmantel benutzt des einen Zieles: die ausschließliche Herrschaft der Kirche, den Geist des Widerspruches lebhaft anregen mußten, liegt auf der Hand.[2])

---

waren, welche Jahrhunderte lang, mit allerhöchster und unfehlbarer Bewilligung und Belobung, viele Tausende ihrer Mitmenschen, allerdings lebend, dem Scheiterhaufen übergaben.

[1]) Ziemssen, Handbuch, Bd. 1. S. 11—14.

[2]) Vergl. Lotze, Mikrokosmos S. VI.

Menschliche Abfallstoffe.

Die menschlichen Excremente bilden ohne Frage die widerlichsten Abfallstoffe. Ihre möglichst rasche Beseitigung aus der Nähe der Wohnungen ist die erste Forderung der öffentlichen Gesundheitspflege (S. 32) und des Sinnes für Reinlichkeit.

Zusammensetzung, Menge und theoretischer Werth der menschlichen Abfallstoffe.

Die menschlichen Excremente bestehen aus unverdauten und unverdaulichen Nahrungsmittelresten und aus den im Darmcanal abgesonderten Substanzen, wie Galle, Bauchspeichel, Darmschleim und Darmsaft. Bei der mikroskopischen Untersuchung findet man Epithelialgebilde, Rückstände der Nahrungsmittel als Pflanzenzellen und Spiralgefäße, Stärkemehlkörner, Bindegewebsfasern, Fettbläschen u. dgl., oft auch Bakterien [1]) und Pilze (vergl. S. 23). An chemischen Bestandtheilen sind nachgewiesen [2]): geringe Mengen von Albuminstoffen (viel bei Dysenterie), Fette, Kalk- und Magnesiaseifen, Excretin, Cholestearin, flüchtige Fettsäuren (Buttersäure, Essigsäure), Milchsäure, Gallenfarbstoff, Taurin u. a. In Wasser lösliche Salze sind in der Regel nur wenig vorhanden (in Cholerastühlen viel Chlornatrium), dagegen vorwiegend Magnesiumphosphat, Ammonium-Magnesiumphosphat u. dgl.

Die quantitative Zusammensetzung der menschlichen Fäces wechselt natürlich ungemein je nach der Nahrung und Lebensweise des Individuums. Nach Berzelius enthalten dieselben:

Wasser	75,3	Proc.
Aschenbestandtheile . . .	1,3	»
Organische Stoffe . . .	23,5	»

[1]) Berichte d. deutschen chem. Gesellsch. 1875. 728.
[2]) Gorup-Besanez, Physiologische Chemie, S. 551.

Birnbaum [1]) gibt an:

Wasser	75,0 Proc.
Organische Substanz	21,6
Stickstoff	0,7
Kali	0,35
Phosphorsäure	0,57
Asche	3,4

Auch die Menge und Zusammensetzung des ausgeschiedenen Harnes ist sehr verschieden. Lehmann [2]) macht über den Einfluß der Nahrung folgende Angaben:

	Tägliche Mengen in Grammen:				
	Gesammtmenge des Harnes	Feste Bestandtheile	Harnstoff	Harnsäure	Extractivstoffe und Salze
Bei 14täg. gemischter Nahrung	898—1448	67,82	32,50	1,18	12,75
» 12 » animalischer »	979—1384	87,44	53,20	1,48	7,31
» 12 » vegetabilischer »	720—1212	59,24	22,48	1,02	19,17
» stickstofffreier Nahrung	—	41,68	15,41	0,74	17,13

Folgende Analysen mögen ein Bild der normalen Harnausscheidung geben. Analysen 1—3 sind von Kerner [3]) ausgeführt und das Resultat der 8tägigen Versuche an einem 23jährigen Manne; die Angaben von Vogel sind Mittelzahlen vieler, an verschiedenen Personen angestellten Beobachtungen:

Bestandtheile	Kerner (in 24 Stunden)			Vogel	
	Minimum	Maximum	Mittel	In 24 St.	In 1000 Th. Harn
Harnmenge	1090cc	2150cc	1491cc	1500cc	—
Wasser	—	—	—	1440	960
Feste Stoffe	—	—	—	60	40
Harnstoff	32,00g	43,40g	38,10g	35,0g	23,3
Harnsäure	0,69	1,37	0,94	0,75	0,5
Chlornatrium	15,00	19,20	16,80	16,5	11,0
Phosphorsäure	3,00	4,07	3,42	5,3	2,3
Schwefelsäure	2,26	2,84	2,48	2,0	1,3
Phosphorsaures Calcium	0,25	0,51	0,38	1,2	0,8
Phosphorsaur. Magnesium	0,67	1,29	0,97		
Ammoniak	0,74	1,01	0,83	0,65	0,4
Freie Säure	1,47	2,20	1,95	3,0	2,0

[1]) Kirchbach, Handbuch f. Landwirthe, 1872. S. 440.
[2]) Sommaruga, Städtereinigung, S. 13.
[3]) Gorup-Besanez, Physiologische Chemie, S. 582.

Die durch das Liernur'sche System erhaltenen Excremente haben im Durchschnitt folgende Zusammensetzung [1]):

Wasser	92,500 Proc.
Stickstoff	0,771
Phosphorsäure	0,270
Kali	0,144
Natron	0,396
Gesammtasche	1,624

Ein Mann von 20 bis 40 Jahren liefert täglich im Durchschnitt nach [2])

	Fäces	Urin
Thudichum	135 g	1475 g
belgischen Beobachtern	165	1265
Paulet	175	1250
Ilisch	150	1050
Way	125	1500
7 englischen Beobachtern, im Durchschnitt	—	1325
2 französischen » » »	—	1375
17 deutschen » » »	—	1800

Wolf und Lehmann machen folgende Angaben:

Entleerung für 1 Person und Tag in Grammen:

	Fäces	Darin		Urin	Darin	
		Stickstoff	Phosphate		Stickstoff	Phosphate
Männer	150	1,74	3,23	1500	15,00	6,08
Frauen	45	1,02	1,08	1350	10,73	5,47
Knaben	110	1,82	1,62	570	4,72	2,16
Mädchen	25	0,57	0,37	450	3,68	1,75

Entleerung von 100000 Personen (37610 Männer, 34630 Frauen, 14060 Knaben, 13700 Mädchen) für 1 Jahr in Tonnen (à 1000^k):

	Fäces	Darin		Urin	Darin	
		Stickstoff	Phosphate		Stickstoff	Phosphate
Männer	2059,1	23,9	44,9	20592	205,9	83,6
Frauen	567,9	12,8	13,7	17062	135,3	69,0
Knaben	564,5	9,35	8,3	2925	24,6	11,1
Mädchen	125,1	2,85	1,8	2250	18,4	8,8
Zusammen	3316,6	48,9	68,7	42829	348,2	172,5

[1]) Dingler's polyt. J. 1874. **214**. 490.

[2]) Varrentrapp, Entwässerung der Städte, S. 14.

Nach Abendroth [1]) liefern 100000 Menschen jährlich 4562^t Fäces und 22812^t Urin. Die festen Excremente enthalten frisch:

				Nach 2 monatlicher Fäulniß:
3,75 Proc.	Asche	66 Proc. Phosphate	112^t,9	
		34 » Natronsalze	58,2	
1,5–5 »	Stickstoff		68,4—228,6	36,5
19,75 »	organische Stoffe		901,1	
75 »	Wasser		3421,9	
			4562,5	

Die flüssigen dagegen:

0,599 Proc.	Phosphate	127,5	
1,285 »	Alkalien	293,1	
3 »	Stickstoff	684,4	182
1,856 »	organische Stoffe	423,4	
93,3 »	Wasser	21284,0	
		22812,4^t	

Bei einer Stadt von 100000 Einwohnern handelt es sich nach Palzow und Abendroth [2]) um folgende Materialien zur Abfuhr:

		Werth:
Straßen- und Schleußenkoth	4500^t	49827 Mark
Sand, Schlacken, Scherben	9062	—
Asche	14000	901110
Küchen-, Gewerbs- und Straßenabfälle	12994	712611
Urin	25000	855633
Fäces	4500	250536
Knochen	2500	861150
	72056^t =	3630867 Mark.

Ziureck [3]) schätzt die Menge der jährlich von 100000 Einwohnern producirten festen Excremente auf 3650^t, des Harnes auf 36500^t und des Spülwassers auf 219000^t. Letztere Angabe ist viel zu niedrig, da in Städten mit Wasserleitungen täglich pro Kopf etwa 100^l Wasser [4]), von 100000 Personen jährlich also 3 bis 4 Millionen Tonnen verbraucht werden.

Den theoretischen Werth der von 100000 Einwohnern jährlich gelieferten Excremente berechnen Gruber und Brunner [5]) zu 368400, Stohmann [6]) zu 780000, Abendroth zu 1106130 und Stöckhardt [7])

[1]) Die Guanofabrikation, 1853; Varrentrapp S. 16.
[2]) Varrentrapp S. 17.
[3]) Dingler's polyt. J. 1871. 201. 184.
[4]) Dingler's polyt. J. 1875. 215. 379; 216. 273.
[5]) Gruber u. Brunner, Canalisation oder Abfuhr, S. 11.
[6]) Muspratt, Technische Chemie, Bd. 2. S. 401.
[7]) Chemische Feldpredigten II. S. 21; Varrentrapp S. 19.

sogar zu etwa 1500000 Mark. Die von einer Person jährlich gelieferten Excremente haben nach den verschiedenen Berechnungen also einen angeblichen Werth von 3,7 bis 15 Mark, wobei 1^k Stiffstoff mit 1,6 bis 2 Mark, 1^k Phosphorsäure mit 0,3 bis 0,6 Mark, 1^k Kali mit 0,3 bis 0,4 Mark angesetzt werden.

Nach den Berechnungen Girardin's geben die jährlich von einer Person gelieferten Excremente den zur Production von 400^k Weizen erforderlichen Dünger.[1] —

Wie wenig derartige theoretische Preisberechnungen der Wirklichkeit entsprechen, wird bei der Verwerthung der Excremente besprochen werden.[2]

Aborte[3].

Abortsgruben.[4] Die Aufsammlung der menschlichen Excremente in Gruben ist leider noch fast allgemein verbreitet. Namentlich früher wurden sie meist so eingerichtet, daß der flüssige Inhalt derselben in den Untergrund versinken mußte; waren dann die Poren des Bodens verstopft, so bedeckte man die gefüllten Gruben und legte neue an. So sind z. B. die Gruben Cölns Schachte (Thürme genannt) bis zu 12^m Tiefe, welche zugemauert werden, sobald sie gefüllt sind.[5]

In neuerer Zeit werden die Gruben zwar ausgemauert[6], doch meist mit so geringem Erfolge, daß z. B. nach den Ermittelungen Pettenkofer's[7] in München $^9/_{10}$ der gesammten Excremente in den Boden sinken, nach Reich[8] in den Untergrund Berlins $^7/_{10}$, und nach Pfeiffer[9] gelangen auf diese Weise in Erfurt und anderen Städten Thüringens wenigstens $^5/_6$ der sämmtlichen Abgänge in den Boden. Die Herstellung wasserdichter Gruben ist schwer, die Controle über die Beschaffenheit älterer Anlagen fast unmöglich, so daß bei aller Vorsicht die Gefahr der Bodenverunreinigung (S. 29) nicht beseitigt ist. Da ferner die Aufspeicherung solcher Massen von in Fäulniß begriffenen Excrementen in hohem Grade gesundheitsgefährlich ist (S. 32), die Verunreinigung der

---

1) Dingler's polyt. J. 1849. **113.** 307.

2) Vergl. auch Varrentrapp S. 21.

3) Eine umfassende Geschichte der Abortssysteme gibt Liger, Fosses d'aisances (Paris 1875).

4) Vergl. Dingler's polytechn. J. 1820. **2.** 334; 1832. **43.** 303; 1847. **104.** 68; 1849. **111.** 318.

5) Salviati, Röder und Eichhorn S. 5; Lex und Roth, Handbuch, Bd. 1. S. 448.

6) Dingler's polyt. J. 1865. **175.** 327.

7) Untersuchungen über die Cholera (München 1855).

8) Reich, Salpetersäure im Trinkwasser, S. 10.

9) Zeitschrift f. Biologie 3. 236; Wolf, Untergrund, S. 15.

Luft in den Wohnungen selbst bei Abortsanlagen mit Ventilation [1]) kaum vermieden werden kann, die Entleerung der gefüllten Gruben, wenn diese nicht mittels Pumpen [2]) geschieht, ganze Straßen verpestet [3]), so wird allgemein anerkannt, daß Abtrittsgruben überhaupt zu verwerfen sind. [4])

Abtrittskübel. [5]) Statt der Abtrittsgruben hat man nun an einigen Orten, z. B. in Graz [6]), bewegliche Behälter aus Holz oder Metall von 100 bis 300 l Inhalt zum Sammeln der menschlichen Excremente eingeführt. Vogt [7]) schlägt vor, statt der hölzernen Tonnen eigenthümlich construirte Behälter aus verzinktem Eisenblech zu verwenden, die wöchentlich zweimal abgefahren werden sollen.

Bei einem geordneten Kübelsystem sind nach dem Gutachten der Berliner Commission [8]) folgende Forderungen festzuhalten:

1. daß jede Haushaltung (wenigstens) einen Kübel (Faß, Tonne), dessen Größe höchstens die Dejectionen einer Woche aufzunehmen im Stande ist, nebst einem Reservekübel sich beschaffe,
2. daß wenigstens einmal wöchentlich die Abfuhr dieses Kübels in verschlossenen Wagen bei Nacht stattfinden müsse,
3. daß der Kübel nur in vollständig gereinigtem Zustande nach der Entleerung wieder in Gebrauch genommen werden dürfe.

Diese Forderungen erscheinen hart, sie sind aber vom sanitären Standpunkte aus noch nicht hart genug. Schon im Laufe eines Tages gerathen die Excremente, namentlich der Harn, in Zersetzung; soll daher die Tonne nur einmal die Woche abgefahren werden, so ist eine ausreichende Desinfection unbedingt erforderlich. Daß die Durchführung einer solchen aber sehr schwer, für größere Orte geradezu unmöglich ist, wurde bereits (S. 70) erwähnt. Vertheidiger der Tonnenabfuhr verlangen daher auch, daß dieselben mindestens alle 24 Stunden abgefahren werden. [9]) Wie lästig dieses aber sein würde, liegt auf der Hand.

---

[1]) Dingler's polyt. J. 1828. **27.** 80; 1846. **100.** 149; 1866. **181.** 491; Lex u. Roth, Handbuch, Bd. 1. S. 234; Vierteljahrsschr. f. öffentl. Gesundheitspfl. 1874. 639 u. 662.

[2]) Dingler's polyt. J. 1826. **21.** 421; 1845. **95.** 69; 1861. **161.** 160; 1864. **174.** 326; 1865. **178.** 313; Bürkli, Canäle, S. 115.

[3]) Lex u. Roth, Handbuch, Bd. 1. S. 208.

[4]) Dingler's polyt. J. 1873. **210.** 144; 1875. **217.** 255; Sommaruga S. 94; Lauber, Latrinenfrage, S. 8; Virchow, Generalbericht, S. 6.

[5]) Vergl. Dingler's polyt. J. 1824. **13.** 40 u. **15.** 436; 1825. **19.** 174 u. 276; 1826. **22.** 456; 1836. **60.** 160; 1838. **68.** 475; 1841. **82.** 249.

[6]) Dingler's polyt. J. 1867. **183.** 482; Vierteljahrsschr. f. öffentl. Gesundheitspfl. 1870. 99; 1871. 456.

[7]) Vogt, Städtereinigung, S. 67.

[8]) Virchow, Generalbericht, S. 86.

[9]) Gruber u. Brunner S. 33.

Nach dem Gutachten der Berliner Commission[1]) kann es ferner unmöglich gestattet werden, daß die Abfallröhren aus den verschiedenen Stockwerken, ohne gespült oder sonstwie gereinigt zu werden, in eine einzige Sammeltonne, die etwa im Keller steht, einmünden. Abgesehen von dem großen Uebelstande, welcher bei einer solchen Einrichtung thatsächlich nicht ganz selten vorkommt, daß gelegentlich das Faß im Keller sich früher füllt, als man erwartet hatte und endlich überläuft, — ist die zunehmende Verunreinigung der Absallröhren ganz unvermeidlich; diese Röhren werden dann Herde der Verpestung für das Haus. Es muß daher von Anfang an gefordert werden, daß mit der Einführung eines Tonnensystems obligatorisch die Einrichtung von entsprechenden, mit Tonnen versehenen Abtritten in jeder Etage und in jeder Haushaltung vorgeschrieben wird.

Vogt[2]) hält eine solche Forderung für überflüssig, da die sich in den unreinen Abfallröhren und dem Blechkübelinhalt entwickelnden Gase durch seine Ventilationseinrichtungen fortgeführt und unschädlich gemacht würden.

Lauber[3]) will das Abfallrohr so einrichten, daß die Excremente die Wände desselben in ihrem Falle gar nicht berühren können. Da die Höhe, von der die Excremente herabfallen, und die Richtung, in welcher sie in das Abfallrohr treten, bekannt sind, so soll man angeblich die Fallweite derselben berechnen und dem Rohre eine solche Form geben können, welche die obige Bedingung erfüllt. Bei einem dreistöckigen Hause soll das Abfallrohr hiernach eine untere Weite von 1,5^{m} haben. — Wie selbst ein solches colossales Rohr die Verunreinigung der Wandungen verhüten kann, wie ferner der luftdichte Anschluß eines Blechkübels an dasselbe möglich sein soll, ist schwer einzusehen.

Daß diese Closets ventilirt werden müssen, wenn die Luft in den Wohnungen nicht durch dieselben verunreinigt werden soll, wird daher auch allgemein zugestanden. Lefeldt[4]) fordert, daß der Ventilation wegen stets von den Closets aus ein eigener gemauerter senkrechter Canal in die Höhe oder ein blechernes Rohr in den nächsten Schornstein geführt und dieser, wenn nicht heizbar, mit Howorth- oder ähnlichem Schraubenventilator an der Spitze versehen sein muß. Vogt[5]) empfiehlt einen neuen Ventilationshut. — Daß die Atmosphäre einer Stadt, welche in dieser Weise mit ventilirten Abtrittskübeln ohne Desinfection versehen wäre, verunreinigt werden würde, kann nicht geleugnet werden. Außerdem versagen derartige Ventilationsvorrichtungen erfahrungsgemäß gerade an

---

[1]) Virchow, Generalbericht, S. 88.
[2]) Vogt, Städtereinigung, S. 46.
[3]) Lauber, Latrinenfrage, S. 41.
[4]) Lefeldt, Abfuhr u. Canalisation, S. 56.
[5]) Vogt, Städtereinigung, S. 77.

heißen Sommertagen oft ihren Dienst, wenn nicht die abziehende Luft durch eine besondere Gasflamme u. dgl. erwärmt wird.

Moule's Erdcloset.[1]) Die frischen Excremente werden durch Handarbeit oder durch eine selbstthätige Vorrichtung nach jeder Benutzung des Abortes mit trockner Erde überstreut. Angeblich kann dieselbe Erde sechs- bis siebenmal gebraucht werden, ohne daß ein unangenehmer Geruch zu bemerken ist.

Auf demselben Princip beruht das Erdcloset von Cohn.[2])

Die Cholera-Commission in Berlin (August 1873) forderte für jede Person täglich mindestens 0,5^{k} Erde und erklärte selbst dann noch das Verfahren für bedenklich.

Nach neueren Versuchen[3]), welche im Berliner Arbeitshause mit trockener Gartenerde, Torfasche und mit getrocknetem, pulverisirtem Lehm gemacht sind, erfüllten diese Substanzen den Zweck der Geruchlosmachung, wenn der Koth von ihnen vollständig und in nicht zu geringer Menge bedeckt war; pro Stuhlgang sind etwa 3,5^{k} Erde erforderlich, für eine Stadt von 100000 Einwohnern also jährlich etwa 200 Millionen Kilogramm derartiger Deckstoffe. Nach Müller würden 100^{k} dieser Mischung einen landwirthschaftlichen Werth von etwa 0,2 Mark haben; die Kosten für Hin- und Rücktransport dieser großen Massen werden also längst nicht gedeckt. Jemand hat angerathen, den Kübelinhalt in einen eisernen Topf zu schütten und diesen auf den von der Bereitung der Mahlzeit noch heißen Herd zum Trocknen zu bringen. Dieser Vorschlag, ob ernst oder spöttisch gemeint, characterisirt in seiner Uebertreibung vollständig jede Idee, die Trocknung des Düngers und die mehrmalige Benutzung desselben in den Kübeln zu empfehlen. Hope[4]) sagt darüber: Ich habe zuweilen die Anwendung von Moule's System gebilligt, und ich muß daher zur Aufklärung sagen, daß diese Billigung nur auf solche Fälle beschränkt bleibt, wo kein genügender Wasservorrath da ist, oder wo strenge Disciplin herrscht, wie in einem Arbeitshause oder in Kasernen. — Abgesehen von diesen Schwierigkeiten ist es noch sehr fraglich, ob die Excremente auf diese Weise auch wirklich desinficirt werden. Pettenkofer[5]) verspricht sich von der Desinfection mit Erde und Torf nicht nur keinen Nutzen für die Salubrität, sondern befürchtet im Gegentheil die größten Gefahren, speciell bezüglich der Cholera (vergl. S. 66).

Wenn dieses Erdcloset auch auf dem Lande nützlich sein kann, für Städte ist es nicht verwendbar.

---

[1]) Dingler's polyt. J. 1864. 174. 318; Vierteljahrsschr. f. öffentl. Gesundheitspfl. 1871. 80; Reinigung Berlins, Anhang I. S. 83.

[2]) Dingler's polyt. J. 1872. 206. 69.

[3]) Reinignng Berlins, Heft IX. S. 444; Generalbericht S. 82.

[4]) Dunmore, Brief, S. 27.

[5]) Zeitschrift f. Biologie 3. 298.

Aschencloset. In Manchester[1]), Rochdale[2]), sowie von Morrel[3]) und Anderen[4]) werden in ähnlicher Weise Asche und andere Haus- und Küchenabfälle zur Desodorisation und zum Austrocknen der Excremente verwendet. Da diese Abfälle ein geringeres Absorptionsvermögen haben als Erde, so sind solche Abortseinrichtungen noch weniger zu empfehlen als die Erdclosets.

Auch das ähnliche Heureka-System und das von Goux (S. 111) haben sich in keiner Weise bewährt.

Das Müller-Schür'sche Closet[5]) beruht bekanntlich auf dem Princip der Trennung von Harn- und Kothmassen, welche letzteren mit einem Streupulver aus gebranntem Kalk, Holzkohlenpulver und Phenol bedeckt werden (S. 48). Im Berliner Arbeitshause[6]) wurden auch mit diesem Closet zahlreiche Versuche angestellt, welche das Resultat ergaben, daß, so lange es möglich war, das Personal zu aufmerksamer Behandlung anzuhalten, alles gut ging, daß dieses aber nicht lange der Fall war. Es ist dieser Umstand sehr bemerkenswerth, da leicht einzusehen ist, daß eine Ordnung, welche in einer öffentlichen Anstalt mit so strenger Disciplin, wie im Arbeitshaus, nicht durchzuführen ist, in einer größern Zahl von Privathäusern nicht erst angefangen werden kann. — Wenn demnach die Resultate mit diesem Closet in einzelnen Familien auch sehr befriedigend sind, so ist dasselbe doch zu einer allgemeinen Einführung um so weniger geeignet, als hierbei der gesammte Harn verloren geht.

Als abschreckende Beispiele[7]) mögen noch die ebenfalls auf Trennung der festen und flüssigen Theile beruhenden Einrichtungen in Paris[8]) und verschiedene Patente[9]) genannt werden.

Liernur.[10]) Das sogenannte pneumatische System des Capt. Liernur besteht bekanntlich in einer eisernen Röhrenleitung, welche die Aborte der Gebäude in directe Verbindung mit unter dem Straßenpflaster angebrachten eisernen Reservoirs setzt. Diese werden täglich durch eine Luftpumpe luftleer gemacht, dann öffnet man die vorher geschlossenen Verbindungen mit den eisernen Abortsröhren, worauf die Excremente

---

[1]) Lefeldt, Abfuhr und Canalisation, S. 56.

[2]) Lancet, 27 Aug. 1870.

[3]) Reinigung Berlins, Anhang I. S. 83.

[4]) Berichte d. deutschen chem. Gesellsch. 1873. 629.

[5]) Dingler's polyt. J. 1865. **178**. 78; Wagner's Jahresber. 1865. 576; Mittheil. d. hannoverschen Gewerbevereins 1867. 54; Lex u. Roth, Handbuch, Bd. 1. S. 463.

[6]) Reinigung Berlins, Heft IX. S. 437 u. 455; Generalber. S. 83.

[7]) Vergl. Varrentrapp S. 41 u. 55; Sommaruga S. 102.

[8]) Dingler's polyt. J. 1844. **92**. 159; 1850. **116**. 327.

[9]) Berichte d. deutschen chem. Gesellsch. 1873. 78 u. 762.

[10]) Dingler's polyt. J. 1869. **192**. 430; 1871. **199**. 335 u. 418; **201**. 86: Vierteljahrsschr. d. niederrhein. Ver. f. öffentl. Gesundheitspfl. 1872. 129 u. 225; Technische Blätter (Prag) Bd. 1. 48; Liernur, Offener Brief (Prag 1868).

durch den Luftdruck in das Reservoir getrieben und von hier abgefahren werden.

Den günstigen Urtheilen über dieses System von Glöckner[1]), Laurin[2]), Lorent[3]), Reuß[4]) und Volger[5]) stehen die durchaus ungünstigen Berichte von Cohn[6]), Fraas[7]), Gori[8]), Hobrecht[9]), Knauf[10]) und Varrentrapp[11]) gegenüber.

Vom sanitären Standpunkte aus wird dem System der Vorwurf des mangelhaften, ja unzulässigen Kothverschlusses der Abtrittstrichter gemacht. Es ist namentlich nachgewiesen, daß die Luft in den Abtritten und den anstoßenden Zimmern verunreinigt war.[12]) Die Excremente selbst sind bei ihrer Entfernung schon in Zersetzung begriffen, so daß das Verfahren namentlich bei Epidemien sehr bedenklich bleibt.

Die technischen Sachverständigen, namentlich Oberbaurath Koch und Geheimrath Reuleaux[13]) sind der Meinung, daß das System nicht leisten könne, was es verspreche. Es wurde auf dem Wege der Rechnung nachgewiesen, daß das durch die Luftpumpe bewirkte Vacuum für die Entleerung langer Rohrleitungen zu schwach sei, daß ferner das System verzweigter Röhren eine sichere Räumung aller Zweigröhren durch das Ansaugen des Sammelkastens ausschließe, insofern die durch die Abtrittstrichter einströmende Luft sich stets die bequemsten, also die am wenigsten geschlossenen Zugänge suche und die stärker gefüllten vermeide. Ueberdies sei die Einrichtung so complicirt und zu vielen Unterbrechungen ausgesetzt, als daß man sich für sie entscheiden könne.[14]) Finanziell stellt sich dasselbe noch ungünstiger als das Tonnensystem. —

Daß diese Abortssysteme, bei welchen die gesammelten Excremente abgefahren werden müssen, nur dann in größeren Orten durchführbar sein würden, wenn hinreichender Absatz für den Dünger vorhanden ist, geben auch die wärmsten Vertheidiger der Abfuhr zu.[15]) Wie wenig dieses bis jetzt der Fall ist, wird auf den folgenden Seiten gezeigt werden.

Alle genannten Abortssysteme können ferner nicht die Verunreinigung

---

[1]) Glöckner, Bedeutung d. Versuche d. pneumat. Canalisation (Prag 1869).
[2]) Laurin, Das Liernur'sche System (Prag 1869).
[3]) Vierteljahrsschr. f. öffentl. Gesundheitspfl. 1872. 486.
[4]) Vierteljahrsschr. f. öffentl. Gesundheitspfl. 1873. 147.
[5]) Volger, Die Schwemmsielfrage (Frankfurt 1869).
[6]) Vierteljahrsschr. f. öffentl. Gesundheitspfl. 1873. 427.
[7]) Vierteljahrsschr. f. öffentl. Gesundheitspfl. 1873. 150.
[8]) Vierteljahrsschr. f. öffentl. Gesundheitspfl. 1874. 163.
[9]) Vierteljahrsschr. f. öffentl. Gesundheitspfl. 1869. 552.
[10]) Vierteljahrsschr. f. öffentl. Gesundheitspfl. 1872. 323.
[11]) Vierteljahrsschr. f. öffentl. Gesundheitspfl. 1871. 315.
[12]) Vierteljahrsschr. f. öffentl. Gesundheitspfl. 1872. 324.
[13]) Vierteljahrsschr. f. öffentl. Gesundheitspfl. 1872. 466; 1873. 433.
[14]) Virchow, Generalbericht, S. 89.
[15]) Sommaruga, Städtereinigung, S. 156.

des Bodens mit menschlichen Abfallstoffen verhüten, da etwa $^5/_6$ des gesammten Urins nicht beim Stuhlgang gelassen und daher so wie so den Canälen überantwortet wird. Außerdem stehen in Beziehung auf Reinlichkeit alle dem Wassercloset [1]) nach, welches in Verbindung mit einem gut angelegten Canalsystem allein die Möglichkeit gibt, sämmtliche Abfallstoffe aus der Nähe der menschlichen Wohnungen zu entfernen, bevor sie in Zersetzung übergehen können.

Verwerthung der Fäcalien.

Die beste Beseitigung und Verwerthung der gesammelten und abgefahrenen noch frischen Excremente ist ohne Frage die sofortige Verwendung derselben zum Düngen der Felder. Um dieses auch im Sommer möglich zu machen, will Liernur die frischen Fäcalmassen mittels eines eigens construirten Dungpfluges in etwa 1^m breiten Ackerstreifen, zwischen denen dann etwa 2^m breite Pflanzenstreifen liegen, sofort unterpflügen, ein Vorschlag, der praktisch nicht durchführbar ist. [2])

Trotz aller theoretischen Berechnungen über den hohen Werth der menschlichen Excremente (S. 103) wird denn auch das Verlangen der Landwirthe nach diesem Dünger um so geringer, je mehr Bedingungen die öffentliche Gesundheitspflege über die Art der Beseitigung machen muß. So entleerte man in Graz [3]) des Sommers einen Theil der abgefahrenen Tonnen in die Mur, und aus der Poudrettefabrik zu Bondy werden große Massen von Excrementen vortheilhafter in die Seine geschafft als verarbeitet. [4]) Berliner Abfuhrleute schütten nachts ganze Wagenladungen von Excrementen vor den Thoren aus [5]); nicht besser ist es in München [6]) und vielen anderen Städten. [7])

Man hat daher mehrfach den Grubeninhalt mit verschiedenen Chemikalien, Abfällen u. dgl. vermischt, um ihn transportfähiger zu machen und bis zur Verwendung aufbewahren zu können, ohne daß er durch weitere Zersetzung wesentlich an Düngerwerth verliert (S. 24 u. 102) oder durch seine Ausdünstungen belästigt.

---

[1]) Dingler's polyt. J. 1825. **19**. 173; 1834. **54**. 147; 1837. **64**. 25; 1838. **68**. 254; 1839. **73**. 354; 1840. **80**. 343; 1841. **82**. 249; 1842. **86**. 415; 1848. **109**. 426; ferner 1824. **15**. 438; **18**. 234; 1828. **29**. 263; **32**. 370; 1839. **72**. 369; 1875. **215**. 35.

[2]) Gruber u. Brunner S. 37.

[3]) Dingler's polyt. J. 1873. **210**. 148.

[4]) Bürkli, Abzugscanäle, S. 6 u. 160; Varrentrapp, Städtereinigung, S. 44.

[5]) Virchow, Generalbericht, S. 102.

[6]) Zeitschrift f. Biologie **6**. 568.

[7]) In Hannover zahlt der Hausbesitzer für die Abholung der Excremente pro Cubikmeter etwa 3 Mark.

Poudrette. Mosselmann [1]) versetzte die Excremente mit Kalk. Zu diesem Zwecke wurde gebrannter Kalk mit seinem halben Gewicht Urin oder Latrinenflüssigkeit gelöscht und das so erhaltene Pulver mit den festen Excrementen gemischt, wodurch dieselben in eine leicht transportable Form gebracht wurden. Das Verfahren ist längst als völlig unbrauchbar aufgegeben. [2])

Bourgo [3]) errichtete 1846 eine Poudrettefabrik in Frankfurt a. M.; die Excremente wurden mit Eisenvitriol, Thierkohle u. dgl. gemischt. Rogers [4]) wollte 1 Th. Excremente mit 2 Th. Torfkohle mischen. [5])

Hellvogt [6]) in Hannover ließ den Straßenkehricht sortiren und vermischte dann 3 Th. Asche, Sand u. dgl. mit 1 Th. Latrineninhalt. Er verkaufte 1,5 ^{cbm} zuerst für 12, dann für 7,5 Mark. Trotz aller Mühe konnte der Unternehmer diesem Dünger keinen lohnenden Absatz verschaffen, und bald kam es mit ihm zum Concurs. — Aehnlich ist das Rochdale-System. [7])

In Groningen [8]) werden die Tonnen jeden zweiten Tag in Wagen ausgeschüttet und außerhalb der Stadt in 1 ^{m} tiefen Behältern mit den gesammelten Haus- und Straßenabfällen bedeckt. Diese einfache Compostirung ist bei der eigenthümlichen Lage des Ortes zwar vortheilhaft, die Klagen über den Gestank und die gesundheitsschädlichen Einflüsse des ganzen Verfahrens sind aber allgemein. [9])

Es genügt bei der Poudrettefabrikation daher nicht, die abgefahrenen menschlichen Excremente in eine transportfähige Form zu bringen, sie müssen vor allen Dingen durch Ausscheidung von Wasser so concentrirt geliefert werden, daß der Werth des Fabrikates die Kosten eines weiteren Transportes tragen kann.

Nach dem Patent von Labarre [10]) werden die Excremente in einen eisernen Bottich gebracht, der einen mit Filz bedeckten doppelten Boden hat; durch Auspumpen des Zwischenraumes der beiden Böden mittels einer Luftpumpe erzielt man rasches Filtriren. Die zurückbleibende Masse wird getrocknet. — Der so erzielte Dünger kann nur geringen Werth haben.

Gruber und Brunner [11]) schlagen vor, aus den beim Liernur'schen

---

[1]) Dingler's polyt. J. 1863. **170**. 308; 1865. **178**. 327; 1873. **210**. 145.
[2]) Bürkli, Abzugscanäle, S. 107; Varrentrapp S. 59.
[3]) Dingler's polyt. J. 1848. **109**. 483.
[4]) Dingler's polyt. J. 1849. **113**. 374.
[5]) Vergl. Dingler's polyt. J. 1843. **87**. 80; **88**. 400.
[6]) Salviati, Röder u. Eichhorn, Abfuhr.
[7]) Lefeldt, Abfuhr, S. 87.
[8]) Bericht über die Reise in die Provinz Groningen (Oldenburg 1869).
[9]) Vierteljahrsschr. f. öffentl. Gesundheitspfl. 1873. 326; Prestel, Boden, Witterung und Klima von Ostfriesland. — Einen erbaulichen Bericht über die Unreinlichkeit holländischer Städte gibt auch der Choleraberich, herausgegeben durch das Departement des Innern ('s Gravenhage 1872).
[10]) Berichte d. deutschen chem. Gesellsch. 1873. 762.
[11]) Gruber u. Brunner S. 45.

System gewonnenen Excrementen durch eine mit Filz oder gebranntem Thon ausgesetzte Centrifuge die festen Stoffe abzuscheiden, die flüssigen Massen aber durch Eismaschinen zum Gefrieren zu bringen und nach Entfernung des, aus fast reinem Wasser bestehenden, Eises die zurückbleibende concentrirte Lauge in Vacuumapparaten völlig einzutrocknen. — Die Möglichkeit einer Rentabilität dieses Verfahrens darf wohl bezweifelt werden.

Bei Paris läßt man die Excremente an der Luft eintrocknen; daß sich hierbei der abscheulichste Gestank entwickelt, der die Nachbarschaft aufs Höchste belästigt, ist selbstverständlich.[1])

Brown[2]) versetzt die Excremente mit gebranntem Flußschlamm (vergl. S. 65) und trocknet sie an der Luft. Ein ähnliches Verfahren hat sich Bruce[3]) patentiren lassen.

Die Société générale des engrais Lyonnais[4]), mit einem Anlagecapital von 1600000 Francs, desodorisirte den Grubeninhalt mit Mutterlaugen der Eisenvitriolfabriken, Manganlaugen, Kohle u. dgl., ließ in großen Behältern die festen Bestandtheile absetzen, vermischte dieselben mit kohlehaltiger Erde (Noir animalisé) und ließ eintrocknen. Diese Baronett'sche Gesellschaft, welche noch in 25 anderen Orten derartige Fabriken errichtet hatte, mußte jedoch schon nach **11** Monaten liquidiren.

Der in Metz während einiger Zeit durch Vermischen der menschlichen Excremente, mit Lohe, Weintrestern, Abgängen der Schlachtereien u. dgl., und Trocknen an der Luft hergestellte engrais concentré enthielt nur 1—2 Proc. Stickstoff, 5—6 Proc. Phosphate und 0,5 Proc. Alkalien.[5])

Die patent Eureka sanitary and manure company in Hyde bei Manchester verdampfte die gesammelten frischen Excremente in Kesseln zu einem zähen Brei und vermischte diesen mit Asche, Kohle und Knochenmehl.[6]) Die Auslagen überstiegen aber den theoretischen Werth des gewonnenen Düngers um 100 Proc., und doch waren den Actionären 34 Proc. Dividende versprochen! — Aehnlich ist das System von Goux.[7])

Manning[8]) versetzte 100^k Excremente mit 1^k Schwefelsäure, fügte Kohle, Superphosphat u. dgl. hinzu und verdampfte das Gemisch in Retorten. — Aehnlich Standen.[9])

---

[1]) Dingler's polyt. J. 1843. **88**. 378; 1849. **113**. 308; 1850. **117**. 376; 1856. **140**. 240.

[2]) Dingler's polyt. J. 1849. **113**. 239.

[3]) Dingler's polyt. J. 1857. **145**. 397.

[4]) Dingler's polyt. J. 1849. **113**. 310; Bürkli S. 27.

[5]) Salviati, Röder u. Eichhorn S. 53.

[6]) Bürkli, Abzugscanäle, S. 78 u. 162; Varrentrapp S. 54; Entwässerung Berlins, Anhang I. S. 86.

[7]) Entwässerung Berlins, Anhang I. S. 88.

[8]) Dingler's polyt. J. 1863. **170**. 319.

[9]) Berichte d. deutschen chem. Gesellsch. 1874. 663.

Leube[1]) will die Excremente mit $^1/_{30}$ ihres Gewichtes Schwefelsäure, dann mit Romancement versetzen und aus dem Gemisch Steine formen. Diese sollen nach dem Trocknen gemahlen und als Guano verwendet werden — ein Verfahren, welches gewiß nicht rentabel sein kann.

In der neu errichteten Grazer Poudrettefabrik wird der Tonneninhalt mit einem von der Insel Alta Vela kommenden Thonerdephosphat, welches durch Schwefelsäure gelöst ist, versetzt und dann das Gemisch mit Kalkmilch gefällt; die Flüssigkeit läßt man ablaufen, der Niederschlag wird getrocknet. Zur Prüfung dieses Verfahrens hat Schwarz[2]) in einem hohen, mit Zapflöchern in verschiedener Höhe versehenen Fasse 300^k Faßinhalt mit einer Flüssigkeit vermischt, welche aus 15^k Thonerdephosphat, $10^k,5$ Schwefelsäure von 60 Proc. und 30^k Wasser bereitet war. Dann wurden $5^k,5$ Kalk, mit 20^k Wasser gelöscht, zugesetzt und die Mischung zum Absetzen 24 Stunden stehen gelassen. Von den so entstandenen 350^l konnten nur 140^l oder 40 Proc. durch Abzapfen entfernt werden. Auch auf einem Filter von Coks mit übergebreiteter Leinwand lief nur wenig mehr ab. Erst das Filtriren mittels Luftdruck, mit einer abgewogenen Probe des Filterrückstandes ausgeführt, brachte das Filtrat auf 68,4 Proc., den Rückstand also auf 31,6 Proc., welcher 24,5 Proc. Trockenrückstand gab, von der Totalmasse also 7,76 Proc. trockenen Dünger.

Die Analyse I zeigt den Gehalt von selbst bereitetem Dünger eines Versuches, bei welchem jede Flüssigkeit nach Möglichkeit entfernt war; die Analyse II vom Dünger des erwähnten größeren Versuches mit 300^k Faßinhalt.

	I.	II.	Werth.	I.		II.	
	Proc.	Proc.	1 Proc. zu kr.	fl.	kr.	fl.	kr.
Stickstoff	0,66	1,48	60		40		89
Phosphorsäure	13,91	12,72	15	2	9	1	91
Kali	0,50	0,14	10	—	5	—	1
Natron	—	0,43	1,2	—	—	—	0,5
Stickstofffreie organische						—	14
Bestandtheile	31,84	28,28	0,5	—	16		
Sand und Thon	10,64	13,17	—	—	—	—	—
Wasser, Thonerde u. s. w.		18,69	—	—	—	—	—
Kalk	42,45	15,50	0,5	—	21	—	8
Schwefelsäure		9,50	1	—	—	—	9,5
	100,00	100,00	1 Centner	2	91	3	13,0

Der Mittelwerth für 50^k ergibt sich also zu 6,04 Mark. Moser[3]) behauptet zwar, daß dieser Dünger selbst 6 Proc. Stickstoff enthält; nach

[1]) Dingler's polyt. J. 1874. **214**. 340.
[2]) Dingler's polyt. J. 1874. **215**. 251 u. 349.
[3]) Biedermann, Centralbl. f. Agriculturchem. 1875. **14**.

den vorliegenden Versuchen muß diese Angabe bezweifelt werden. Es ist ferner zu berücksichtigen, daß die Phosphorsäure wesentlich an Thonerde gebunden und daher leicht der Retrogradation unterworfen ist.[1])

Schwarz hat die ablaufende Flüssigkeit mit Schwefelsäure neutralisirt und abgedampft. Der Rückstand enthielt:

	Proc.
Stickstoff als Ammoniak	12,89
Stickstoff als organische Substanz	0,67
Phosphorsäure	Spur
Kalk	4,25
Schwefelsäure	38,61
Kali	4,25
Natron	11,71

50^k haben demnach einen theoretischen Werth von etwa 18 Mark. Mit der ablaufenden Flüssigkeit geht also der größte Theil des Stickstoffes und des Kalis verloren; ihr Einlauf in den Fluß ist nicht statthaft. — Offenbar ist die Fabrikationsmethode nicht rationell, die Rentabilität des Unternehmens sehr zweifelhaft.

Abendroth[2]) in Dresden verarbeitete die Abfälle von 250 Hausbesitzern; die festen Massen wurden in Retorten verkohlt, aus den flüssigen in Dampfkesseln das Ammoniak abdestillirt. Bald konnte er jedoch seinen finanziellen Verpflichtungen nicht mehr nachkommen; der Hausbesitzerverein kaufte die Anlage und übertrug sie einem Chemiker R. Schulze. Dieser erhitzte die flüssigen Massen ebenfalls in Dampfkesseln, ließ das Ammoniak von Schwefelsäure absorbiren, mischte dieses Ammoniumsulfat mit thierischen Abfällen, Torf und einem Theil des Kesselrückstandes und trocknete. 100^k dieses sogenannten sächsischen Guano mit angeblich 3,5 Proc. Stickstoff wurden mit 10 Mark verkauft. Der übrige Kesselrückstand wurde ebenfalls mit Torf gemischt und als Uratdünger 100^k mit 4 Mark abgegeben.

Thon[3]) zu Wilhelmshöhe stellte eine Poudrette her, welche nach den Untersuchungen von Wolf, Wicke und Stohmann 3,9—4,2 Proc. Stickstoff und 7—10 Proc. Phosphorsäure enthielt. 100^k hatten also einen theoretischen Werth von 13 Mark, und doch war das Unternehmen nicht lebensfähig.

Die Poudrettefabrik in Hannover wurde im Jahre 1857 mit einem Anlagecapital von 150000 Mark gegründet. Durch eine einfache Vorrichtung an den Aborten wurden die festen und flüssigen Excremente getrennt aufgefangen; der Harn wurde dann mit Schwefelsäure schwach angesäuert und in Pfannen eingedampft, der Rückstand mit den festen

---

[1]) Dingler's polyt. J. 1875. **216**. 92.
[2]) Dingler's polyt. J. 1857. **145**. 398
[3]) Thon, Gesundheit und Agricultur oder die Lösung der Latrinenfrage.

Excrementen, Knochenkohle, Knochenmehl u. dgl. vermischt. Diese Masse wurde nun zu Ziegeln geformt und an der Luft und dann durch künstliche Wärme ausgetrocknet. Obgleich die Fabrik überall nur die bei der Knochenkohlefabrikation entweichende Wärme verwendete, mußte sie doch schon nach wenigen Jahren die Herstellung der Poudrette aufgeben, weil ihr Fabrikat keinen genügenden Absatz fand, und doch war dasselbe offenbar werthvoller als alle übrigen Poudretten, welche den Harn gar nicht oder nur zum Theil verarbeiten.

Salviati, Röder und Eichhorn (a. a. O. S. 2) bemerken dazu: „Die Gründe, weshalb die Anstalt als Poudrettefabrik nicht hat bestehen können, liegen wohl darin, daß dieselbe ihr Fabrikat nicht zu einem Preise hat herstellen können, bei welchem der Landwirth dasselbe mit Nutzen verwenden konnte. Es ist dieses eine mit wenigen Ausnahmen in Betreff ähnlicher Unternehmungen überall wiederkehrende Wahrnehmung.“

Leuchtgas aus Fäcalien. Schon im J. 1827 stellte Reimann in Berlin Leuchtgas aus Fäcalien her; da dasselbe jedoch wesentlich theurer zu stehen kam, als aus Steinkohlen, so schlief die Sache bald wieder ein.[1]

Hickey[2] erhitzte die Cloakenstoffe in Retorten. Sobald die Gasentwicklung aufgehört hatte, wurde überhitzter Wasserdampf über den glühenden Retortenrückstand geleitet und das entwickelte Wasserstoffgas zur Beleuchtung oder Heizung, die Kohle zum Desodorisiren neuer Cloakenmassen verwendet.

Nach Darvin[3] wird der, durch Vermengung von Kalk mit Cloakenflüssigkeit erhaltene, schlammige Niederschlag getrocknet, pulverisirt und mit Petroleum vermengt auf Leuchtgas verarbeitet. Dem Retortenrückstand wird Ammoniumsulfat zugesetzt und derselbe dann als Dünger benutzt.[4]

Sindermann in Breslau stellt jetzt ebenfalls Leuchtgas aus Fäcalmassen dar. Dieselben werden in kleinen Mengen, etwa 2 bis 3^{k}, alle 15 bis 20 Minuten in eine erhitzte Retorte gebracht. 100^{k} Fäcalien erfordern 50^{k} Kohle und liefern angeblich 7,8 bis 9^{cbm}, bei Zusatz von 1 Proc. Eisendrehspänen aber 24^{cbm} Leuchtgas. Außerdem sollen erhalten werden: 6^{k},6 Kohle, zum Düngen verwendbar, 3^{k},3 Theer, 3^{k},3 Fett, welches zum Anstreichen der Abfuhrtonnen gebraucht wird, und große Mengen Ammoniakwasser.

Troschel[5] hat gefunden, daß Fäcaliengas schlechter und theurer

---

1) Industriebl. 1875. 235.
2) Dingler's polyt. J. 1870. 195. 378.
3) Dingler's polyt. J. 1875. 217. 425.
4) Vergl. auch Dingler's polyt. J. 1864. 174. 328.
5) Journal f. Gasbeleucht. 1875. 510.

ist als Steinkohlengas, daß Fäcalgasanstalten bei gleicher Leistungsfähigkeit doppelt so groß sein müssen als bei Verwendung von Kohlen, und daß die Reinigung dieses Gases bei größerem Betriebe gar nicht durchführbar ist.

Fäcalmassen enthalten im Durchschnitt 92,5 Proc. Wasser und 1,6 Proc. Asche (S. 101); zur Gewinnung von $5^{k},9$ organischer, zur Leuchtgasbereitung verwerthbarer Stoffe sind demnach $92^{k},5$ Wasser zu verdampfen, welche wieder in riesigen Kühlapparaten condensirt werden müssen. Während ferner eine Steinkohlengasanstalt kaum die Hälfte der aus den Kohlen gewonnenen Coks verbraucht, müssen bei Verwendung von Fäcalstoffen sehr große Mengen Brennmaterial beschafft werden.

Die Gewinnung größerer Gasmengen bei Zusatz von Eisendrehspänen kann wohl nur auf der Zersetzung von Wasser durch glühendes Eisen beruhen. Da

$$3\,Fe + 4\,H_2O = Fe_3\,O_4 + 4\,H_2,$$

so geben 168^{k} Eisen 8^{k} oder 89^{cbm} Wasserstoff, 1^{k} Eisen also, selbst wenn dasselbe völlig in $Fe_3\,O_4$ übergeführt würde, nur $0^{cbm},5$. Die Behauptung Sindermann's durch Zusatz von 1 Proc. Eisendrehspänen die Gasausbeute von 8 auf 24^{cbm} erhöhen zu können, kann demnach nur auf einem Irrthum beruhen.

Das Gaswasser wird in der Regel kaum 0,5 Proc. Ammoniak enthalten, daher weit schwerer verwerthbar sein als jenes aus Steinkohlen. Da ferner der als Nebenproduct gewonnene Theer und das angeblich erhaltene Fett (?) nur geringen Werth zu haben scheinen, die Bedienung der Apparate aber unverhältnißmäßig viel Arbeitskraft erfordert, so ist an eine Rentabilität dieses Verfahrens nicht zu denken.

Fäcalien als Brennmaterial. Die Verwendung der Fäcalien zu Brennmaterial wurde ebenfalls schon im J. 1827 von Reimann vorgeschlagen. Petri [1]) liefert nun zu den Tonnen, Eimern oder Closets ein Desinfectionsmittel (Torf mit Gyps und Phenol), welches mit den menschlichen Fäcalien zusammengerührt wird und dieselben geruchlos macht. Die lehmartige dunkle Masse wird abgefahren, noch einmal gerührt, in viereckige Ziegel gepreßt und an der Luft getrocknet. Angeblich ist es gelungen, selbst Küchenabfälle, Küchenwässer jeder Art durch dieses Verfahren vollständig zu desinficiren, indem dieselben in eine Tonne mit doppeltem Rost geführt werden, wo sich die Zusatzstoffe zwischen den Rosten befinden und die Wässer alsdann aus einer unterhalb des zweiten Rostes befindlichen Seitenöffnung klar und desinficirt (?) abfließen. Die Abgänge lassen sich alsdann gleichfalls als Fäcalsteine — wenn auch von etwas magerer Qualität — verarbeiten. Bezüglich der Verwerthung der Fäcalsteine legt Petri das Hauptgewicht darauf, sie als Brennmaterial

[1]) Dingler's polyt. J. 1874. 213. 258.

und die Asche zum Düngen zu verwenden, oder aber die Steine direct auf die Felder zu bringen. — Ohne Frage ist der Düngerwerth dieser Steine so gering, daß dieselben keinen weiteren Transport vertragen. Die einfachste Berechnung ergibt ferner, daß der Brennwerth derselben im günstigsten Falle einem schlechten Torf gleichzustellen ist, daß überhaupt die Anwendung der menschlichen Auswurfsstoffe als Brennmaterial die denkbar schlechteste sein würde, da der werthvollste Bestandtheil derselben, die Stickstoffverbindungen, hierbei völlig verloren gehen. Die Angabe, daß durch dieses Verfahren auch die flüssigen Abfälle, Küchenwässer u. dgl. unschädlich gemacht werden können, ist unwahr, die Behauptung, durch die Petri'sche Erfindung (?) sei die Canalisation der Städte überflüssig geworden [1]), ist mindestens lächerlich. [2])

Harn. Chevallier [3]) schlägt vor, den Harn mit Salzsäure zu versetzen, um ihn so ohne lästigen Geruch auf Bahnhöfen, in Schulen u. s. w. sammeln und an Landwirthe zum Düngen verkaufen zu können. Payen [4]) versetzt mit Kohle und Eisenvitriol. — Des hohen Wassergehaltes wegen eignet sich diese Verwendung des Harnes nur für kleinere Verhältnisse.

Stenhouse [5]) fällt den Harn mit Kalkmilch und verwendet den Niederschlag zum Düngen. Aehnlich Higgs [6]). Sussex [7]) versetzt die Pariser Abtrittsflüssigkeit mit Natronwasserglas, dann mit einer Säure und trocknet die gallertartige Masse aus. — Durch diese Fällungsmethoden geht jedenfalls der größte Theil des Stickstoffes verloren.

Scott [8]) will diese Flüssigkeiten durch eine Schicht Kalk und dann durch Magnesiumphosphat filtriren. Der Kalk soll die löslichen Phosphate zurückhalten und den Harnstoff unter Bildung von Ammoniak zersetzen, welcher nun von dem phosphorsauren Magnesium absorbirt wird.

Smith [9]) versetzt den gefaulten Urin mit Bittersalzlösung und sammelt das ausgeschiedene Ammoniummagnesiumphosphat. Boussingault [10]) fällt mit Chlormagnesium, Boblique [11]) mit phosphorsaurem Natrium und einer Magnesiumverbindung, Blanchard und Chateau [12]) verwenden Phosphorsäure und saures Magnesiumphosphat.

---

[1]) Industriebl. 1875. 74.
[2]) Vergl. Dingler's polyt. J. 1875. **217**. 520.
[3]) Dingler's polyt. J. 1852. **125**. 468.
[4]) Dingler's polyt. J. 1853. **130**. 381.
[5]) Dingler's polyt. J. 1845. **98**. 448.
[6]) Dingler's polyt. J. 1847. **104**. 68; 1849. **113**. 239.
[7]) Dingler's polyt. J. 1853. **129**. 390.
[8]) Berichte d. deutschen chem. Gesellsch. 1874. 1553; Bürkli S. 24.
[9]) Dingler's polyt. J. 1847. **103**. 468.
[10]) Dingler's polyt. J. 1847. **104**. 391.
[11]) Dingler's polyt. J. 1866. **179**. 408.
[12]) Dingler's polyt. J. 1867. **186**. 482; Berichte d. deutschen chem. Gesellsch. 1872. 943.

Krafft und Suquet[1]) versetzen den flüssigen Abortsinhalt mit Kalk, treiben bei gewöhnlicher Temperatur einen starken Luftstrom hindurch und lassen diese Ammoniak haltige Luft durch eine Lösung von Eisenvitriol streichen. Das gefällte Eisenhydrat wird zur Desinfection verwendet, die Lösung zur Gewinnung von Ammoniumsulfat eingedampft.

Der Apparat von Figuera[2]) wird zur Gewinnung des Ammoniaks aus dem gefaulten Harn zu Bondy angewendet. Auch Leloup[3]), Chapusot[4]) u. A.[5]) haben Vorschläge zur Gewinnung von Ammoniak aus Harn gemacht; bis jetzt ist jedoch diese Verwerthung des Urins unbedeutend und die daraus dargestellte Menge Ammoniak fast verschwindend gegen die aus dem Gaswasser erhaltene. Außerdem ist zu berücksichtigen, daß die hierzu erforderliche Fäulniß des Harnes nicht unbedenklich für die Umgebung ist. —

Wenn auch auf dem Lande die Verwerthung der menschlichen Excremente im frischen Zustande oder nach der Compostirung in der Regel vortheilhaft sein wird, so sind doch bis jetzt alle Versuche, größere Massen zu einem transportfähigen Dünger zu verarbeiten, mehr oder weniger fehlgeschlagen, und es scheint, als ob an eine rentable Poudrettefabrikation überhaupt nicht zu denken ist. Viel günstiger sind dagegen die Versuche ausgefallen, sämmtliche menschliche Excremente mit den städtischen Schmutzwässern zusammen zur Berieselung anzuwenden (s. diese).

Trotzdem wird noch behauptet[6]), „daß nicht allein der Landwirth die Forderung stellen darf, daß die Fäcalmassen möglichst der Landwirthschaft erhalten bleiben, ohne daß für ihn diese Erhaltung mit besonderen Opfern verbunden ist, sondern daß auch die Regierungen für die Durchführung von Systemen Sorge tragen sollten[7]), welche der Landwirthschaft alle, oder wenigstens den größeren Theil der Fäcalien wieder zuführen. Ob bei der Verarbeitung derselben ein Deficit resultirt, welches übrigens nie (?) sehr bedeutend sein dürfte, kann meines Erachtens gar nicht in Betracht kommen; man bringe es durch eine angemessene Steuer wieder ein, welche der Städter bezahlen muß, weil dadurch (?) die sanitären Verhältnisse gebessert werden, und der Landwirth bezahlen wird, wenn auch nicht für den Dünger als solchen, dessen Preis stets durch die Concurrenz geregelt wird, so doch durch die entsprechend

---

[1]) Dingler's polyt. J. 1849. **113**. 312.

[2]) Dingler's polyt. J. 1862. **166**. 201; Wagner's Jahresber. 1861. 201; 1864. 190.

[3]) Wagner's Jahresber. 1860. 197.

[4]) Berichte d. deutschen chem. Gesellsch. 1873. 457.

[5]) Berichte d. deutschen chem. Gesellsch. 1872. 541; Muspratt, Technische Chemie, Bd. 1. S. 683.

[6]) Organ des Central-Vereins für Rübenzucker-Industrie in Oesterreich, 1874. 115.

[7]) Vergl. auch Gruber u. Brunner S. 1 u. 40.

den Erträgen im Laufe der Jahre wachsende Grundsteuer. Ich bin der Ansicht, daß eine Fabrikation von Poudrette aus menschlichen Excrementen, welcher eine größere Bedeutung zugeschrieben werden könnte, nur dann ins Leben treten wird, wenn der Staat sich dieser Frage annimmt; Privatunternehmungen werden nie solchen Gewinn aufweisen, daß dadurch große Capitalmassen für diese Unternehmungen flüssig werden." — Auf derartige Forderungen ist kaum eine ernste Antwort möglich.

Industrieabfälle.

Wenn auch die Industrieabfälle meist nicht so ekelhaft sind als die menschlichen Excremente, so ist doch ihre Beseitigung und Verwerthung nicht minder wichtig. Während die Abfälle einiger Fabriken gradezu giftig, anderer mindestens sehr bedenklich und für die Fischzucht verderblich sind, können wieder andere Industrieabfallstoffe durch ihre Massenhaftigkeit sehr lästig werden. Hier gilt es nicht nur, dieselben mit möglichst geringen Kosten unschädlich zu machen und zu beseitigen, sondern auch dieselben möglichst vortheilhaft zu verwerthen.

1. Bergbau und Hüttenwesen.

Steinkohlengruben. Poleck[1]) hat gezeigt, daß die Abwässer einer Anzahl von Steinkohlengruben bei Orzesche in Oberschlesien dem kleinen Birawkaflusse freie Schwefelsäure, Ferri- und Ferrosulfat, Spuren von Nickelsulfat und andere Verbindungen zuführten. In dem Flusse und in zwei großen Teichen, welche von demselben durchflossen werden, bildete sich ein starker Absatz von Eisenoxyd mit etwas Nickel und Mangan. Das Wasser des Flusses und der Teiche reagirte sauer, und war weder zum Trinken noch zum Kochen und Waschen verwendbar; sämmtliche Fische starben und alle Versuche, aufs neue Fische in den Teichen anzusiedeln, schlugen fehl. 1 l dieser Wässer enthielt:

---

[1]) Poleck, Beiträge zur Kenntniß der chemischen Veränderung fließender Gewässer.

	Orzescher Grubenwasser	Birawkawasser vor dem Einfluß d. Grubenwasser	Birawkawasser nach dem Einfluß d. Grubenwasser
Schwefelsäure (SO_3)	1,278g	0,005g	0,209g
Chlor	0,004	0,008	—
Kieselsäure	0,046	—	0,019
Kali	0,016	0,001	0,002
Natron.	0,018	0,005	0,008
Kalk	0,256	0,029	0,079
Magnesia	0,119	0,005	0,025
Eisenoxydul	0,010*)	—	0,011
Eisenoxyd	0,229	0,003	0,006
Manganoxyd, Thonerde.	0,102	0,001	—
Freie Schwefelsäure	0,152g	—	0,029g

*) An Ort und Stelle 0,441g Ferrisulfat ($FeSO_4 = FeO,SO_3$).

Das Abwasser aus Schwefelkiesgruben ist ähnlich zusammengesetzt; zur Bewässerung der Wiesen darf dasselbe nicht verwendet werden.

Derartige Grubenwässer sollten nur dann in die Flüsse eingelassen werden, wenn sie vorher durch große, flache Behälter über Kalkstein geleitet sind.

Kohlenstaub. Nach Gardner fördert England jährlich 144 Millionen Tonnen Kohlen, wovon jedoch über 20 Millionen als Kohlenstaub abfallen. Von der Förderung abgesehen, bleibt eine große Masse dieses Staubes in den Werken selbst, begräbt dort die Großkohle und hindert außerordentlich die bergmännische Arbeit; die Menge dieses jährlich abfallenden Kohlenstaubes wird auf 100 Millionen Tonnen geschätzt. Diese Massen bleiben durchweg unbenutzt und bedecken in den Kohlenbezirken viele Tausend Hektaren Landes. Daß sich auch in Deutschland in ähnlicher Weise große Quantitäten Kohlenstaub anhäufen, ist bekannt.

Da der Kohlenstaub für gewöhnliche Feuerungsanlagen nicht verwendbar ist, so sind besondere Vorrichtungen erforderlich, durch die der Staub dem Feuer zugeführt wird, wie sie von Crampton[1]), Whelpley und Storer[2]), Vogl und Schwind[3]) u. A.[4]) angegeben sind, oder d... Kohlenabfall muß, soweit er nicht zur Coksfabrikation verwendbar ... festen Stücken geformt werden.

—

...er's polyt. J. 1871. 200. 358; Wagner's Jahresber. 1871. 914.
...r's polyt. J. 1872. 206. 125; Wagner's Jahresber. 1872. 906;

... polyt. J. 1861. 159. 188 u. 191.
...olyt. J. 1875. 216. 201.

Bessemer[1]) (engl. Pat. 20. Sept. 1849) und Rees[2]) (Pat. 18. Jan. 1851) pressen die durch Erhitzen erweichten Steinkohlenabfälle in Blöcke; in ähnlicher Weise stellte Setter[3]) seine briquettes de charbon her.

Zur leichteren Herstellung dieser Preßkohlen wurden die verschiedensten Bindemittel vorgeschlagen. Nach Weinert[4]) wird der Kohlenabfall mit fettem Torf zu Ziegeln geformt, Stirling mischt mit Theer und Lehmwasser und trocknet die fertigen Steine bei 120° (engl. Pat. 20. März 1840). Marsais[5]) stellte seit 1836 seine künstlichen „Peras" durch Mischen von Steinkohlenabfall mit 7—8 Proc. Steinkohlentheer her; ähnlich die Briquettefabriken von Givors und Chazotte[6]) und Dehaynin und Hamoir.[7])

Um das, bei Anwendung von Theer erforderliche, lästige Trocknen zu vermeiden, vermischt Dobree[8]) (Pat. 17. Febr. 1844) zur Herstellung seines „Carboleïns" den Kohlenstaub mit Asphalt. Auch zu Brandeisl in Böhmen[9]) und bei Lüttich[10]) verwendet man mit bestem Erfolge Steinkohlenpech (Asphalt, brai sec). Aehnlich sind die Verfahren von Wylam[11]), Kayser[12]) u. A.[13])

Lodge[14]) (engl. Pat. 13. Oct. 1871) verwendet als Bindemittel Theer und Mehlkleister, Riegel[15]) Mehlkleister (Migma), Batemann[16]) Blut, Eiweiß und Kalk, Abel[17]) (engl. Pat. 28. Nov. 1872) Kalkwasser und Johnson[18]) (engl. Pat. 6. Mai 1872) Petroleum.

Gardner[19]) mischt den Kohlenstaub mit etwas Cement und formt zu Kugeln oder Würfeln; Martin[20]) mischt mit Kalk und Thon (engl.

---

[1]) Dingler's polyt. J. 1851. 120. 409; Wagner's Jahresber. 1861. 712.
[2]) Dingler's polyt. J. 1851. 122. 184.
[3]) Wagner's Jahresber. 1855. 458.
[4]) Dingler's polyt. J. 1842. 84. 160
[5]) Dingler's polyt. J. 1851. 119. 420.
[6]) Dingler's polyt. J. 1859. 154. 336.
[7]) Wagner's Jahresber. 1855. 462; 1856. 433.
[8]) Dingler's polyt. J. 1844. 94. 244.
[9]) Dingler's polyt. J. 1861. 159. 30; vergl. Wagner's Jahresber. 1863. 760.
[10]) Dingler's polyt. J. 1860. 157. 105; Wagner's Jahresber. 1860. 651.
[11]) Wagner's Jahresber. 1861. 711; vergl. auch 1862. 728.
[12]) Wagner's Jahresber. 1868. 800.
[13]) Dingler's polyt. J. 1865. 178. 464; Berichte der deutschen chem. Gesellsch. 1872. 998; 1873. 1475.
[14]) Berichte d. deutschen chem. Gesellsch. 1872. 489.
[15]) Dingler's polyt. J. 1870. 195. 44; Wagner's Jahresber. 1870. 778.
[16]) Wagner's Jahresber. 1872. 896.
[17]) Berichte d. deutschen chem. Gesellsch. 1874. 1033.
[18]) Berichte d. deutschen chem. Gesellsch. 1873. 1141.
[19]) Praktisch. Maschinenconstruct. 1872.
[20]) Berichte d. deutschen chem. Gesellsch. 1874. 1554.

Pat. 20. Febr. 1873), Deere[1]) mit Wasserglas und Thon (engl. Pat. 5. Aug. 1872).

Henoch[2]) gibt an, daß zur Herstellung guter Briquettes ein Zusatz von backender Kohle erforderlich sei. Nach Loiseau[3]) gibt jedoch Anthracitkohlenabfall, mit Thon zusammen gepreßt, ein sehr gutes Brennmaterial; Theer genügt hierbei nicht. In ähnlicher Weise sind Coksabfälle zu verwerthen.[4])

Die Verwerthung von Braunkohlenstaub ist beschrieben von Tasche[5]), Exter[6]), Zinken[7]), Friedrich[8]), Jacobi[9]), Albrecht[10]) und Naumann.[11]) In England will man aus den Kohlenstaub Ziegel zum Hausbau herstellen[12]); wegen der Feuersgefahr ist diese Verwendung nicht empfehlenswerth.

Steinkohlenschlacken. Bei den durchweg noch mangelhaften Feuerungsanlagen und der geringen Sorgfalt, welche auf dieselben verwendet wird, bestehen die Steinkohlenschlacken und Aschenreste der Fabriken und Haushaltungen oft zur Hälfte aus Coks, welche noch zu Heizungszwecken verwendet werden sollten.

Maschinen und Vorrichtungen zur Gewinnung dieser Coks sind beschrieben von Ludewig[13]), Schmidt[14]), Sievers[15]), Chary[16]) und Anderen.[17])

Schlacken werden ferner verwendet zum Concretbau[18]) und, mit hydraulischem Kalk vermischt, zur Herstellung der sogenannten vulkanischen Bausteine.[19]) Die Verwendung zum Bessern der Wege u. dgl. ist bekannt.

---

[1]) Berichte d. deutschen chem. Gesellsch. 1874. 600.
[2]) Dingler's polyt. J. 1863. **170.** 100.
[3]) Dingler's polyt. J. 1872. **204.** 364; 1873. **210.** 437; Wagner's Jahresber. 1873. 964.
[4]) Wagner's Jahresber. 1858. 626.
[5]) Wagner's Jahresber. 1859. 688.
[6]) Wagner's Jahresber. 1859. 689.
[7]) Dingler's polyt. J. 1860. **156.** 5; **157.** 59 u. 103.
[8]) Dingler's polyt. J. 1860. **156.** 355.
[9]) Dingler's polyt. J. 1870. **195.** 473.
[10]) Zeitschrift d. Ver. deutscher Ing. 1873. 578.
[11]) Wagner's Jahresber. 1873. 957.
[12]) Industriebl. 1874. 388.
[13]) Dingler's polyt. J. 1867. **186.** 441.
[14]) Dingler's polyt. J. 1868. **187.** 209; Wagner's Jahresber. 1867. 776.
[15]) Dingler's polyt. J. 1867. **186.** 75.
[16]) Dingler's polyt. J. 1873. **209.** 236.
[17]) Dingler's polyt. J. 1845. **95.** 488; Zeitschrift d. Ver. deutscher Ingen. 1867. 519.
[18]) Dingler's polyt. J. 1826. **20.** 107; 1872. **206.** 156; Industriebl. 1871. 407; Berndt, der Asche- und Erdstampfbau (Leipzig, Scholtze).
[19]) Dingler's polyt. J. 1873. **208.** 77; Wagner's Jahresber. 1864. 352; 1867. 388; 1873. 521.

Asche. Wagner[1]) empfiehlt die Asche der Bogheadkohle zur Alaunfabrikation, Stohmann[2]) Braunkohlenasche zu Düngerzwecken; noch besser scheint sich hierzu die Steinkohlenasche zu eignen.[3]) Holzasche wird bekanntlich zur Gewinnung von Potasche und zum Düngen verwendet.

Ruß. König[4]) berechnet den Düngerwerth von 100^k Steinkohlenruß auf 1,5 Mark.

Hochofenschlacken. Die passende Verwendung derselben ist um so wichtiger, als bei der Gewinnung des Eisens etwa das fünffache Volumen desselben an Schlacke erhalten wird, welche sich zum Wegbau nur dann eignet, wenn sie durch sehr langsame Abkühlung entglast wurde.

Kühn[5]) empfiehlt die Schlacke zu Heizzwecken; allerdings wird sie hierdurch nicht beseitigt.

Die Gewinnung von Eisen aus Eisenschlacken ist mit mehr oder minder günstigem Erfolg versucht von Calvert[6]), Lang[7]) Minary[8]), Crawshay[9]) u. A.[10])

Um die Schlacke zu Bauzwecken verwenden zu können, wird sie direct in Formen gebracht und dann langsam abgekühlt[11]) oder granulirt und mit Kalk zu Steinen geformt.[12]) In Osnabrück z. B. wurden im Jahre 1874 über 6000000 Stück solcher Schlackenziegel hergestellt. Auch zum Formen und zur Mörtelbereitung wird dieser Schlackensand verwendet.[13])

Schlacke eignet sich ferner zur Herstellung von Cement[14]); in Eng-

---

[1]) Wagner's Jahresber. 1859. 686.

[2]) Dingler's polyt. J. 1868. **189**. 271.

[3]) Dingler's polyt. J. 1833. **50**. 80; 1873. **208**. 64.

[4]) Landwirthschaftl. Zeitung f. Westphalen. 1874. 373; vergl. Dingler's polyt. J. 1850. **115**. 240; Wagner's Jahresber. 1872. 912.

[5]) Dingler's polyt. J. 1862. **165**. 156; Wagner's Jahresber. 1862. 731.

[6]) Dingler's polyt. J. 1855. **136**. 456; 1856. **141**. 45; Wagner's Jahresber. 1855. 9; 1856. 22.

[7]) Dingler's polyt. J. 1862. **163**. 158; Wagner's Jahresber. 1861. 33; 1862. 22.

[8]) Dingler's polyt. J. 1865. **175**. 404; Wagner's Jahresber. 1865. 53.

[9]) Dingler's polyt. J. 1867. **186**. 333; Wagner's Jahresber. 1868. 54.

[10]) Wagner's Jahresber. 1859. 44; Berichte der deutschen chemischen Gesellsch. 1872. 651; Muspratt, Technische Chemie, Bd. 2. S. 611 u. 877.

[11]) Dingler's polyt. J. 1863. **170**. 398; 1872. **206**. 458; Wagner's Jahresber. 1864. 252.

[12]) Dingler's polyt. J. 1871. **199**. 74; 1872. **206**. 459; 1873. **208**. 292 u. 330; **210**. 273; Wagner's Jahresber. 1871. 21; Zeitschrift d. Ver. deutscher Ingen. 1874. 321; 1875. 186.

[13]) Dingler's polyt. J. 1863. **168**. 463; Wagner's Jahresber. 1863. 54; 1869. 364.

[14]) Dingler's polyt. J. 1847. **106**. 321; 1872. **206**. 461; 1873. **208**. 57; Wagner's Jahresber. 1870. 343; Industriebl. 1872. 418.

land und Belgien wird sie mit Erfolg in der Glasfabrikation verwendet.[1])

Hochofenschlacke kann auch verwendet werden zur Gewinnung von Alaun[2]), von reiner Kieselerde zur Porzellanfabrikation und zur Darstellung von Eisenvitriol.[3])

Von anderer Seite wird sie zum Düngen[4]) empfohlen; Parry[5]) will sie zu diesem Zweck vorher mittels Wasserdampf in feine Fasern zertheilen.

Die Herstellung dieser Schlackenwolle ist namentlich auf der Georgs-Marienhütte bei Osnabrück vervollkommnet; 100^{k} werden mit 8,8 Mark bezahlt. Als schlechter Wärmeleiter eignet sich diese Schlackenwolle namentlich zur Einhüllung von Dampf- und Wasserleitungen.[6])

Metallabfälle. Eisenfeil- und Eisendrehspäne werden mit Wasser oder Kochsalzlösung zu Ziegeln geformt und dann verhüttet[7]), gemischte Messing- und Eisenbohrspäne durch Magnetismus getrennt oder verschmolzen.[8])

Besonders zahlreich sind die Vorschläge zu Wiedergewinnung des Zinns aus den Abfällen verzinnter Metalle, namentlich den Weißblechabfällen. Fuchs[9]) behandelt die Abfälle mit Salzsäure und etwas Salpetersäure und fällt die Lösung mit Zink. Trottier[10]) (engl. Pat. 21. Febr. 1871) verwendet Salzsäure und fällt das gelöste Zinn mit Zink oder Eisen in Pulverform; ebenso Morton (engl. Pat. 8. Juni 1872). Auch Ott[11]) fällt diese Lösung mit Zink und Gutensohn[12]) (engl. Pat. 22. Jan. 1873) trennt das Eisen durch Ammoniak.

Moulin[13]) (franz. Pat. 9. März 1871) behandelt die Abfälle mit gasförmiger Salzsäure, Brök[14]) mit Salzsäure und Schwefelsäure und Haseltine (engl. Pat. 10. Dec. 1873) mit Salzsäure und dann mit Wasserglas.[15])

---

[1]) Dingler's polyt. J. 1868. 188. 192; 1872. 206. 459.
[2]) Dingler's polyt. J. 1869. 193. 518; 194. 251.
[3]) Dingler's polyt. J. 1867. 183. 76.
[4]) Dingler's polyt. J. 1849. 113. 133; 1872. 206. 461.
[5]) Dingler's polyt. J. 1864. 174. 383.
[6]) Dingler's polyt. J. 1873. 209. 314; 210. 276; Zeitschrift d. Vereins deutscher Ingen. 1875. 185.
[7]) Dingler's polyt. J. 1861. 161. 189; Berichte d. deutschen chem. Gesellsch. 1874. 659; Wagner's Jahresber. 1861. 19; vergl. auch 1857. 29.
[8]) Dingler's polyt. J. 1870. 197. 18; 1872. 205. 384.
[9]) Dingler's polyt. J. 1866. 179. 83; Wagner's Jahresber. 1866. 35.
[10]) Berichte d. deutschen chem. Gesellsch. 1871. 891; 1873. 1475.
[11]) Dingler's polyt. J. 1872. 203. 74; 205. 440; 206. 198 u. 462; Wagner's Jahresber. 1872. 54; 1873. 69.
[12]) Berichte d. deutschen chem. Gesellsch. 1874. 1466.
[13]) Berichte d. deutschen chem. Gesellsch. 1873. 1138.
[14]) Wagner's Jahresber. 1859. 128; 1869. 31.
[15]) Berichte d. deutschen chem. Gesellsch. 1875. 783.

Young verwendet salpetersaures Natrium, Roberts Natronsalpeter und Aetznatronlösung.[1]) Grüne[2]) und Zenger[3]) (Pat. 18. Oct. 1873) nehmen Kochsalz und Natron mit etwas Salpeter oder Braunstein.

Hauberg[4]) will die Abfälle sogar mit Quecksilberdämpfen behandeln (engl. Pat. 21. Aug. 1873).

Jäckel[5]) und Becks[6]) machen Vorschläge zur Verwerthung verschiedener Zinkabfälle. Stölzel[7]) bespricht die Wiedergewinnung des Silbers aus versilbertem Kupfer.

Flüssige Abfälle aus Metallwaarenfabriken. Die Abwässer von Eisenwaarenfabriken, Drahtziehereien u. dgl., welche mit Schwefelsäure beizen, sind sauer und enthalten so viel Eisenvitriol, daß ihr Einlauf in die öffentlichen Canäle und Flüsse nicht gestattet werden kann, bevor sie nicht mit Kalk behandelt sind. Kugel[8]) empfiehlt dieselben abzudampfen und auf Eisenvitriol zu verarbeiten.

Jacobi[9]) gewinnt aus der beim Entphosphoren der Eisenerze erhaltenen Flüssigkeit Alaun und Phosphorsäure.

Aus der zum Abbeizen von Messingartikeln benutzten Flüssigkeit, welche schwefelsaures Kupfer und schwefelsaures Zink enthält, wird das Kupfer durch Zink gefällt; die zurückbleibende Flüssigkeit gibt beim Abdampfen Zinkvitriol.[10])

Böttger[11]) bespricht die Verwerthung der Flüssigkeiten, welche zum Vergolden und Versilbern, Lauder[12]) derjenigen, welche zum Verzinnen gedient haben.

Abwasser von Neusilberfabriken enthält viel Calcium-, Magnesium- und Natriumverbindungen und selbst 1 Proc. freie Säure.

Canalwasser der Galvanisirwerke ist durch Calcium-, Magnesium-, Eisen- und Zinksalze verunreinigt und enthält bis 2 Proc. freie Säure.

Derartige saure Wässer greifen das Mauerwerk an, dürfen daher nicht in die öffentlichen Canäle oder Flüsse geleitet werden, bevor sie nicht durch Behandlung mit Kalkmilch entsäuert und von den für den Pflanzenwuchs schädlichen Metallen befreit sind.

---

1) Wagner's Jahresber. 1865. 389; 1859. 260.
2) Wagner's Jahresber. 1857. 174.
3) Berichte d. deutschen chem. Gesellsch. 1875. 278.
4) Berichte d. deutschen chem. Gesellsch. 1875. 181.
5) Wagner's Jahresber. 1862. 157; vergl. auch 1870. 33.
6) Berichte d. deutschen chem. Gesellsch. 1873. 1323.
7) Dingler's polyt. J. 1859. **154**. 51; Wagner's Jahresber. 1859. 105.
8) Dingler's polyt. J. 1871. **202**. 304; Zeitschrift d. Vereins deutscher Ingen. 1871. 670.
9) Dingler's polyt. J. 1871. **201**. 245; 1874. **212**. 486.
10) Dingler's polyt. J. 1859. **154**. 145; Wagner's Jahresber. 1859. 106.
11) Wagner's Jahresber. 1859. 71.
12) Wagner's Jahresber. 1872. 354; Berichte d. deutsch. chem. Ges. 1872. 593.

Schädliche Gase.

Die Atmosphäre wird nicht nur durch Hütten verunreinigt, sondern auch durch chemische Fabriken und, wenn auch im geringerem Grade, durch einige Gewerbe. Der leichteren Uebersicht wegen sollen sie hier zusammen besprochen werden.

Steinkohlenrauch. Daß Rauch im hohen Grade lästig ist, wird Niemand bestreiten; schädlich für die Vegetation ist der Steinkohlenrauch, nach den bisherigen Beobachtungen, nur durch seinen Gehalt an Schwefeldioxyd (vergl. dieses).

Stöckhardt[1]) berichtet, daß Ziegeleien, mit Steinkohlen und auch mit Torf betrieben, für den Pflanzenwuchs schädlich sind. Die strichweisen Beschädigungen durch den, von zwei inmitten von Waldungen liegenden (mit Torf betriebenen) Ziegeleien, entwickelten Rauch waren so stark, daß der Fiskus, dem die Waldungen gehörten, die Ziegeleien ankaufte und eingehen ließ. Um diesen Rauch für die Vegetation unschädlich zu machen, genügt nach Steinhart eine Entfernung von 70—125^{m} für Feldziegelöfen oder Oefen älterer Construction, 35—50^{m} für geschlossene Oefen mit 18^{m} hohem Schornsteine. Fikentscher theilt mit, daß nach den in der Nähe von Zwickau gemachten Erfahrungen eine Entfernung von 630^{m} selbst die empfindlichste Vegetation gegen die Wirkung gewaltiger Rauchmassen schützt. Am schädlichsten ist im Allgemeinen der Rauch der Coksöfen, Dampfkesselfeuerungen u. dgl.[2]), da dieser die meiste schweflige Säure enthält; die schädliche Wirkung eines Coksofens ließ sich 250^{m} weit nachweisen. Weniger bedenklich ist der Rauch aus Ziegeleien, da die Magnesia und der Kalk des Lehmes die schweflige Säure zum Theil zurückhalten; Schwefelkies haltiger Thon wird jedoch mehr Säure liefern. — Auch Kerl[3]) bestätigt die schädliche Wirkung des Rauches aus Feldziegeleien.[4])

Der Rauch aus Kalköfen soll namentlich den rothen Trauben schädlich sein.[5]) Für gewöhnlich wird er wenig bedenklich sein, da hier fast aller Schwefel von dem Kalke gebunden wird. — Tardieu fordert für Kalköfen 150^{m} Entfernung von jeder Wohnung und einen Schornstein, welcher höher ist, als die Dächer der Wohnhäuser, Pappenheim nicht mehr Vorsicht als für jede andere Feuerstelle.[6])

---

[1]) Der chemische Ackersmann 1863. 225; 1872. 24; vergl. Dingler's polyt. J. 1865. 178. 296.

[2]) Dingler's polyt. J. 1843. 90. 374.

[3]) Thonwaarenindustrie S. 207.

[4]) Vergl. Dingler's polyt. J. 1827. 25. 156.

[5]) Dingler's polyt. J. 1843. 90. 415; 1845. 98. 181.

[6]) Mittheil. d. Gewerbever. f. Hannover 1873. 97; Vierteljahrschr. f. öffentl. Gesundheitspfl. 1869. 566.

Daß die Entwicklung von Rauch vermieden oder doch bis zur Erträglichkeit beschränkt werden kann [1]), bedarf keines weitern Nachweises. — Wagner [2]) und Manning empfehlen die Gewinnung des im Rauche enthaltenen Ammoniaks; Todd [3]) macht Vorschläge zur Ausnutzung der Kohlensäure und der schwefligen Säure der Verbrennungsgase.

Hüttenrauch. Napier [4]) hat nachgewiesen, daß der Flugstaub der Schmelzöfen bis 30 Proc. Silber, 4 Proc. Kupfer und Gold enthält; Vivian [5]) bespricht die Dämpfe aus Kupferröstöfen.

Bei der Darstellung von Blei, namentlich in Flammenöfen, verflüchtigen sich 10 Proc. und mehr Bleioxyd, welches selbst in 12^{km},8 langen Flugstaubkammern nicht völlig niedergeschlagen wird; besser wird die Condensation unter Mitwirkung von zerstäubtem Wasser erreicht.[6])

In der Nähe der Zinkhütten haben Pelzner und Bohl [7]) in Blättern und Baumrinden über 0,5 Proc. Bleioxyd und Zinkoxyd nachgewiesen.

Das Schwefeldioxyd, die Arsen- und Zinkverbindungen können auch bei den heutigen Condensationsvorrichtungen in die Atmosphäre entweichen, Pflanzen und die damit gefütterten Thiere vergiften. Die Halsberger und Muldener Hütten bei Freiberg hatten im Jahre 1864 über 55000 Mark, nach Einführung besserer Condensation im Jahre 1870 nur noch 4783 Mark Entschädigung zu zahlen.[8])

Nach einer Berechnung Leplay's [9]) werden allein von den Hütten in Süd-Wales der Atmosphäre jährlich 92000^{t} Schwefeldioxyd zugeführt. Die zerstörende Wirkung desselben ist so groß, daß die benachbarten Hügel von allem Pflanzenwuchs entblößt sind.

Schwefeldioxyd (schweflige Säure) wird namentlich beim Rösten der Kiese und Blenden, in Ultramarin- und in Sodafabriken entwickelt. Nach Schröder [10]) nehmen die Blattorgane dieses Gas aus einer Luft auf, welche nur 0,0002 Vol. desselben enthält, die Transpiration wird benachtheiligt und die Pflanzen gehen bald zu Grunde. Die Wirkung ist am Tage stärker als des Nachts. Nach den Beobachtungen von

---

[1]) Vergl. Dingler's polyt. J. 1873. **210**. 234; 1875. **216**. 201.

[2]) Wagner's Jahresber. 1862. 249.

[3]) Berichte d. deutschen chem. Gesellsch. 1874. 132.

[4]) Wagner's Jahresber. 1860. 88.

[5]) Dingler's polyt. J. 1823. **12**. 257.

[6]) Wagner's Jahresber. 1865. 207; Dingler's polyt. J. 1822. **10**. 278.

[7]) Dingler's polytechn. J. 1863. **169**. 204; Wagner's Jahresbericht 1863. 184.

[8]) Dingler's polyt. J. 1873. **208**. 235; Wagner's Jahresber. 1864. 156; 1873. 180.

[9]) Wagner's Jahresber. 1864. 155.

[10]) Dingler's polyt. J. 1873. **207**. 87; Wagner's Jahresber. 1874. 277.

Stöckhardt[1]) sind Nadelhölzer im allgemeinen weit empfindlicher, als Laubhölzer, namentlich leiden am ersten Tanne und Fichte, dann Kiefer und Lärche. Von den Laubhölzern sind Weißdorn, Weißbuche, Birke und Obstbäume am empfindlichsten; ihnen folgen Haselnuß, Roßkastanie, Eiche, Rothbuche, Esche, Linde und Ahorn; am widerstandsfähigsten erwiesen sich Pappel, Erle und Eberesche. In den durch Schwefligsäuregas corrodirten und getödteten Pflanzentheilen läßt sich keine schweflige Säure nachweisen, wohl aber eine größere Menge von Schwefelsäure, als in den gleichen und gleichzeitig gesammelten Pflanzentheilen aus rauchfreien Gegenden. Daß Schwefeldioxyd der Gesundheit schaden, durch Desinfection der Luft aber auch nützen kann, ist selbstverständlich.[2])

Reich[3]) will die schweflige Säure des Hüttenrauches durch Schwefelbaryum unschädlich machen und verwerthen, Gerland[4]) verwendet sie zur Phosphorbereitung.

In der Alaunfabrik bei Lüttich wird das Schwefeldioxyd vom Verhütten der Zinkblende über die alten Alaunschiefer geleitet und diese dadurch aufgeschlossen.[5])

Zur Condensation des, bei der Verarbeitung der Kupfernickelerze gebildeten, Hüttenrauches werden mit Erfolg Coksthürme und Sodalösung oder mit Kalkstein gefüllte Thürme angewendet.[6])

Gentele[7]) will das Schwefeldioxyd, welches in großen Mengen bei der Ultramarinfabrikation entweicht, zur Gewinnung von Schwefelsäure verwenden. — Für die Verwerthung und Beseitigung derartig unregelmäßig entwickelter und durch die Verbrennungsgase verdünnter Gase eignet sich vielleicht das Hargreaves'sche Verfahren[8]) besser.

Besonders wichtig ist die Verwerthung der, beim Rösten der schwefelhaltigen Erze entwickelten, schwefligen Säure zur Schwefelsäurefabrikation[9]), umsomehr als durch den Bleikammerproceß auch die großen Massen Arsen condensirt werden.[10])

Eine belgische Commission[11]) berichtet, daß aus zwei Schwefelsäurefabriken täglich 400^{cbm} Schwefeldioxyd entwichen. Obgleich bei ge-

---

[1]) Der chemische Ackersmann 1872. 24; Wagner's Jahresber. 1874. 278; Polyt. Notizbl. 1875. 79.

[2]) Hirt, Gasinhalationskrankheiten (Breslau 1873) S. 68.

[3]) Wagner's Jahresber. 1858. 92.

[4]) Wagner's Jahresber. 1864. 186; 1869. 223.

[5]) Wagner's Jahresber. 1866. 108; Beilstein, Chemische Großindustrie auf der Wiener Weltausstellung, S. 49.

[6]) Wagner's Jahresber. 1870. 119.

[7]) Dingler's polytechn. J. 1856. 140. 223; Wagner's Jahresbericht 1856. 125.

[8]) Dingler's polyt. J. 1875. 215. 58.

[9]) Dingler's polyt. J. 1867. 186. 409; Wagner's Jahresber. 1866. 106.

[10]) Dingler's polyt. J. 1873. 207. 141; 1874. 213. 25.

[11]) Dingler's polyt. J. 1857. 145. 377.

regeltem Betriebe dieser Verlust geringer ist, wird die Verunreinigung der Atmosphäre wohl nie völlig zu vermeiden sein.[1])

Wagner[2]) macht auf die Wichtigkeit der Condensation des Schwefeldioxydes bei der Fabrikation des Glaubersalzglases aufmerksam.

Schwefelwasserstoff entwickelt sich namentlich bei der Verarbeitung der Sodarückstände; auch über die schädliche Wirkung dieses Gases liegen Erfahrungen vor.[3])

Salpetersäure. Die Entweichung von Stickstoffsauerstoffverbindungen aus den Bleikammern wird durch den jetzt allgemein eingeführten Gay-Lussac-Thurm[4]) verhindert oder doch so beschränkt, daß hierüber keine Klagen geführt werden.

Chlorwasserstoff (Salzsäure). Eine belgische Commission hat nachgewiesen, daß aus 4 Sodafabriken täglich 2400^{cbm} Chlorwasserstoff in die Atmosphäre entweichen. Gegen dieses Gas sind namentlich die Weißbuche und Eiche, weniger Apfel und Birne, am geringsten die Erle empfindlich. Die schädliche Wirkung einer Sodafabrik erstreckt sich nach derselben nicht über 2000 und nicht unter 600^{m}.[5]) Aehnliche Beobachtungen über die Schädlichkeit dieser sauren Dämpfe sind in Berlin gemacht.[6])

In Westphalen hat sich gezeigt, daß durch diese Gase die Vegetation selbst in einer Entfernung von 1000^{m} zerstört war. Namentlich hatten Buchen, Eichen, Obstbäume und Wein gelitten; Weizen, Roggen, Gerste, Hafer waren wie versengt.[7])

Nach der Alkali act v. 1. Januar 1874 werden in England durchschnittlich 98,7 Proc. der entwickelten Salzsäure condensirt, während früher von den 89 Sodafabriken Englands wöchentlich etwa 4000^{t} (1260,000^{cbm}) Chlorwasserstoff in die Luft geschickt wurden.[8]) Nach den neuesten Bestimmungen[9]) dürfen die aus dem Schornstein oder sonst wie entweichenden Gase aus Sodafabriken und Kupferhütten im Cubikfuß (28,315^{l}) nicht mehr als 0,2 Grain (13^{mg}) Chlorwasserstoff enthalten.

Vorrichtungen zur Condensation der Salzsäure sind angegeben und

---

1) Vergl. Dingler's polyt. J. 1862. **164**. 316; 1873. **207**. 142.

2) Dingler's polyt. J. 1875. **215**. 17.

3) Dingler's polyt. J. 1871. **200**. 337; Wagner's Jahresber. 1869. 192.

4) Dingler's polyt. J. 1875. **215**. 56; Knapp, Chemische Technologie, Bd. 1. II. S. 322.

5) Dingler's polyt. J. 1857. **145**. 432.

6) Dingler's polyt. J. 1871. **200**. 337; Wagner's Jahresber. 1871. 707.

7) Wagner's Jahresber. 1874. 277; Naturforsch. 1871. 391; Archiv d. Pharm. **197**. 252.

8) Dingler's polyt. J. 1866. **182**. 172.

9) Dingler's polyt. J. 1875. **215**. 64.

beschrieben von Rougier[1]), Turner[2]), Marsilly[3]), Tissier[4]), Kuhlmann[5]) u. A.[6]), sehr eingehend namentlich von Lunge[7]). — Auch zur Beseitigung stinkender, organischer Gase sind verschiedene Vorschläge gemacht.[8])

2. Chemische Fabriken.

Ueber den Einfluß der chemischen Fabriken, der Färbereien, der Wollenfabriken, der städtischen Canalwässer auf die öffentlichen Flußläufe und über die Reinigung derselben geben namentlich die Berichte[9]) der im Jahre 1868 auf Befehl der Königin von England ernannten Commission (Denison, Frankland, John, Morton), welche beauftragt wurde, die Ursachen, denen die Verunreinigung der englischen Flüsse zuzuschreiben ist, und die Mittel und Wege zu erforschen, wie diese Verunreinigungen zu vermeiden sind, den wichtigsten Aufschluß.

Da mit der **Sodafabrikation** die Herstellung von Schwefelsäure und Chlorkalk verbunden ist, so sind nicht nur die Rückstände der Sodadarstellung, verdünnte arsenhaltige Salzsäure, sondern auch die sauren Manganlaugen, gerösteten Kiese, Chlorcalcium u. s. w. zu beseitigen. Nach der Untersuchung der englischen Commission sind in den 400000^{t} Schwefelkies, die jährlich in England zur Darstellung von Schwefelsäure gebraucht werden, etwa 1600^{t} Arsenik enthalten. Dieser giftige Körper geht in die Schwefelsäure über und von dieser in die Salzsäure, in das Glaubersalz, selbst in die Soda, so daß von 12 Proben gewöhnlicher Soda 11 stark arsenikhaltig waren; von 9 Proben krystallisirter Soda waren 2, von 7 Seifenproben 3 arsenhaltig. Schon hierdurch werden also den englischen Flüssen jährlich etwa 1500000^{k} Arsenik zugeführt (Analyse 1, 2 u. 10, S. 131); dieser giftige Stoff ist denn

---

[1]) Dingler's polyt. J. 1835. 56. 398.

[2]) Dingler's polyt. J. 1845. 97. 100.

[3]) Dingler's pol. J. 1855. 136. 129; Wagner's Jahresber. 1855. 61 u. 63.

[4]) Dingler's polyt. J. 1856. 139. 78; Wagner's Jahresber. 1856. 72.

[5]) Dingler's polyt. J. 1857. 142. 156; 1857. 145. 434.

[6]) Dingler's polyt. J. 1854. 130. 423; 1857. 145. 375; Wagner's Jahresber. 1855. 130; 1857. 81; Berichte d. deutschen chem. Gesellsch. 1874. 660; Knapp, Chem. Technolog. 1. Bd. II. 396.

[7]) Dingler's polyt. J. 1868. 188. 290; 1869. 193. 462; 1875. 215. 63; Wagner's Jahresber. 1868. 226; 1869. 178.

[8]) Dingler's polyt. J. 1823. 10. 282; 1855. 136. 225; 1856. 140. 232; 143. 217; 1862. 165. 68; 1864. 174. 423.

[9]) First report of the Commissioners appointed in 1868 to inquire into the best means of preventing the pollution of rivers. Vol. I. Report and plans (London 1870). — Vol. II. Evidence. — Second report. The ABC process of treating Sewage (London 1870). — Third report (London 1871). Leider ist der 1. und 3. Bericht im Buchhandel vergriffen, so daß Verf. nur

Analysen. (1[1] enthält mg.)

Nummer	Abwässer chemischer Fabriken.	Gelöst.									Suspendirt.		Bemerkungen.
		Organischer Kohlenstoff	Organischer Stickstoff	Ammoniak	Stickstoff als Nitrate u. Nitrite	Gesammt-Stickstoff	Chlor	Freie Salzsäure	Arsen	Gesammtgehalt	Gesammtgehalt	Darin organische Stoffe	
1	Canalwasser d. chemischen Fabrik zu Widues, wie es sich in den Mersey ergießt	205,09	7,55	6,42	0,24	13,08	6993,0	0	15,0	18900	309,6	—	
2	Canalwasser der Seifen- u. Sodafabrik zu Runcorn .	—	—	—	1,23	—	6378,8	5882	2,0	3258	—	—	151 mg Eisen u. Manganoxyd.
3	Honeypot-Bach durch Abwasser aus Sodafabriken verunreinigt	24,43	10,81	16,16	7,02	31,14	992,8	274,4	0,32	2342	26,2	—	
4	Sankey-Bach vor seinem Eintritt in St. Helens .	11,74	0,79	0,11	1,23	2,11	31,3	0	0,05	308	20,6	—	Härte 15,9° (engl.)
5	Ders. nach seinem Austritt aus St. Helens	14,43	2,24	3,50	1,01	6,13	1962,4	685,1	—	4072	191,1	—	
6	Ders. vor seiner Vereinigung mit d. Sankey (Schiffahrts) Canal	11,05	2,05	2,75	0,98	5,29	764,5	220,4	0	2145	—	—	131° Härte; 99 mg Eisen u. Manganoxyd.
7	Der Sankey-Canal bei St. Helens.	5,31	0,63	2,66	3,81	6,63	2159,4	183,9	Spur	2392	—	—	192° Härte; 444 mg Eisen u. Manganoxyd.
8	Ders. bei Warrington . .	8,51	0,85	2,00	1,30	3,80	548,6	305,8	0	1792	—	—	80° Härte; 205 mg Mangan u. Eisenoxyd.
9	Ders. nach seiner Vereinigung mit d. Sankey-Bach	4,02	1,48	3,00	1,76	5,71	538,6	26,2	0	1890	—	—	89° Härte; 124 mg Mangan u. Eisenoxyd.
10	Purpurflüssigkeit d. Anilinfabrik	23,30	9,69	34,30	3,69	41,63	—	—	0,40	3480	—	—	

auch selbst in den Filtern und dem Wasser der Wasserleitungsgesellschaft von Stockport nachgewiesen (vergl. Analyse 3, 4 u. 7).

Nach den zahlreichen Untersuchungen von Smith [1]) enthält im Durchnitt:

Schwefelkies vor dem Rösten	1,649	Proc.	Arsen
Kies nach dem Rösten	0,465	»	»
Schwefelsäure	1,051	»	»
Absatz in dem vom Kiesofen zur Bleikammer führenden Canal	46,360	»	»
Absatz auf der Sohle der Bleikammer	1,857	»	»
Salzsäure	0,691	»	»
Schwefelsaures Natrium	0,029	»	»
Sodarückstände	0,442	»	»

Weitere Untersuchungen über das Vorkommen und Verhalten des Arsens in den Flüssen sind sehr wünschenswerth.

Manganrückstände. Die bei der Chlorkalkdarstellung in großen Massen erhaltenen Chlormanganflüssigkeiten bestehen im Durchschnitt aus [2]):

Manganchlorür ($MnCl_2$)	22,00
Eisenchlorid (Fe_2Cl_6)	5,50
Chlorbaryum ($BaCl_2$)	1,06
freiem Chlor	0,09
Chlorwasserstoffsäure	6,80
Wasser	64,55

nebst Chlorcalcium, Chlormagnesium, Chloraluminium, Chlornickel, Chlorkobalt und nach dem Bericht der englischen Commission mit 150 ^{mg} Arsenik im Liter.

Nach Angabe eines Beamten, der die Sodafabriken in gesundheitlicher Beziehung überwacht, gehen mit diesen sauren Manganflüssigkeiten, sowie mit der verdünnten Salzsäure, welche die Fabriken den Flüssen übergeben, in England 47,5 Proc., nach andern Angaben [3]) sogar mehr als die Hälfte der gesammten producirten Salzsäure verloren. Bäche, Schifffahrtscanäle werden dadurch so stark sauer, daß die Schleusen u. s. w. ganz aus Holz construirt werden müssen (vgl. Analyse: 2—9, S. 131).

Walter [4]) will die schwefelsauren Manganlaugen mit Eisen fällen(?) oder eindampfen und glühen. Arrot und Sussex [5]) fällen mit Kreide, schmelzen den Niederschlag mit Soda und scheiden aus der Lösung das

---

den 2. und die Auszüge von Reich benutzen konnte (vergl. Dingler's polyt. J. 1874. **211.** 200).

[1]) Dingler's polyt. J. 1871. **201.** 415; 1873. **207.** 141.

[2]) Dingler's polyt. J. 1869. **191.** 305.

[3]) Dingler's polyt. J. 1869. **191.** 380.

[4]) Dingler's polyt. J. 1844. **91.** 489.

[5]) Dingler's polyt. J. 1845. **96.** 301.

Mangansuperoxyd durch Kohlensäure ab, oder sie dampfen die Laugen ein und glühen. Auch Beringer[1]) und Elliot[2]) wollen das Mangansuperoxyd durch Erhitzen regeneriren.

Balmain[3]) fällt die Laugen mit Gaswasser und erhitzt den Niederschlag an der Luft, Dunlop[4]) mit Ammoniumcarbonat oder mit Calciumcarbonat unter Druck, Clemm[5]) mit Magnesiumcarbonat.

Ebelmen[6]) schlug vor, die Manganlaugen mit Kalk zu fällen und an der Luft oxydiren zu lassen. Binks und Macqueen[7]) fällen ebenfalls mit Kalk und leiten Luft durch das Gemisch; ähnliche Vorschläge sind von Schaffner[8]) und Jezler[9]) gemacht. Weldon[10]) hat dieses Verfahren so wesentlich verbessert, daß es in den englischen Fabriken allgemein angewendet wird.

Valentin[11]) will den Niederschlag mit Luft und Ferrocyankalium oxydiren.

Kuhlmann[12]) fällt mit Kalk und erhitzt den Niederschlag mit Salpetersäure, Gatty[13]) den Abdampfrückstand mit salpetersaurem Natrium.

P. W. Hofmann[14]) fällt die Laugen mit einer Lösung der Sodarückstände und oxydirt den Niederschlag mit salpetersaurem Natrium; auch dieses Regenerationsverfahren hat in der Technik vielfach Eingang gefunden.

Esquiron und Gounin[15]) wollen die Laugen sogar mit Chlorkalk behandeln.

Außer diesen Regenerationsmethoden ist noch vorgeschlagen und theilweise mit Erfolg ausgeführt, diese Manganlaugen zu verwenden zum

---

1) Dingler's polyt. J. 1846. **99**. 456.
2) Dingler's polyt. J. 1857. **145**. 238.
3) Dingler's polyt. J. 1856. **139**. 238; vergl. auch 1857. **145**. 439; Wagner's Jahresber. 1856. 71; 1857. 106.
4) Dingler's polyt. J. 1856. **140**. 104; 1858. **147**. 440; 1859. **151**. 52; Wagner's Jahresber. 1856. 71; 1858. 122.
5) Dingler's polyt. J. 1864. **173**. 123; Wagner's Jahresber. 1864. 181.
6) Dingler's polyt. J. 1841. **80**. 147.
7) Dingler's polyt. J. 1863. **169**. 231; Wagner's Jahresber. 1862. 237.
8) Wagner's Jahresber. 1868. 225.
9) Dingler's polyt. J. 1875. **215**. 446.
10) Dingler's polyt. J. 1867. **186**. 129; 1871. **199**. 272; **200**. 407; **201**. 354; 1872. **203**. 501; 1873. **209**. 443; 1874. **212**. 482; 1875. **215**. 143; Wagner's Jahresber. 1867. 190; 1868. 222; 1871. 250.
11) Wagner's Jahresber. 1872. 270.
12) Dingler's polyt. J. 1874. **211**. 24; 1875. **215**. 479; Wagner's Jahresber. 1873. 281.
13) Wagner's Jahresber. 1858. 123; 1862. 238.
14) Dingler's polyt. J. 1866. **181**. 364; 1869. **191**. 304 u. 464; **192**. 133; **194**. 51; 1870. **198**. 227; Wagner's Jahresber. 1866. 178; 1868. 224; 1869. 196; 1870. 182.
15) Wagner's Jahresber. 1867. 190; vergl. Knapp, Chem. Technologie, 1. Bd. II. S. 503; Muspratt, Technische Chemie, Bd. 2. S. 100.

Reinigen des Leuchtgases [1]), zur Conservirung des Holzes [2]), zur Extraction des Kupfers aus den Kiesabbränden [3]) zur Fabrikation von Salmiak [4]) und Chlorbaryum [5]), zur Herstellung von Farben [6]) und zur Verwendung in der Glasindustrie. [7]) — Gerland [8]) macht auf den Nickelgehalt des Mangansuperoxydes aufmerksam.

Sodarückstände. Bei der Herstellung der Soda nach dem Leblanc'schen Proceß liefert jede Tonne Alkali etwa 1^t,5 trockne Rückstände. [9]) Dieselben bestehen nach Richters [10]) aus:

Schwefelcalcium	37,62
Schwefeleisen	1,88
unterschwefligsaurem Calcium . .	2,69
schwefligsaurem Calcium	0,74
kohlensaurem Calcium	23,18
schwefelsaurem Calcium	1,68
Calciumoxyd (CaO)	6,49
Natrium, Kohle, Wasser u. s. w.	

Die so erzeugten ungeheuren Massen werden gewöhnlich in der Nähe der Fabriken aufgehäuft, wo sie oft Berge von beträchtlicher Höhe bilden. Bei feuchtem Wetter entwickeln sie Schwefelwasserstoff, oft auch nach erfolgter Selbstentzündung schweflige Säure; es fließen große Mengen einer intensiv gelb gefärbten Flüssigkeit ab, welche Calcium und Natriumpolysulfuret enthält, Brunnen und öffentliche Wasserläufe vergiftet.

Noch jetzt werden diese Rückstände angesammelt, ins Meer geschafft [11]) oder den Flüssen überantwortet; mehr als 80 Proc. der gesammten, bei der Sodafabrikation verwendeten Schwefelmenge geht auf diese Weise verloren!

Kommen diese schon an sich schädlichen Massen mit den vorhin erwähnten sauren Flüssigkeiten zusammen, so wird Chlorcalcium gebildet, welches die Härte des Flußwassers selbst auf 192° bringt (Analyse 7); große Mengen Schwefelwasserstoff werden entwickelt, welches die in der

---

[1]) Dingler's polyt. J. 1842. 86. 38; 1851. 145. 438; Wagner's Jahresber. 1858. 147; 1860. 594.

[2]) Wagner's Jahresber. 1855. 388.

[3]) Dingler's polyt. J. 1862. 165. 315; Wagner's Jahresber. 1862. 110.

[4]) Wagner's Jahresber. 1857. 123; 1858. 123 u. 199.

[5]) Dingler's polyt. J. 1858. 150. 57.

[6]) Dingler's polyt. J. 1868. 190. 70; 1872. 203. 77; Wagner's Jahresber. 1868. 326; 1872. 350.

[7]) Dingler's polyt. J. 1873. 208. 396.

[8]) Wagner's Jahresber. 1864. 124.

[9]) Wagner's Jahresber. 1868. 175.

[10]) Dingler's polyt. J. 1869. 192. 61; Wagner's Jahresber. 1869. 185; vergl. 1865. 242; 1866. 164.

[11]) Wagner's Jahresber. 1873. 219.

Nähe Wohnenden in hohem Grade belästigt, ja ihr Eigenthum entwerthet. Außerdem wird theils direct, theils durch Oxydation des Schwefelwasserstoffes Schwefel abgeschieden; eine Schlammprobe aus dem Sankey-Schifffahrtscanal enthielt dem entsprechend 22,75 Proc. freien Schwefel.[1]) Daß in solchem Flußwasser kein Fisch leben kann, ist selbstverständlich.

Zahlreich sind die Vorschläge zur Verwerthung dieser für die Fabrikanten und die Nachbarschaft gleich lästigen Rückstände.

Favre[2]) zersetzt die Rückstände mit Salzsäure und verbrennt den Schwefelwasserstoff, Spencer[3]) läßt denselben von Eisenoxyd absorbiren.

P. W. Hofmann[4]), Kopp[5]) und Walker[6]) zersetzen mit den sauren Manganlaugen.

Noble[7]) läßt die Rückstände an der Luft oxydiren, laugt aus und zerlegt die Lösung mit schwefliger Säure, Pracke[8]) mittels Eisenhydrat, Schnell[9]), Leighton[10]) und Schaffner[11]) mit Salzsäure.

Ueber die Regeneration und Verwerthung des in den Sodarückständen enthaltenen Schwefels haben ferner berichtet: Buquet[12]), Richters[13]), Stahlschmidt[14]), Weldon[15]), Mond[16]) u. A.

Kopp[17]), Fleck[18]), Schaffner[19]) u. A.[20]) beschreiben die Verwerthung der Rückstände zur Herstellung des unterschwefligsauren Natriums.

Ward[21]) glüht die Rückstände mit Glaubersalz und verwendet das

---

[1]) Vierteljahrsschr. f. öffentl. Gesundheitspfl. 1871. 285.

[2]) Dingler's polyt. J. 1856. **139.** 424; Wagner's Jahresber. 1856. 70.

[3]) Wagner's Jahresber. 1860. 182.

[4]) Dingler's polyt. J. 1866. **181.** 364; 1869. **191.** 304; vergl. **191.** 464.

[5]) Dingler's polyt. J. 1866. **180.** 48; Wagner's Jahresber. 1865. 240; 1867. 160; 1868. 197.

[6]) Wagner's Jahresber. 1861. 172; 1868. 183.

[7]) Wagner's Jahresber. 1862. 201.

[8]) Berichte d. deutschen chem. Gesellsch. 1873. 1420.

[9]) Wagner's Jahresber. 1865. 249.

[10]) Wagner's Jahresber. 1868. 176.

[11]) Dingler's polytechn. J. 1866. **180.** 49; 1869. **192.** 308; Wagner's Jahresber. 1865. 247; 1867. 160; 1868. 184.

[12]) Wagner's Jahresber. 1872. 224.

[13]) Dingler's polyt. J. 1869. **192.** 60, 133 u. 234.

[14]) Dingler's polytech. J. 1872. **205.** 229; Wagner's Jahresbericht 1872. 224.

[15]) Dingler's polyt. J. 1872. **205.** 74; Wagner's Jahresber. 1872. 223.

[16]) Dingler's polyt. J. 1867. **184.** 457; **185.** 382; 1869. **191.** 373; 1871. **202.** 266; 1872. **203.** 473; 1874. **211.** 203; Knapp, Chemische Technologie, 1. Bd. II. S. 466.

[17]) Dingler's polyt. J. 1858. **140.** 383; 1866. **180.** 48; Wagner's Jahresber. 1858. 92; 1865. 246.

[18]) Dingler's polyt. J. 1862. **166.** 365; Wagner's Jahresber. 1862. 205.

[19]) Dingler's polyt. J. 1869. **193.** 42; Wagner's Jahresber. 1869. 190.

[20]) Wagner's Jahresber. 1861. 172; 1867. 188; 1868. 176.

[21]) Wagner's Jahresber. 1863. 246.

Product zu verschiedenen Zwecken statt Soda; Delanue[1]) stellt aus derselben zweifach Schwefelcalcium her.

O. Schott[2]) empfiehlt sie zur Glasfabrikation — nach Lunge[3]) nicht ganz unbedenklich — Aspdin[4]) und F. Schott[5]) zur Herstellung von Cement.

Kuhlmann[6]), Thomas[7]) und Buchanan[8]) vermischen dieselben mit Kiesabbränden und formen zu Bausteinen.

Müller[9]) hält diese Rückstände und den Gaskalk sehr geeignet für Straßendammschüttungen; Varrentrapp[10]) zeigt jedoch, daß diese Verwendung sehr bedenklich ist (S. 138).

D'Arcet[11]) und Varrentrapp[12]) berichten über die Verwendung derselben zum Wegbau, zur Herstellung von Mauern u. dgl., Deacon[13]) zu Fußböden; auch dieses ist nicht besonders empfehlenswerth.

Schaffner[14]) verwendet die Rückstände nach der Entschwefelung zu Eisenbahndämmen.

Stohmann[15]) und Kopp[16]) empfehlen dieselben nach der Oxydation an der Luft zum Düngen.

Liesching[17]) will die Sodarückstände gegen die Kartoffel- und Traubenkrankheit anwenden.

Kiesabbrände. Die Kiesabbrände können durch Vergiftung der Brunnen mit Kupfer- und Zinkvitriol[18]) für die Umgebung gefährlich werden; für gewöhnlich sind sie dem Fabrikanten nur lästig.

Die Verhüttung der Kiesabbrände auf metallisches Eisen ist von Richters[19]), Leithner[20]) und Hofmann[21]) beschrieben.

---

[1]) Dingler's polyt. J. 1855. **137**. 207.
[2]) Dingler's polyt. J. 1875. **215**. 537.
[3]) Dingler's polyt. J. 1857. **216**. 375.
[4]) Dingler's polyt. J. 1854. **133**. 238.
[5]) Dingler's polyt. J. 1871. **202**. 75; Wagner's Jahresber. 1872. 873.
[6]) Dingler's polyt. J. 1861. **162**. 46; Wagner's Jahresber. 1861. 175; 1863. 429.
[7]) Wagner's Jahresber. 1864. 351.
[8]) Berichte d. deutschen chem. Gesellsch. 1874. 1657.
[9]) Vierteljahrsschr. f. öffentl. Gesundheitspfl. 1873. 538; 1874. 264.
[10]) Vierteljahrsschr. f. öffentl. Gesundheitspfl. 1874. 408.
[11]) Dingler's polyt. J. 1838. **68**. 399.
[12]) Dingler's polyt. J. 1860. **158**. 420; Wagner's Jahresber. 1860. 183.
[13]) Dingler's polyt. J. 1861. **162**. 279.
[14]) Dingler's polyt. J. 1871. **199**. 243; 1874. **211**. 204; Wagner's Jahresber. 1871. 242.
[15]) Dingler's polyt. J. 1856. **144**. 79.
[16]) Wagner's Jahresber. 1865. 246.
[17]) Wagner's Jahresber. 1863. 246.
[18]) Dingler's polyt. J. 1875. **215**. 240.
[19]) Dingler's polyt. J. 1871. **199**. 292; Wagner's Jahresber. 1871. 134.
[20]) Dingler's polyt. J. 1874. **211**. 349.
[21]) Dingler's polyt. J. 1875. **215**. 239; **216**. 332.

Die kupferhaltigen Kiesabbrände werden nach Gurlt[1]) ausgelaugt, das Kupfer durch Eisen gefällt.

Clements[2]) behandelt diese Kiese zur Extraction des Kupfers mit Salzsäuregas, Henderson[3]) und Schaffner rösten dieselben mit Kochsalz.

Fleck[4]) beschreibt die in Lancashire gebräuchlichen Methoden zur Verarbeitung der Kiesabbrände auf Kupfervitriol, Welz[5]) und Gossage[6]) die Gewinnung von Kupfer und Kupfervitriol.

Clapham[7]), Wedding und Ulrich[8]), Lemoine[9]) und namentlich Lunge[10]) beschreiben die Verarbeitung der Abbrände auf Kupfer und Silber, wie sie zu Newcastle am Tyne seit 1850 gebräuchlich ist.

Hochberger[11]) verwendet sie zur Herstellung von Polirroth; Claudet[12]) schlägt vor, sie mit 5 Proc. Cement zu mischen und zu künstlichen Steinen zu formen. Wood will sie mit Kalk und Schlacken gemischt zur Cementfabrikation gebrauchen (engl. Pat. 7. Oct. 1873).

Alaunfabriken. Die Abfälle derselben können zum Düngen verwendet werden.[13]) Schmelzer[14]) beschreibt die Verwendung der Eisenvitriolmutterlaugen für Alaunfabriken.

Blutlaugensalz. Ueber die Verwerthung der Abfälle der Blutlaugensalzfabrikation berichtet Karmrodt.[15])

Leuchtgasfabrikation. Die Abwässer der Leuchtgasfabriken enthalten Ammoniak, Rhodanverbindungen und verschiedene Theerbestandtheile, welche in den Fluß abgelassen der Fischzucht[16]) sehr schädlich sind, oft auch auf große Entfernungen den Untergrund und die Brunnen vergiften.

Das vom Verf.[17]) untersuchte Wasser eines 300^m von der Gas-

---

1) Wagner's Jahresber. 1858. 91.
2) Dingler's polyt. J. 1857. **145**. 238.
3) Wagner's Jahresber. 1863. 162; 1868. 117; 1871. 139.
4) Dingler's polytech. J. 1862. **166**. 354; Wagner's Jahresbericht 1862. 326.
5) Dingler's polyt. J. 1862. **164**. 289; Wagner's Jahresber. 1862. 124.
6) Dingler's polyt. J. 1859. **154**. 395; Wagner's Jahresber. 1859. 88.
7) Dingler's polyt. J. 1871. **199**. 302; Wagner's Jahresber. 1871. 134.
8) Wagner's Jahresber. 1872. 152.
9) Chemisches Centralbl. 1873. 589.
10) Dingler's polyt. J. 1872. **204**. 288; 1874. **214**. 466; 1875. **215**. 229.
11) Dingler's polyt. J. 1875. **215**. 243.
12) Dingler's polyt. J. 1871. **199**. 53; Wagner's Jahresber. 1871. 187.
13) Dingler's polyt. J. 1843. **88**. 467; Berichte d. deutschen chem. Gesellsch. 1872. 163; 1874. 1464.
14) Wagner's Jahresber. 1861. 252.
15) Dingler's polyt. J. 1857. **146**. 294; Wagner's Jahresber. 1857. 154.
16) Dingler's polyt. J. 1874. **214**. 85.
17) Dingler's polyt. J. 1874. **211**. 139.

anstalt entfernten Brunnens war weißlich trübe, roch eigenthümlich nach Leuchtgas und hatte einen sehr unangenehmen Geschmack. 1 l desselben enthielt:

Organische Stoffe	4198,4 mg
Chlor	440,2
Schwefelsäure (SO_3) . . .	991,6
Salpetersäure (N_2O_5) . . .	2,3
salpetrige Säure	0
Ammoniak (NH_3)	81,6
Kalk (CaO)	906,1
Magnesia (MgO)	136,2
Härte 109,7°	

Ferner etwa 300 mg Rhodanammonium. Derartiges Wasser ist selbstverständlich ungenießbar und zu jeder häuslichen Verwendung durchaus ungeeignet.

Graham [1]) empfiehlt den Gaskalk zur Herstellung von unterschwefligsaurem Natrium oder, nach dem Rösten, zum Düngen.

Gaskalk kann ferner verwerthet werden zum Enthaaren der Häute in den Gerbereien [2]), zu Düngezwecken [3]), zur Desinfection (S. 46), zu Mörtel [4]), zu Farben. [5])

Nach den in London gemachten Erfahrungen, darf derselbe nicht zu Straßendammschüttungen verwendet werden [6]) (vergl. S. 136).

Der im Gaskalk enthaltene Schwefel wird auf dieselbe Weise gewonnen wie aus den Sodarückständen (S. 135). Aus der Laming'schen Masse will Pelouze [7]) den Schwefel durch Theeröle ausziehen, Freestone [8]) durch Schwefelkohlenstoff. Vortheilhafter ist die Verwendung des zum Entschwefeln des Gases gebrauchen Eisenoxydes zur Schwefelsäurefabrikation. [9])

Die Laming'sche Masse wird ferner zur Darstellung von Berlinerblau verwendet. [10])

Die Gewinnung des Ammoniaks aus dem Gaswasser ist beschrieben

---

1) Dingler's polyt. J. 1845. **96**. 490; **97**. 427.

2) Dingler's polytech. J. 1855. **137**. 221; Wagner's Jahresbericht 1855. 350.

3) Dingler's polyt. J. 1851. **122**. 159.

4) Dingler's polyt. J. 1861. **162**. 318; Wagner's Jahresber. 1861. 260; Berichte der deutschen chem. Gesellsch. 1872. 488; 1875. 784.

5) Dingler's polyt. J. 1850. **135**. 393; Wagner's Jahresber. 1855. 90; Berichte d. deutschen chem. Gesellsch. 1875. 279.

6) Dingler's polyt. J. 1852. **125**. 159.

7) Dingler's polyt. J. 1869. **193**. 152; Wagner's Jahresber. 1869. 761.

8) Berichte d. deutschen chem. Gesellsch. 1875. 181.

9) Dingler's polyt. J. 1873. **210**. 191; 1875. **216**. 334; Wagner's Jahresber. 1861. 160; 1863. 713.

10) Wagner's Jahresber. 1860. 599; 1864. 255 u. 703.

von Calvert[1]), Schilling[2]), Stohmann[3]), Wagner[4]), Gerlach[5]) u. A.[6])

Bei der Verwendung des schwefelsauren Ammoniums aus Gaswasser zum Düngen ist zu beachten, daß dasselbe kein Rhodanammonium enthalte, da dieses dem Pflanzenwuchse sehr schädlich ist.[7])

Paraffin. Die Abwässer der Paraffinölfabriken vernichten nicht nur den Fischstand der Flüsse[8]), sondern sie machen das Flußwasser auch zu jeder häuslichen Verwendung untauglich. — Die Verwerthung der Abfälle beschreibt Breitenlohner.[9]) — Wagner[10]) schlägt vor, als Nebenproduct der Stearinfabrikation schwefelsaures Baryum herzustellen.

Petroleum. Die Verwerthung der Abfälle in Mineralölfabriken bespricht Perutz.[11]) Die Petroleumrückstände werden zur Leuchtgasbereitung verwendet.[12])

Anilinfabriken. Während die Abwässer der Anilinfabriken, welche ohne Arsenik arbeiten oder dieses völlig wiedergewinnen, wenig bedenklich sind (Analyse 10, S. 131), ist das Ablassen der Arsenabfälle in Flüsse und auch in Senkgruben in hohem Grade gefährlich und in keinem Falle zu gestatten.[13]) Einige Fabriken haben diese Abfälle in Fässern ins Meer schaffen lassen, da die Wiedergewinnung[14]) des Arsens noch wenig vortheilhaft ist.

Farbenfabriken. Die Abwässer der Farbenfabriken sind meist stark gefärbt, und enthalten oft viel organische Stoffe gelöst und suspendirt, nicht selten auch Metallsalze.

Die Abwässer der Ultramarinfabriken, welche viel Natriumsulfat enthalten, können eingedampft oder zur Herstellung von Schwerspath

---

1) Dingler's polytech. J. 1855. **135**. 378; Wagner's Jahresbericht 1855. 463.
2) Dingler's polyt. J. 1858. **148**. 60; Wagner's Jahresber. 1858. 143.
3) Wagner's Jahresber. 1864. 193.
4) Wagner's Jahresber. 1870. 749.
5) Dingler's polyt. J. 1872. **205**. 552; 1874. **212**. 417.
6) Wagner's Jahresber. 1857. 457; 1858. 568; 1861. 204 u. 206; 1863. 759; 1868. 273; vergl. auch die letzten Jahrgänge d. Journal für Gasbeleuchtung.
7) Dingler's polyt. J. 1874. **212**. 425.
8) Dingler's polyt. J. 1866. **182**. 315.
9) Dingler's polyt. J. 1865. **175**. 459; Wagner's Jahresber. 1865. 713.
10) Wagner's Jahresber. 1856. 116.
11) Dingler's polyt. J. 1862. **163**. 65.
12) Dingler's polyt. J. 1867. **184**. 485; 1868. **190**. 172 u. 428.
13) Vergl. Correspondenzbl. d. Niederrhein. Ver. f. öffentl. Gesundheitspfl. 1873. 97 u. 223.
14) Dingler's polyt. J. 1866. **184**. 145; Wagner's Jahresber. 1867. 581; Berichte d. deutschen chem. Gesellsch. 1874. 1028.

verwendet werden.[1]) Die Beseitigung der schwefligen Säure wurde schon früher (S. 127) besprochen.

Abwässer der Urangelbfabriken enthalten viel Soda nnd Aetznatron; dieselben können in der Fabrikation wieder verwendet werden.[2])

Krapp- und Garancinfabrikationsabfälle werden ebenfalls verwerthet.[3])

3. Färbereien, Druckereien, Bleichereien.

Da die Farbhölzer und die zur Verwendung kommenden Chemikalien, nachdem sie ihre Dienste in dem Fabrikationsprocesse geleistet haben, fast vollständig fortgespült werden, so liefern derartige Gewerbe und Fabriken sehr viel Abwässer, welche namentlich reich an organischen Stoffen[4]) sind (Analysen S. 141). Besonders bemerkenswerth ist der Gehalt an Arsen, welches theils von dem arsensauren Natrium der bei den Krappfarbstoffen angewendeten Kuhkothbäder, theils von der verwendeten Säure stammt (vergl. S. 130).

Die Abwässer der Bleichereien bestehen hauptsächlich aus alkalischen und seifehaltigen Flüssigkeiten mit Chlorcalcium, schwefelsaurem Calcium und Spuren von Chlorkalk, können daher in der Regel[5]) ohne Schaden in die Flüsse eingeleitet werden.

Die Arsen- und Phosphorsäureverbindungen der Färbereiabflußwässer können durch Vermischen mit Eisen- und Mangansalzen und Fällen mit Kalkmilch entfernt werden.[6]) Indigoküpen[7]), Chrombäder[8]) und andere Farbeflüssigkeiten können oft noch ausgenutzt werden.[9])

Alte Farbhölzer werden verbrannt[10]), vielleicht auch zu Papier verarbeitet.[11])

---

[1]) Dingler's polyt. J. 1868. **188**. 341.

[2]) Oesterreich. Zeitschrift f. Berg- u. Hüttenwesen, 1875. No. 1.

[3]) Dingler's polyt. J. 1847. **105**. 43; 1860. **157**. 158; 1871. **200**. 315; Wagner's Jahresber. 1860. 492; 1870. 579; 1871. 757.

[4]) Frankland bestimmt den Kohlenstoff und Stickstoff der organischen Substanzen; je größer der Stickstoffgehalt im Verhältniß zum Kohlenstoff, um so bedenklicher sind die Verunreinigungen. Vergl. Dingler's polyt. J. 1868. **187**. 225; Fischer, Das Trinkwasser, S. 31.

[5]) Vergl. Dingler's polyt. J. 1861. **162**. 164.

[6]) Dingler's polyt. J. 1874. **214**. 172.

[7]) Dingler's polyt. J. 1836. **59**. 236; 1837. **65**. 441; 1844. **91**. 223.

[8]) Berichte d. deutschen chem. Gesellsch. 1873. 1273.

[9]) Dingler's polyt. J. 1844. **92**. 78.

[10]) Dingler's polyt. J. 1834. **53**. 240; 1860. **158**. 160.

[11]) Berichte d. deutschen chem. Gesellsch. 1872. 542 u. 742.

Analysen. (1 l enthält mg.)

Nummer	Industrieabwässer. Färbereien, Druckereien und Bleichereien.	Gelöst.								Suspendirt.	
		Organischer Kohlenstoff	Organischer Stickstoff.	Ammoniak	Stickstoff als Nitrate u. Nitrite	Gesammt-Stickstoff	Chlor	Arsen	Gesammtgehalt	Gesammtgehalt	Darin organische Stoffe	Bemerkungen.
1	Abwasser aus Farbeküpen zum Wollefärben	489,7	33,21	4,92	0	37,26	—	—	1076	1020	779,2	
2	Abwasser aus einer Druckerei, wie es in den Etherow fließt	17,92	4,27	0,90	0	5,01	2,9	—	762	260,4	207,4	
3	Abwasser aus einer Färberei und Bleicherei	48,22	2,38	0,40	0	2,71	45,0	0,50	434	490,4	354,2	
4	Abwasser von Färberei, Druckerei, Bleicherei (Durchschn. aus fünf Fabriken)	42,26	2,99	1,25	0	3,99	48,6	—	502	259,9	189,7	
5	Canalwasser einer Druckerei .	27,11	2,81	0,35	0	3,10	—	0,20	368	148,0	113,8	
6	Desgl. einer anderen Druckerei	10,51	1,19	0,21	0	1,36	42,8	1,60	397	18,9	9,7	Nach 16tägigem Absitzen.
7	Abwasser einer Färberei nach dem Absitzenlassen	32,83	3,44	2,83	0,58	6,35	66,0	0	705	72,8	36,4	
8	Dasselbe nach der Filtration durch Sand und nach der Berieselung	12,48	3,03	2,73	2,00	7,28	55,4	0	621	0	0	
9	Der Bach, wie er zu einer Druckerei gelangt	2,46	0,23	0	0	0,23	11,0	0	60	0	0	5,4° Härte.
10	Der Bach, wie er dieselbe nach dem Durchseihen u. Absetzen verläßt	69,94	3,13	0,35	0	3,42	28,0	0,32	358	98,8	73,4	7,7° Härte.

4. Woll-, Baumwoll- und Seidenfabriken.

Wollfabriken geben Massen von Schmutzwasser beim Waschen, Walken, Färben und Drucken.

Rohwolle enthält nach Schulze und Märcker [1]) 7,2—14,7 Proc. Wollfett, 2,9—23,6 Proc. Schmutz und 20,5—23 Proc. Wollschweiß. Der in kaltem Wasser lösliche Wollschweiß besteht vorzugsweise aus den Kaliseifen der Oel- und Stearinsäure, mit wenig Essigsäure, Baldriansäure, Schwefelsäure, Phosphorsäure, Chlorkalium, Ammoniumsalzen u. s. w. Die Trockensubstanz der wässerigen Auszüge enthält 58,9—61,9 Proc. organische Stoffe und 0,02—4,08 Proc. kohlensaures Kalium; F. Hartmann [2]) fand 2,9 Proc. Kaliumcarbonat.

Wollschweißasche besteht dem entsprechend vorwiegend aus kohlensaurem Kalium; F. Hartmann fand 83,1 Proc. und nach Maumené [3]) besteht die Asche aus

86,8	Proc.	kohlensaurem Kalium
6,2	»	Chlorkalium
2,8	»	schwefelsaurem Kalium

mit geringen Mengen von Kieselsäure, Phosphorsäure in Verbindung mit Kalium, Calcium, Magnesium, Eisen, Mangan u. s. w.

Bei der in Deutschland noch allgemein üblichen Rückenwäsche wird nicht nur der größte Theil des Schmutzes mit geringen Mengen von Wollfett entfernt, es geht auch der an Kalium und Stickstoff reiche Wollschweiß für Landwirthschaft und Industrie verloren. Nach Schulze und Märcker besitzt das Waschwasser von 100^k Wolle einen Düngerwerth von 3 bis 4 Mark. (1^k Kali zu 0,4 Mark, Stickstoff zu 1,6 Mark, Phosphorsäure 0,6 Mark), Maumené [4]) zahlt für 300^l Wasser, in welchem 1000^k Wolle gewaschen sind, zur Potaschengewinnung 14,5 Mark.

Die Verunreinigung der Flüsse durch diese Abwässer ist zwar bedeutend (Analyse 1 und 2, S. 143), kommt jedoch, abgesehen von dem wirthschaftlichen Verlust, weniger in Betracht, da die Schafwäsche nur auf einige Tage im Jahre beschränkt ist. Die Abwässer einer Wollwäscherei sind so unrein (Analyse 3, S. 143), daß sie nicht in die Flüsse abgelassen werden dürfen. Der Arsengehalt ist auf die verunreinigte Seife und Soda zurückzuführen (vergl. S. 130).

Bei der Fabrikation von Tuch sind nach dem Bericht der englischen

---

[1]) Journal f. prakt. Chem. 108. 193; vergl. Dingler's polyt. J. 1840. 77. 128; 1866. 181. 480; Wagner's Jahresber. 1866. 531.

[2]) F. Hartmann, Ueber den Fettschweiß der Schafwolle (Göttingen 1868).

[3]) Wagner's Jahresber. 1870. 568.

[4]) Vergl. Wagner's Jahresber. 1863. 275; 1864. 199; 1865. 292; Deutsch. Wollengew. 1872. 208 u. 226; 1873. 103; Zeitschrift d. Vereins deutscher Ingen. 1874. 254.

Analysen. (1 l enthält mg.)

Nummer	Industrieabwässer. Woll-, Baumwolle- und Seidenfabriken.	Gelöst. Organischer Kohlenstoff	Gelöst. Organischer Stickstoff	Gelöst. Ammoniak	Gelöst. Stickstoff als Nitrate u. Nitrite	Gelöst. Gesammt-Stickstoff	Gelöst. Chlor	Gelöst. Arsen	Gelöst. Gesammtgehalt	Suspendirt. Gesammtgehalt	Suspendirt. Darin organische Stoffe	Bemerkungen.
1	Wasser, wie es zur Schafwäsche fließt	3,3	1,17	0,65	3,9	5,62	—	—	307	Spur.	—	
2	Dasselbe nach der Schafwäsche	258,2	39,42	19,14	0	55,18	—	—	1810	1164	519	
3	Abwasser einer Wollwäscherei	1324,8	98,80	546,1	0	548,5	—	Sp.	10994	34826	26116	
4	Abwasser einer Flanellwäsche	4463,5	911,8	800,1	0	1570,7	1600	0	12480	20794	17334	
5	Abwasser einer Wolldeckenfabrik	1207,1	195,1	9,40	0	202,8	356,0	0,04	6780	3746	3142	
6	Abwasser d. Teppichfabrik zu Rochdale	149,2	9,3	11,4	—	18,7	—	0,12	1031	—	—	
7	Abwasser aus 15 Wollenfabriken, Durchschn. . . .	647,8	103,8	116,47	0,4	200,1	219,4	0,11	3370	4748	3724	
8	Abwasser aus 5 Baumwollfabriken, Durchschn. . . .	42,4	2,99	1,25	0	4,0	48,6	0,34	502	260	190	
9	Abwasser einer Seidenfabrik	14,9	1,53	0,26	—	1,7	—	0,12	265	—	—	
10	Canalwasser, welches die Abflüsse einiger Wollenfabriken aufgenommen	379,7	137,3	257,2	0	349,2	400,0	0	2272	432	355	

Commission [1]) nicht weniger als 40 Fabrikationsstadien zu unterscheiden. Die Herstellung von 500 Stück Tuch erfordert etwa 1600^k Soda, 60^{cbm} Harn, 3000^k Seife, 2000^k Oel, 1000^k Leim, 2300^k Schweineblut und ebensoviel Schweinekoth, 2000^k Walkerde, 20000^k Farbwaaren, 2000^k Alaun oder Weinstein und liefert noch 8000^k Wollfett und Schmutz. Von diesen Stoffen bleibt nur ein sehr geringer Theil auf dem fertigen Tuch zurück, fast die ganze Masse wird fortgeschwemmt. Aehnlich sind die Abwässer der Teppichfabriken, während die der Flanellfabriken noch stärker verunreinigt sind (Analyse 5, 6, 7 und 10, S. 143).

Die Analysen 7—9 zeigen, daß die Abwässer der Wollfabriken meist weit mehr verunreinigt sind als die der Baumwollfabriken, daß Seidenfabriken nur wenig Schmutztheile liefern.

Wollwäschereiabwässer. Maumené und Rogelet [2]) laugen die Rohwolle aus, dampfen die Flüssigkeit ab, lassen den geschmolzenen Rückstand (Suintate of potash) in Retorten fließen und destilliren. Sie gewinnen so Leuchtgas, Ammoniak, Theer u. s. w.; die zurückbleibende oder auch eingedampfte und in Flammenöfen geglühte Masse gibt sehr reine Potasche. Balard [3]) u. A. haben zwar in derselben 4 Proc. Chlornatrium gefunden; nach Maumené soll dieses jedoch bei der Fabrikation hineingekommen sein.

Nach Maumené geben 1000^k Rohwolle $150—180^k$ Potasche; diese Angaben sind wohl etwas zu hoch gegriffen.

Die Wollwäscherei von Müllendorf in Verviers und mehrere andere Wäschereien verdampfen nur die Auslaugeflüssigkeiten, lassen aber die Waschwässer unbenutzt in den Fluß laufen. [4])

Die Wäscherei von Mehlen in Verviers laugt in passender Weise die Rohwolle mit Potaschenlösung aus und verdampft diese Flüssigkeit zur Potaschengewinnung. [5]) Die Waschwässer werden mit Schwefelsäure zersetzt, die abgeschiedenen Fettsäuren merkwürdiger Weise zum Düngen verwendet.

Die Wäschereien von Fernau in Brügge und von Matteau in Antwerpen waschen die Wolle mit Potasche und Kaliseife, dampfen die Laugen und Waschwässer ab, und glühen den Rückstand in Flammenöfen. — Kraut [6]) hat sich ein sehr ähnliches Verfahren patentiren lassen.

Einen sehr praktischen Ofen zum Abdampfen dieser Flüssigkeiten

---

1) Vierteljahrsschr. f. öffentl. Gesundheitspfl. 1872. 415.

2) Dingler's polyt. J. 1860. 157. 156.

3) Dingler's polyt. J. 1867. 182. 393; Wagner's Jahresber. 1867. 236; vergl. 1865. 295; 1868. 285; 1869. 241.

4) Dingler's polyt. J. 1875. 215. 214; vergl. Hannoversches Wochenbl. für Handel u. Gewerbe 1873. 155.

5) Dingler's polyt. J. 1875. 215. 215.

6) Dingler's polyt. J. 1874. 214. 174.

und Calciniren der Rückstände hat Ingenieur H. Fischer angegeben. Die Laugen und Waschwässer werden in das eiserne Bassin A Fig. 20 gepumpt, hier durch die abziehenden Verbrennungsgase vorgewärmt, und nach Bedürfniß in das Abdampfbassin B eingelassen. Von dort werden die eingedickten Rückstände in den Calcinirraum C geschafft. Sobald sie hier durch die aus dem Feuerraum x kommenden Flammen ausgetrocknet sind, verbrennt Wollfett, Schmutz u. dgl. unter Entwicklung bedeutender Wärme-

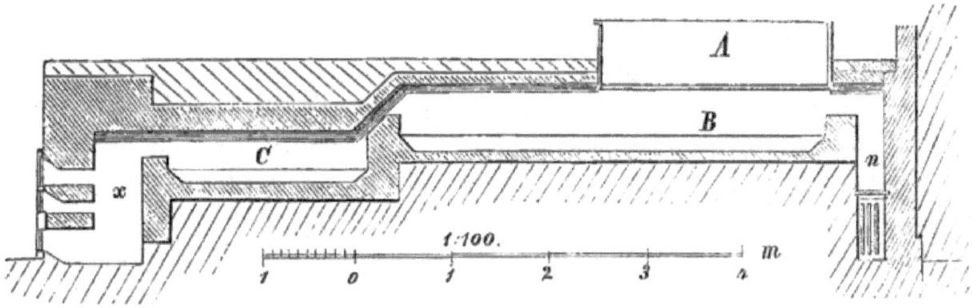

Fig. 20.

mengen, so daß es durch Regulirung des Luftzutrittes gelingt, mit 1^k Kohle 12^k Flüssigkeit zu verdampfen. Der Feuerraum, der Calcinirraum und das Abdampfbassin sind aus Chamottesteinen, der Schornstein n aus Backsteinen hergestellt.

Der ebenfalls von H. Fischer erbaute größere Ofen in Döhren bei Hannover ist 12^m,0 lang, 2^m,3 breit, 2^m,0 hoch. Das Vorwärmbassin A ist 3^m,25 lang, 2^m,00 breit und 1^m,00 tief; das Abdampfbassin B ist 6^m,5 lang, 1^m,0 im Lichten weit und 0^m,35 tief; der Calcinirofen C, welcher 0^m,5 tiefer liegt als B, ist 3^m,0 lang, 1^m,0 im Lichten weit und 0^m,25 tief bis zu den Bedienungsthüren.

Es wurden in Döhren täglich etwa 5000^k Wolle ausgelaugt und hieraus 152^k rohe Potasche mit 80 Proc. Kaliumcarbonat gewonnen. Die Lauge ist im Durchschnitt 20° B. oder 16procentig.

In wie weit es vortheilhaft ist, die Wasch- und Spülwässer abzudampfen, hängt natürlich von der Concentration derselben [1]) und den Kohlenpreisen ab. Im anderen Falle würden sie als werthvolle Düngemittel zur Berieselung verwendet werden.

Havrez [2]) empfiehlt die eingedampften Laugen zur Herstellung von Blutlaugensalz und Cyankalium.

Seifenwässer. Die beim Waschen der Wolle mit Seife, beim Walken der Tuche u. s. w. in großer Menge erzeugten Seifenwässer werden

---

[1]) Zeitschrift d. Vereins deutscher Ingen. 1874. 255.

[2]) Dingler's polyt. J. 1870. 195. 535; Wagner's Jahresber. 1870. 210.

mit Säuren zersetzt [1]), die abgeschiedenen unreinen Fettsäuren ausgepreßt und zur Darstellung von Seife [2]) oder zur Stearinfabrikation verwendet. Das auf dieselbe Weise abgeschiedene Wollfett wird nur sehr unvollkommen verseift. Da es schwer zersetzbar ist, nicht eintrocknet und nicht klebrig wird, so wird es als Schmiermittel empfohlen. [3])

Besser ist das sogenannte Kalkverfahren. Jeannency [4]) schlug vor, das Seifenwasser mit Kalk zu fällen, auf 75° zu erwärmen und den Niederschlag auf Leuchtgas zu verarbeiten; das gleiche Verfahren wurde schon früher von Zeller [5]) angewendet. Eine Kammgarnspinnerei von 20000 Spindeln liefert täglich etwa 500^{k} dieses Niederschlages, aus welchem 105^{cbm} eines sehr guten Leuchtgases erhalten werden. [6])

Schwamborn [7]) hat dieses Verfahren wesentlich verbessert. Die stark gefärbten Abfallwässer vom Walken und Spülen der Tuche enthalten das Oel aus der Spinnerei (15 Proc. des Garngewichtes), Seife, Leim, Wollfasern u. dgl.

Ist das Sammelbassin a (Fig. 21) von 150^{cbm} Inhalt gefüllt, was

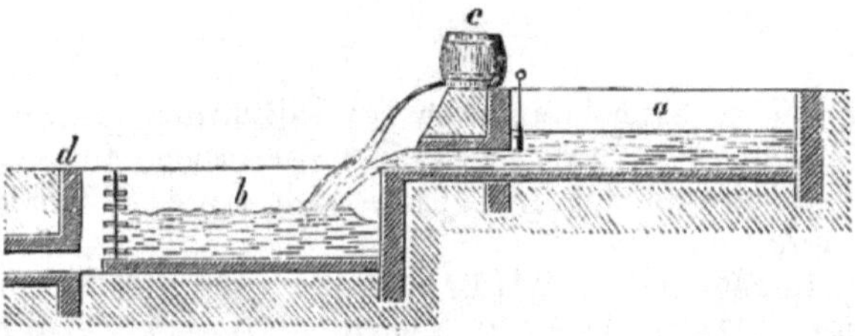

Fig. 21.

bei einem Verbrauche von 1000^{k} Seife, die, im Mittel zu 25 Proc. gerechnet, einem Quantum von etwa 4000^{k} damit gewalkter roher Tuchwaare entsprechen, in etwa 14 Tagen der Fall ist, so wird sein Inhalt durch einen am Boden desselben befindlichen Canal in einen tiefer liegenden, gleich großen Behälter, das Zersetzungsbassin b, abgelassen, zugleich aber

---

1) Dingler's polyt. J. 1839. 73. 452; 1842. 85. 25; 1846. 100. 246; 1847. 103. 236; 1869. 195. 173; 1873. 208. 465; 1875. 215. 215; Wagner's Jahresber. 1870. 692; Berichte d. deutschen chem. Gesellsch. 1871. 423; 1873. 150 u. 1273.

2) Wagner's Jahresber. 1859. 223.

3) Hartmann, Ueber den Fettschweiß der Schafwolle, S. 32.

4) Dingler's polyt. J. 1856. 142. 316; Wagner's Jahresber. 1855. 442; 1856. 420; 1860. 563.

5) Dingler's pol. J. 1841. 82. 397; vergl. 1843. 90. 159; 1860. 158. 444.

6) Dingler's polyt. J. 1859. 153. 238; vergl. 1837. 64. 376; Wagner's Jahresber. 1859. 653.

7) Dingler's polyt. J. 1875. 216. 517.

aus einem höher stehenden Gefäße c ein dünner Strahl Kalkmilch der Abflußrinne zugeführt.

Der Boden des Zersetzungsbassins b ist aus drei Lagen von Ziegelsteinen gebildet. Zu unterst liegt eine flache, darauf eine hochkantige, mit so großen Zwischenräumen, als es die oberste wieder glatte Lage, welche mit Mörtel verbunden ist, gestattet. Dieses Canalsystem hat Neigung nach einer Ecke des Behälters und Verbindung mit einem daselbst fest eingepaßten, über einem Abflußcanal angebrachten prismatischen Holztrichter d, der bis zur Höhe des Bassins reicht und mit einer schräg aufsteigenden Reihe von Löchern, die beim Einlassen der Brühe durch Holzzapfen verschlossen sind, versehen ist.

Die Zersetzung findet nach dem Einströmen in das Bassin augenblicklich statt. Die Kalkseife scheidet sich in flockigem Zustande aus, hüllt hierbei die suspendirten festen Substanzen, wie Farbstoffe, Wollfasern 2c., ein, sinkt mit diesen allmälig zu Boden und verdichtet sich schließlich zu einem dickschlammigen Niederschlage. Bereits nach wenigen Minuten ist die oberste Schicht der Flüssigkeit nicht allein klar, sondern auch farblos. Diese sowohl auf die suspendirten als auch auf die gelösten Farbstoffe sich erstreckende Klärung ist erfahrungsmäßig so energisch, daß man dem seifenhaltigen Abfallwasser noch bedeutende Mengen von anderen Farbwässern zuführen kann, um dieselben mit zu klären. Die charakteristische Erscheinung der Flocken im freien Wasser ist der Anhaltspunkt für den genügenden Zusatz von Kalk. Ein Ueberschuß desselben ist indeß dem Klärungsprozeß nicht hinderlich. Annähernd, jedoch immerhin wechselnd nach dem Seifengehalt des Wassers, ist auf 150^{cbm} Brühe 0^{cbm},3, oder 0,2 Proc. des Volumens derselben, an Kalkbrei, wie er sich in den Löschgruben befindet, zu rechnen.

Das geklärte Wasser wird durch Ziehen der an dem Trichter d angebrachten Holzzapfen von oben nach unten abgelassen bis an den Punkt, wo die dickschlammige Kalkseife sich abgelagert befindet.

Das weitere Entwässern des Niederschlages erfolgt theils durch Verdunstung, welche durch das Rissigwerden und Aufklaffen des Schlammes unterstützt wird, theils durch Filtration in das Canalsystem des Bodens und Trocknen an der Luft.

Der so erhaltene Niederschlag besteht aus:

Wasser	3,11
Kalk und Eisenoxyd	18,47
Fettsäure	71,96
Wollfaser, Farbstoffe, Schmutz 2c.	6,46
	100,00.

100^{k} desselben werden in Aachen von Gasanstalten mit 18 Mark bezahlt; es werden daraus 30^{cbm},6 des besten Leuchtgases erhalten.

In Europa werden jährlich etwa 500000^{t} Tuch gewalkt, welche etwa 100000^{t} Kalkseife geben würden, entspr. 18 Millionen Mark.

Dougal[1]), Bohl[2]), Thom[3]) und Heuze[4]) zersetzen diese Kalkseife mit Säure, um die Fettsäuren zu erhalten.

Tabourin und Lembert[5]) wollen die Abwässer mit Eisensalzen fällen. Tessié du Motay[6]) fällt mit Calciumcarbonat, Daudenart[7]) und Hughes[8]) mit Baryt; zur Gewinnung der Alkalien soll die zurückbleibende Lösung eingedampft werden.

Mixfield[9]) will die Fettsäuren durch Destillation gewinnen.

Von den vorgeschlagenen Verfahren verdient das von Schwamborn angegebene den Vorzug. Die geklärten Flüssigkeiten können ohne Bedenken in Flüsse abgeleitet werden. Die kalihaltigen Waschwässer sind nach der Fällung zur Berieselung zu empfehlen.

Wollabfälle. Liebau[10]) empfiehlt die Wollabfälle zur Darstellung von Leuchtgas.

Fesca[11]) berechnet den Düngerwerth von 100^k Wollabfällen aus dem Kehricht unter den Maschinen u. dgl. aus Tuchfabriken zu 5,88 Mark. Sie werden passend mit Kalk compostirt oder fabrikmäßig entfettet. Ladureau[12]) röstet dieselben bei 140°.

In ähnlicher Weise können auch Baumwollabfälle zum Düngen verwendet werden.[13])

Die Verwendung der wollenen Lumpen zu Shoddy und Mungo ist bekannt.

5. Schlachtereien, Gerbereien, Fettextractionen, Leim- und Seifensiedereien.

Die Abwässer der Gerbereien (Annalyse 2 u. 3, S. 149) enhalten sehr große Quantitäten Stickstoff, ihr Einlauf in die Flüsse ist daher

---

1) Dingler's polyt. J. 1850. **115**. 399.
2) Dingler's polyt. J. 1867. **185**. 465.
3) Berichte d. deutschen chem. Gesellsch. 1874. 193.
4) Dingler's polyt. J. 1873. **207**. 463.
5) Dingler's polytech. J. 1859. **153**. 215; Wagner's Jahresbericht 1859. 606.
6) Dingler's polyt. J. 1872. **206**. 333; Wagner's Jahresber. 1872. 283; Berichte d. deutschen chem. Gesellsch. 1872. 163 u. 739.
7) Dingler's polyt. J. 1874. **213**. 362.
8) Berichte d. deutschen chem. Gesellsch. 1875. 169.
9) Berichte d. deutschen chem. Gesellsch. 1872. 440.
10) Dingler's polyt. J. 1867. **184**. 379; Wagner's Jahresber. 1867. 757.
11) Dingler's polyt. J. 1874. **213**. 173; vergl. 1851. **120**. 240; 1857. **145**. 230 u. 396; 1858. **150**. 238.
12) Biedermann's Centralbl. f. Agriculturchem. 1875. I. 143 u. 306.
13) Dingler's polyt. J. 1848. **107**. 160.

Analysen. (1 l enthält mg.)

Nummer	Industrieabwässer. Gerbereien und Papierfabriken.	Gelöst.								Suspendirt.		Bemerkungen.
		Organischer Kohlenstoff	Organischer Stickstoff	Ammoniak	Stickstoff als Nitrate u. Nitrite	Gesammt-Stickstoff	Chlor	Arsen	Gesammtgehalt	Gesammtgehalt	Darin organische Stoffe	
1	Fettextractionsfabr. Durchschnitt aus 5 Abwässern	441,86	77,97	195,45	0,03	238,9	297,5	0,48	5187	582,3	540,9	
2	Erschöpfte Gerbeflüssigkeit	31821,7	362,9	108,3	—	452,1	—	—	84590	—	—	
3	Erschöpfte Kalkflüssigkeit einer Gerberei	2059,4	534,1	258,0	—	746,6	—	—	31865	—	—	
4	Esparto-Flüssigkeit einer Papierfabrik	9388,4	770,4	11,2	0	779,6	—	—	40380	—	—	
5	Der North Esk	4,43	0,50	0,03	0	0,53	10,9	—	139	2,8	—	7,1° Härte.
6	Derselbe, nachdem er 8 Papierfabriken berührt hat	10,81	1,01	0,03	0	1,04	18,9	—	198	169,2	117,2	9,5° Härte.

sehr bedenklich. Da die Gerbereien [1]) für die Nachbarschaft durch ihre Ausdünstungen jedenfalls sehr unangenehm, durch die Inficirung des Bodens mit faulenden thierischen Stoffen aber gesundheitsgefährlich sind, so sollten dieselben, wie auch die Schlachtereien [2]) und Leimsiedereien [3]) vor die Städte verwiesen werden. Hier würden auch die Abfälle, namentlich die für die Landwirthschaft werthvollen Abwässer, besser verwendet werden können.

Daß Knochenkohlen- [4]) und Düngerfabriken [5]) nur in einiger Entfernung von Wohnungen, jedenfalls aber nicht innerhalb eines Ortes angelegt werden dürfen, ist selbstverständlich.

Fettextractionsfabriken geben ebenfalls stark verunreinigte Abwässer (Analyse 1, S. 149) und große Mengen unangenehm riechender Gase. [6])

Blut. Das Blut der Schlachtereien wird, abgesehen von Schweineblut, nur wenig als Nahrungsmittel benutzt [7]), obgleich dieses die rationellste Verwendung desselben sein würde. — Eingetrocknetes Blut mit Roggenkleie vermischt, soll ein ausgezeichnetes Pferdefutter geben.

Der Werth der in der Blutlaugensalzfabrikation [8]) anwendbaren thierischen Stoffe richtet sich nach ihrem Gehalt an Stickstoff. Hiervon enthält nun:

Blut (getrocknet oder geronnen und ausgepreßt)	15—17	Proc.
Horn	15—17	
Lumpen, wollene	10—16	
Scheerwolle	16—17	
Haare (von Ochsen, Kälbern)	15—17	
Federn	17	
Altes Schuhwerk, Leder	6—7	
Schlichtspäne der Gerber	4,5—5	

Besonders wichtig ist die Verwendung des Blutes zur Blutalbuminfabrikation. [9])

---

[1]) Dingler's polyt. J. 1860. **157**. 158; Vierteljahrsschr. f. öffentl. Gesundheitspfl. 1873. 160. u. 323.

[2]) Dingler's polyt. J. 1850. **116**. 80; Correspondenzbl. des niederrhein. Vereins f. öffentl. Gesundh. 1872. 157; 1874. 173; Vierteljahrsschr. f. öffentl. Gesundheitspfl. 1872. 333; 1874. 26.

[3]) Dingler's polyt. J. 1864. **174**. 426.

[4]) Vergl. Vierteljahrsschr. f. öffentl. Gesundheitspfl. 1874. 646.

[5]) Dingler's polyt. J. 1862. **165**. 68.

[6]) Dingler's polyt. J. 1823. **10**. 282; 1855. **136**. 225; 1856. **140**. 232; **143**. 217; Wagner's Jahresber. 1855. 392; 1856. 382; 1864. 627.

[7]) Dingler's polyt. J. 1855. **138**. 438; 1872. **203**. 227.

[8]) Dingler's polyt. J. 1829. **32**. 438; 1836. **63**. 240; Wagner's Jahresber. 1857. 140.

[9]) Dingler's polyt. J. 1854. **133**. 315; 1856. **140**. 298; 1859. **152**. 240; 1866. **179**. 166; **181**. 476; 1869. **193**. 245; 1872. **206**. 56; 1875. **215**. 226.

Zur Düngerfabrikation wird das Blut ausgetrocknet [1]), mit Erde oder Kalk vermischt [2]) angewendet, oder aber es wird durch Zusatz von Eisen- [3]) und Manganverbindungen [4]), von Säuren [5]) u. dgl. zum Gerinnen gebracht und nur das Ausgeschiedene ausgetrocknet.

Fleisch. Die amerikanischen Fleischextractrückstände werden seit einigen Jahren mit überraschendem Erfolge zum Füttern der Schweine [6]) und Hunde angewendet. Nach Vogel [7]) kann auch das zum Backen bestimmte Roggenmehl vortheilhaft mit 1/4 seines Gewichtes dieser Rückstände gemengt werden. Dieselben geben ferner eine sehr gute thierische Kohle.

Payen [8]) bespricht in einer Preisschrift sehr ausführlich die Verwerthung des Fleisches und anderer thierischer Abfälle, findet aber nicht allgemeinen Beifall. Grouner [9]) beschreibt die Bereitung eines Düngers aus gefallenen Pferden, welche jedoch wegen des dabei unvermeidlichen Gestankes nicht empfehlenswerth ist. Besser ist die Verwerthung gestorbener Thiere nach Coutaret [10]) und das in Leipzig [11]) übliche Verfahren.

Boucherie [12]) behandelt die Thiere mit verdünnter Salzsäure und verarbeitet die Lösung zu Dünger; Hulva [13]) mit gespannten Dämpfen.

Andere thierische Abfälle. Die Verwendung der Knochen zur Fabrikation von Düngemitteln, Knochenkohle u. dgl. ist bekannt. [14])

Das bei der Abkochung thierischer Abfälle zum Zweck der Fettgewinnung erhaltene Abwasser, Tankwasser genannt, Horn und andere Abfälle der Schlachthäuser und Abdeckereien werden zur Gewinnung von Ammoniumverbindungen [15]), namentlich aber zum Düngen [16]) benutzt. [17])

---

1) Dingler's polyt. J. 1831. **41**. 298; 1837. **65**. 146.

2) Dingler's polyt. J. 1831. **40**. 298; 1851. **119**. 390; 1853. **130**. 385.

3) Dingler's polyt. J. 1847. **103**. 62; 1848. **107**. 240.

4) Dingler's polyt. J. 1848. **106**. 159.

5) Dingler's polyt. J. 1853. **129**. 296; 1874. **211**. 206; Berichte der deutschen chem. Gesellsch. 1875. 166.

6) Biedermann's Centralbl. f. Agriculturchem. 1875. 28. u. 179; vergl. Dingler's polyt. J. 1836. **59**. 132.

7) Bayerisches Industrie- u. Gewerbebl. 1873. 215; 1875. 23.

8) Dingler's polyt. J. 1831. **40**. 270 u. 363; 1833. **49**. 387.

9) Dingler's polyt. J. 1842. **84**. 239.

10) Dingler's polyt. J. 1846. **101**. 407.

11) Dingler's polyt. J. 1866. **180**. 247; vergl. 1851. **122**. 160.

12) Dingler's polyt. J. 1868. **187**. 524.

13) Dingler's polyt. J. 1873. **210**. 392.

14) Dingler's polyt. J. 1867. **184**. 503; 1872. **206**. 469; 1873. **208**. 350.

15) Dingler's polyt. J. 1872. **206**. 469; 1873. **208**. 350 u. 386; **209**. 156.

16) Dingler's polyt. J. 1849. **111**. 309; 1857. **145**. 397; 1858. **150**. 238; **152**. 320; 1863. **170**. 224; 1868. **190**. 325; 1873. **210**. 79 u. 118; 1874. **211**. 206.

17) Vergl. Fleck, Die Fabrikation chemischer Producte aus thierischen Abfällen (Braunschweig 1862); Muspratt, Technische Chemie, 2. Bd. S. 415, 451 u. 905.

Leimfabrikation. Die bei der Herstellung von Knochenleim erhaltenen sauren Abwässer werden vortheilhaft zur Gewinnung von phosphorsaurem Calcium verwendet.[1]) Auch das Knochenfett wird jetzt gewonnen und zur Seifenfabrikation gebraucht.[2])

Gerbereiabfälle. Aus den Hautabfällen der Gerbereien[3]) und aus Lederabschnitzeln wird Leim und Gerbsäure gewonnen.[4])

Lederabfälle werden auch zu Pappdeckel und zu künstlichem Leder verarbeitet.[5])

Lohe wird feucht oder getrocknet verbrannt[6]); neuerdings ist dieselbe zur Papierfabrikation vorgeschlagen.[7])

Die stickstoffreichen Abwässer sind werthvolle Düngemittel und werden vortheilhaft zur Berieselung verwendet.

6. Papierfabriken, Flachsrösten.

Die Abwässer der Papierfabriken enthalten an bedenklichen Stoffen, außer dem Schmutz von den Lumpen, die Waschwässer des Espartograses (Analyse 4—6, S. 149), die wegen ihres starken Stickstoffgehaltes sehr bald in Fäulniß übergehen. Die damit verunreinigten Flüsse bedecken sich, namentlich unterhalb eines Wehres, oft mehrere Kilometer weit mit einem festen, sehr consistenten Schaum.

Auch bei der Fabrikation von Holzstoff- und Strohpapier werden oft täglich mehr als 100^k organische Stoffe mit den Abwässern den Flüssen und Bächen zugeführt, wodurch dieselben so stark verunreinigt werden können, daß die Fische in denselben absterben, und die in der Nähe Wohnenden durch den Geruch der faulenden Stoffe belästigt werden.[8])

Die in der Papierbreidarstellung benutzten alkalischen Laugen werden zur Wiedergewinnung des Alkalis eingedampft und geglüht[9]), zuweilen

---

1) Dingler's polyt. J. 1856. **141**. 467; 1857. **144**. 140; 1875. **215**. 284; Wagner's Jahresber. 1856. 367; 1857. 111.

2) Dingler's polyt. J. 1874. **214**. 299.

3) Dingler's polyt. J. 1858. **150**. 320; Wagner's Jahresber. 1858. 539.

4) Dingler's polyt. J. 1857. **145**. 467; 1860. **158**. 343; Wagner's Jahresber. 1856. 366; 1857. 421; 1858. 539; 1860. 533; 1864. 602; 1865. 683.

5) Dingler's polyt. J. 1836. **59**. 319; 1874. **213**. 81; Industriebl. 1870. 127.

6) Dingler's polyt. J. 1867. **186**. 80; 1869. **192**. 188; **194**. 205; 1872. **203**. 163; 1875. **216**. 395.

7) Berichte d. deutschen chem. Gesellsch. 1873. 1270.

8) Correspondenzbl. d. niederrheinischen Vereins für öffentl. Gesundheitspfl. 1873. 110.

9) Dingler's polyt. J. 1874. **211**. 206; Wagner's Jahresber. 1869. 651; Berichte d. deutschen chem. Gesellsch. 1872. 543 u. 652.

auch vorher auf Leuchtgas [1]) verarbeitet, oder zur Herstellung von Düngemitteln benutzt. [2])

Mit städtischem Canalwasser verdünnt sind sie zur Berieselung zu empfehlen.

Die Lein- und Hanffaser enthält ziemlich viel Eiweißstoffe, welche bei der Röste der Gespinnstpflanzen unter Bildung großer Mengen Buttersäure, wenig Propion- und Essigsäure und sehr unangenehm riechender Gase in Lösung gehen. [3]) Sestini [4]) fand in 1^l Röstwasser 44 Milligramäquival. Säure (entspr. 3872^{mg} Buttersäure $C_4H_8O_2$), 6140^{mg} gelöste Stoffe und darin 663^{mg} Stickstoff.

Derartige Abwässer verunreinigen demnach die Flußläufe in hohem Grade, so daß die Fische absterben. Dagegen sind sie als werthvolle Düngemittel zur Berieselung sehr zu empfehlen.

Sägespäne. Als Anhang mag hier noch die Verwendung der Sägespäne erwähnt werden.

Stein [5]) vermischt mit bestem Erfolg das Futter für Kühe täglich mit $2{,}5^k$ Tannenholzspänen; Autenrieth [6]) empfiehlt sogar Holzmehl in großen Mengen dem Brode zuzusetzen.

Sägespäne werden ferner verwendet zur Herstellung von Spiritus [7]), Oxalsäure [8]), zur trocknen Destillation [9]), zum Reinigen des Leuchtgases [10]), zur Papierfabrikation [11]), zur Herstellung künstlichen Holzes [12]), zum Putzen in Schmiedewerkstätten u. dgl. und zur Cementation des Eisens. [13])

Besonders bemerkenswerth ist auch die Verwerthung derselben zum Brennen. [14])

---

1) Berichte d. deutschen chem. Gesellsch. 1875. 273.

2) Berichte d. deutschen chem. Gesellsch. 1873. 762 u. 1422.

3) Dingler's polyt. J. 1856. **142**. 306; 1857. **145**. 395; Wagner's Jahresber. 1855. 277; 1856. 290.

4) Dingler's polyt. J. 1875. **216**. 88.

5) Industriebl. 1870. 119.

6) Industrielle Rundschau 1874. 86.

7) Dingler's polyt. J. 1872. **203**. 421; Wagner's Jahresber. 1872. 597; Chem. Centralbl. 1873. 390.

8) Dingler's polyt. J. 1857. **145**. 239; 1873. **210**. 24; Wagner's Jahresber. 1862. 515; 1864. 492.

9) Dingler's polyt. J. 1862. **163**. 104; Wagner's Jahresber. 1863. 684; vergl. 1864. 478.

10) Wagner's Jahresber. 1857. 487; 1858. 146; 1860. 597; 1862. 705.

11) Wagner's Jahresber. 1857. 395; 1864. 718.

12) Wagner's Jahresber. 1859. 597; 1864. 624.

13) Dingler's polytechn. J. 1871. **199**. 425; Wagner's Jahresbericht 1863. 99.

14) Dingler's polyt. J. 1832. **46**. 230; 1835. **55**. 475; 1861. **159**. 105; 1862. **163**. 41; 1870. **195**. 424; 1871. **202**. 352; 1875. **216**. 395; Wagner's Jahresber. 1858. 631; 1862. 731; 1871. 927.

7. Stärke- und Zuckerfabriken.

Nach den Untersuchungen von Knapp [1]) führten die Abwässer von drei Zuckerfabriken dem Stadtgraben von Braunschweig innerhalb 24 Stunden etwa 1600^{k} organische Stoffe mit 30^{k} Stickstoff, 360^{k} unorganische Substanzen und 180^{k} Knochenkohle zu. — Die Abwässer der Zuckerfabriken besitzen einen unangenehmen, fauligen Geruch, und bilden leicht starken Schaum. Sie fördern die Fäulniß des Wassers durch ihre erhöhte Temperatur (30—40°) und durch die große Menge stickstoffhaltiger organischer Stoffe. Die niederen Organismen, welche sich bei der fauligen Gährung der Knochenkohle massenhaft entwickeln, vermehren sich, dem Bachwasser zugeführt, ganz ungeheuer, so daß die Bäche oft meilenweit damit ausgekleidet sind. Selbst am Tageslicht entwickeln diese Organismen große Mengen Schwefelwasserstoffgas aus den schwefelhaltigen organischen Stoffen, so daß sich in den Wasserläufen eine dicke schwarze Schicht Schwefeleisen und darüber ein weißer Schwefelüberzug lagert. Fische sterben in solchem Wasser. [2]) Das Directorium des Vereins für die Rübenzucker-Industrie des Deutschen Reiches hat am 1. Mai 1873 einen Preis von 3000 Mark für die Lösung der Aufgabe ausgesetzt: Welches Verfahren ist anzuwenden, um zu verhüten, daß das aus den Rübenzuckerfabriken abfließende Wasser unmittelbar oder in Folge späterer Zersetzung schädlich oder belästigend wirken kann. [3])

Von den vorgeschlagenen Fällungsmitteln hat sich die Süvern'sche Masse (s. diese) am wirksamsten gezeigt. Das beste Verfahren zur Beseitigung und Verwerthung dieser Abwässer ist ohne Frage die Berieselung. [4])

Die Abwässer der Stärkefabriken verhalten sich sehr ähnlich; auch sie gehen leicht in Fäulniß über unter Bildung von Ammoniak, freien Fettsäuren und übelriechenden Gasen. [5]) Die Belästigung der Nachbarschaft ist zuweilen so groß gewesen, daß die Fabriken geschlossen wurden. [6])

Auch diese Abwässer werden am wirksamsten durch die Berieselung beseitigt und unschädlich gemacht. [7])

Stärkeabfälle. Die Rückstände der Kartoffelstärkefabrikation enthalten 12—18 Proc. Trockensubstanz, und darin bis 60 Proc. Protein-

---

[1]) Vierteljahrsschr. f. öffentl. Gesundheitspfl. 1870. 1.
[2]) Polytechn. Notizbl. 22. 175.
[3]) Dingler's polyt. J. 1873. 209. 239.
[4]) Dingler's polyt. J. 1856. 141. 455.
[5]) Dingler's polyt. J. 1866. 182. 326.
[6]) Dingler's polyt. J. 1841. 80. 399; 1844. 92. 122; 1874. 214. 225.
[7]) Dingler's polyt. J. 1835. 56. 464; 1837. 63. 465; Würtembergisches Gewerbebl. 1875. 13.

stoffe.[1]) Sie werden zum Füttern[2]), auch wohl zur Gewinnung von Spiritus und Syrup angewendet.[3])

Der bei der Herstellung der Stärke aus Körnerfrüchten abfallende Kleber würde ein werthvolles Nahrungsmittel abgeben. Allgemein wird er als Viehfutter, neuerdings auch als Albuminsurrogat (Lucin) angewendet.[4])

Zuckerabfälle. Der Schaum, welcher bei der Läuterung des Rübensaftes gebildet wird, ist nach Marx[5]) ein gutes Düngemittel.

Die diffundirten Rübenschnitzel können als Nahrungsmittel[6]), zur Papierfabrikation[7]), zur Gewinnung von Leuchtgas[8]) verwendet werden. Besonders wichtig ist die Anwendung derselben zur Spiritus- und Potaschenfabrikation.

8. Spiritusfabriken und Brauereien.

Göppert[9]) beobachtete, daß sich in der Weißritz eine ungeheure Masse der kleinen Pilzalge Leptomitus lacteus entwickelte, nachdem die Abwässer einer Rübenspiritusfabrik in den Fluß abgelassen wurden. Das Wasser ging unter Entwicklung eines sehr ekelhaften Geruches in Fäulniß über, und war zu jeder häuslichen und technischen Verwendung untauglich. Dieselbe Erscheinung zeigte sich in einem Bache, welcher das Abwasser einer Spiritusrectification aufgenommen hatte. Das Bachwasser entwickelte Schwefelwasserstoff und einen stark fauligen Geruch. Durch Behandlung mit Kalk wurde diese Erscheinung beseitigt.[10]).

In der Nähe von Hannover war durch die Undichtigkeit eines Abdampfofens Rübenschlempe in den Boden gedrungen und hatte das Wasser eines benachbarten Brunnens völlig verdorben. Dasselbe war trübe, hatte einen unangenehm fauligen Geruch, reagirte sauer und enthielt viel Ammoniak, Buttersäure und andere Fäulnißproducte.

Die Abwässer der Brauereien enthalten freie Essigsäure und Milchsäure, welche angeblich den Cement der Canäle angreifen.[11]) Sie sollten in diesem Falle vor ihrem Einlaß in die öffentlichen Canäle mit Kalkmilch behandelt werden.

---

1) Wagner's Jahresber. 1862. 408; 1868. 459; Chem. Centralbl. 1857. 888.
2) Dingler's polyt. J. 1835. 55. 474; Wagner's Jahresber. 1872. 474.
3) Dingler's polyt. J. 1839. 74. 419; 1860. 154. 69.
4) Dingler's polyt. J. 1874. 214. 225.
5) Dingler's polyt. J. 1856. 139. 160; Wagner's Jahresber. 1856. 222.
6) Dingler's polyt. J. 1870. 195. 279; Wagner's Jahresber. 1870. 396.
7) Dingler's polyt. J. 1858. 149. 391: Wagner's Jahresber. 1858. 490.
8) Dingler's polyt. J. 1860. 155. 348; Wagner's Jahresber. 1860. 587.
9) Dingler's polyt. J. 1853. 127. 233.
10) Dingler's polyt. J. 1857. 146. 427.
11) Zeitschrift f. Biolog. 3. 300.

Schlempe. Roggen- und Kartoffelschlempe wird bekanntlich namentlich als Viehfutter [1]), Rübenschlempe zur Gewinnung von Potasche benutzt. [2])

Weinrückstände. Weinhefe und Weintreber werden zur Gewinnung von Leuchtgas [3]) und einer sehr guten Schwärze, von Kali [4]), Weinstein [5]) und Essig [6]) verwendet.

Die bei der Gährung entweichende Kohlensäure wird jetzt ebenfalls technisch benutzt. [7])

Brauereiabfälle. Die Biertreber sind namentlich von Stein untersucht [8]); sie sind zur Spiritusfabrikation [9]) vorgeschlagen, dienen aber allgemein als Viehfutter. [10])

Malzkeime enthalten bis 25 Proc. Eiweißstoffe, sind daher als Viehfutter zu empfehlen. Der Düngerwerth von 100^k wird auf 8 Mark geschätzt. [11])

---

1) Dingler's polyt. J. 1875. **216**. 373.

2) Dingler's polyt. J. 1836. **62**. 490; 1837. **63**. 157; **65**. 77; 1864. **174**. 391; 1863. **170**. 315; Wagner's Jahresber. 1856. 81; 1857. 126; 1863. 280 u. 276; 1864. 200 u. 374; 1868. 285; 1870. 211; 1872. 282.

3) Dingler's polyt. J. 1839. **74**. 318; 1867. **183**. 79; **185**. 196.

4) Dingler's polyt. J. 1846. **101**. 466.

5) Dingler's polyt. J. 1861. **161**. 466.

6) Dingler's polyt. J. 1833. **48**. 442.

7) Chem. Centralbl. 1871. 657; Wagner's Jahresber. 1871. 267.

8) Wagner's Jahresber. 1860. 389; vergl. 1856. 231; 1861. 453.

9) Wagner's Jahresber. 1859. 397.

10) Wagner's Jahresber. 1855. 209; Der Bierbrauer 1873. 41 u. 224.

11) Dingler's polyt. J. 1866. **179**. 71; Der Bierbrauer 1873. 204.

Städtereinigung.

Die Section für öffentliche Gesundheitspflege der 42. Versammlung deutscher Naturforscher und Aerzte in Dresden [1]) nahm folgende Resolution an: „Die Gesundheit der Städtebewohner verlangt als eines der dringendsten Bedürfnisse, daß der Boden, worauf die Städte erbaut sind, rein und trocken erhalten werde — rein, indem aller flüssiger Unrath (Küchen-, Hausreinigungs-, Fabrikwässer u. s. w.) weder direct dem Boden überliefert, noch in Gruben oder sonstwie in der Nähe der Wohnungen aufgespeichert, vielmehr vollständig und schleunigst weit aus den Städten weggeführt werden — trocken, indem das Grundwasser, wo dasselbe regelmäßig oder zeitweise höher als der Kellerboden der Häuser steht, niedriger als derselbe gelegt, und auf diesem Standpunkt dauernd erhalten werde.

Zur Erreichung dieses Doppelzweckes sind folgende Forderungen zu stellen:

1. Reichliche Versorgung der Wohnhäuser mit frischem reinem Wasser, und zwar am besten durch alle Stockwerke.

2. Jeder Aufspeicherungsort, jede Art von Gruben (Versickerungs- [2]), Senk-, cementirte Gruben u. s. w.) sind unbedingt zu verbieten.

3. Leichte und schnelle Abführung des durch den Gebrauch verunreinigten Wassers, durch gut eingerichtete, gehörig gespülte unterirdische Abzüge, dergestalt, daß jeder Fäulniß der flüssigen organischen Abgänge nicht nur im Bereich des Hauses, sondern auch im Bereich der ganzen Stadt unbedingt vorgebeugt wird.

4. Diese Abzüge sind so einzurichten, daß jedes Austreten von Luft aus denselben in die Häuser und die Verunreinigung des Untergrundes wirksam verhindert wird.

5. Die Abzüge müssen tiefer als die Kellersohlen liegen. ....“

---

[1]) Dingler's polyt. J. 1868. **190**. 176; Wagner's Jahresber. 1868. 607.
[2]) Dingler's polyt. J. 1835. **60**. 58.

Vogt[1]) fordert:

1. Tiefgehende Drainirung des Baugrundes.

2. Oberirdische Ableitung der atmosphärischen Niederschläge.

3. Unterirdische Ableitung von allem öffentlichen und privaten Gebrauchswasser durch ein isolirtes enges Canalnetz.

4. Abfuhr der unvermischten Excrementalstoffe und deren Zerstörung durch landwirthschaftliche Verwendung.

Aehnlich Lefeldt[2]), während die meisten Vertheidiger der sogenannten Abfuhr nur die Sammlung der menschlichen Excremente in Tonnen (S. 104) oder mittels des Liernur'schen Systems (S. 107), Abfuhr und Verwerthung derselben zum Dünger verlangen, die Entfernung des nicht beim Stuhlgang gelassenen Urins (S. 109) und des städtischen Schmutzwassers aber einfach unberücksichtigt lassen.

Varrentrapp[3]) und die übrigen Vertheidiger des sogenannten Schwemmsystemes fordern dagegen, daß nur die trocknen städtischen Abfallstoffe (S. 102) abgefahren, die gesammten menschlichen Excremente aber durch die Canäle aus der Nähe der Wohnung entfernt werden.

Da somit bei jedem Abfuhrsystem die gesammten Abwässer der Küchen, Schlachtereien, Fabriken, ja der größte Theil des menschlichen Harnes durch Canäle abgeleitet, bei dem Schwemmsystem aber Straßenkehricht, Steinkohlenasche u. dgl. abgefahren werden müssen, so kann von einer Frage: ob „Canalisation oder Abfuhr?" überhaupt nicht die Rede sein.

Canalisation und Verunreinigung der Flüsse.

Eine gut angelegte Canalisation hat die Aufgabe, durch Drainirung des Bodens den Baugrund trocken zu halten sowie die gesammten flüssigen Abfallstoffe aus der Nähe der Wohnungen zu entfernen, bevor sie in Zersetzung übergehen können.

Die Forderung der Aerzte, durch tiefliegende Canäle den städtischen Baugrund trocken zu halten, ist um so dringender, als von Buchanan[4]), Simon u. A. nachgewiesen wurde, daß Feuchtigkeit des Bodens eine Ursache der Schwindsucht der auf demselben lebenden Bevölkerung ist, daß aber durch die Canalisation vieler englischen Städte der Gesundheitszustand wesentlich gebessert ist.[5]).

---

[1]) Vogt, Städtereinigung, S. 2.

[2]) Lefeldt, Abfuhr, S. 57; Dingler's polyt. J. 1873. 210. 149.

[3]) Varrentrapp, Entwässerung der Städte; Vierteljahrsschr. f. öffentl. Gesundheitspfl. 1872. 521.

[4]) Vierteljahrsschr. für öffentl. Gesundheitspfl. 1869. 63 u. 239.

[5]) Vergl. Vierteljahrsschr. f. öffentl. Gesundheitspfl. 1870. 37; 1872. 451; 1873. 659; 1875. 81; Correspondenzbl. d. niederrhein. Vereins f. öffentl. Ge-

Das Regenwasser, welches stets durch Straßenschmutz mehr oder weniger verunreinigt ist, kann in größeren Städten, wie Lefeldt und Vogt wollen, nicht durch offene Straßenrinnen entfernt werden, da dann bei heftigen Regengüssen die Ueberschwemmung der Straßen unvermeidlich sein würde; es ist daher durch Canäle abzuführen.[1])

Da ferner eine Wasserleitung, welche reines Wasser[2]) (pro Kopf und Tag 100 bis 150[1]) in jede Etage des Hauses führt, für jeden civilisirten Menschen ein unabweisbares Bedürfniß geworden ist, so ist auch die Canalisation der Städte, welche diese mit dem Schmutz des Hauses, der Küche und der Gewerbe beladenen Wassermassen wieder abführt, überhaupt nicht zu entbehren.

Die Berliner gemischte Deputation[3]) ist nach einer eingehenden Erörterung aller einschlagenden Verhältnisse zu dem Schlusse gekommen:

daß das einzuführende Canalsystem wesentlich von der gleichen Größe und Einrichtung sein müsse, gleichviel, ob die menschlichen Excremente durch Abfuhr entfernt oder dem Canalwasser beigemengt werden;

daß das unreine Wasser dieses Canalsystems weder mit, noch ohne menschliche Excremente einfach in die öffentlichen Stromläufe geleitet werden dürfe, daß es also in dem einen wie in dem anderen Falle entweder desinficirt, oder zu Berieselungen verwendet werden müsse;

daß die Kosten für die Canalanlagen in beiden Fällen nahezu gleich hoch ausfallen. —

Daß aber bei vorhandener Wasserleitung das Wassercloset (S. 109) in Beziehung auf Reinlichkeit und Annehmlichkeit allen anderen Abortseinrichtungen vorzuziehen ist, daß ferner nur durch das Wassercloset in Verbindung mit Canalisation die gesammten menschlichen Abfallstoffe, noch bevor sie in Zersetzung übergehen können, aus der Nähe der Wohnungen auf die vollständigste, einfachste und billigste Weise entfernt werden, ist zweifellos.[4]) Bei dem steigenden Bedürfniß nach Reinlichkeit wird daher die Verbreitung der Wasserclosette zwar allmälich, aber unaufhaltsam erfolgen.

Die Gegner der Aborte mit Wasserspülung behaupten, die Canalisation verunreinige Boden, Luft und Wasser, und durch das Schwemmsystem gehe der Landwirthschaft werthvoller Dünger verloren. Diese Vorwürfe sind unbegründet.

---

sundheitspfl. 1873. 121; Lex u. Roth, Handbuch, Bd. 1. S. 281; Vogt, Städtereinigung, S. 3; Varrentrapp S. 192.

[1]) Virchow, Generalbericht, S. 17; Vierteljahrsschrift f. öffentl. Gesundheitspfl. 1872. 521.

[2]) Dingler's polyt. J. 1875. 215. 379; 216. 273.

[3]) Virchow, Generalbericht, S. 6.

[4]) Vergl. Muspratt, Technische Chemie, Bd. 1. S. 296 u. 400.

Die meist als selbstverständlich angesehene Behauptung, daß durch die Canäle die Luft in den Wohnungen und auf den Straßen verunreinigt werde[1]), ja daß selbst Epidemien durch dieselben verbreitet würden[2]), kann doch nur die alten, schlecht angelegten und ungenügend oder gar nicht gespülten Canäle treffen, wie sie aus Frankfurt[3]), Hannover[4]), Heidelberg[5]) und anderen Städten bekannt geworden sind, nicht aber die neuen Anlagen mit hinreichender Spülung, da hier die Excremente und sonstigen Schmutztheile gar nicht die Zeit zur Zersetzung und Gasentwicklung finden.[6]) Verfasser hat sich überzeugt, daß weder in dem Hauptcanale von Frankfurt a. M. (16. Sept. 1873), noch auf der Pumpstation und am Ausfluß des Hauptcanales auf den Rieselfeldern bei Danzig (22. und 23. Juli 1874) ein unangenehmer Geruch wahrzunehmen ist, der an den Gestank der ersten besten Straßengosse erinnert hätte. Dasselbe wird in dem Bericht einer Commission von Breslau[7]) und durch die Besucher der Versammlung des deutschen Vereins für öffentliche Gesundheitspflege[8]) bestätigt. Eine so ängstliche Ausführung von Ventilationseinrichtungen[9]), wie sie von vielen Seiten gefordert wird, dürfte für solche Canäle kaum nothwendig sein.

Eine Verunreinigung des Bodens durch die Canäle könnte nur dann eintreten, wenn dieselben einen Riß bekämen. Allerdings wird das Mauerwerk eines jeden Canales in geringem Grade durchlässig sein; es ist jedoch zu berücksichtigen, daß die Canalflüssigkeiten sehr verdünnt sind, daß wohl nur Diffusionswirkungen zwischen dem Canalinhalt und dem Grundwasser stattfinden, in Folge dessen die colloidalen, organischen Stoffe in dem Canale zurückgehalten werden, während das Wasser eindringen kann[10]), und daß selbst dieser Flüssigkeitsaustausch durch die sogenannte Canalhaut[11]), welche sich in kurzer Zeit auf dem Boden bildet, noch wesentlich vermindert wird, so daß bei guten Canälen von einer nennenswerthen Bodenverunreinigung nicht die Rede sein kann.

---

[1]) Vogt, Städtereinigung, S. 19 u. 33; Lefeldt, Abfuhr, S. 54; Gruber u. Brunner, Canalisation, S. 27; Lauber a. a. O. S. 25.

[2]) Vierteljahrsschr. f. öffentl. Gesundheitspfl. 1871. 440.

[3]) Vierteljahrsschr. f. öffentl. Gesundheitspfl. 1870. 506, 522 u. 548; Varrentrapp, Städteentwässerung, S. 118.

[4]) Dingler's polyt. J. 1874. 211. 222.

[5]) Vierteljahrsschr. f. öffentl. Gesundheitspfl. 1871. 439.

[6]) Vergl. Vierteljahrsschr. f. öffentl. Gesundheitspflege, 1870. 525 u. 530; 1874. 672; Zeitschrift f. Biologie, 1870. 6. 559.

[7]) Gütige Mittheilung des Herrn v. Forkenbeck vom 9. Oct. 1874.

[8]) Vierteljahrsschr. f. öffentl. Gesundheitspfl. 1875. 87.

[9]) Vergl. Dingler's polyt. J. 1829. 34. 215; 1834. 51. 213; 1850. 118. 407; 1860. 155. 412; 156. 60; 1868. 194. 190.

[10]) Vierteljahrsschr. f. öffentl. Gesundheitspfl. 1875. 81; Virchow, Generalbericht, S. 37.

[11]) Virchow-Hirsch, Jahresber. 1867. II. 243.

Uebrigens würde, selbst wenn es gelänge, die menschlichen Excremente von den Canälen zurückzuhalten, hierdurch die Möglichkeit einer Boden- und Luftverunreinigung in keiner Weise vermindert werden. —

Verunreinigung der Flüsse. Flußwasser enthält bekanntlich namentlich kohlensaure und schwefelsaure Verbindungen von Calcium und Magnesium, weniger Kalium, Natrium, Kieselsäure, Chlor u. s. w.; es ist klar oder doch nur durch Sand und Thon getrübt.[1]) Ein solches, nicht durch Industrie- und städtische Abfallstoffe verunreinigtes Wasser ist ohne Geruch und Geschmack, reagirt neutral oder schwach alkalisch, enthält im Liter in Form von organischen Stoffen nicht mehr als 5^{mg} Kohlenstoff und 1^{mg} Stickstoff und geht nicht in Fäulniß über, auch wenn es eine Zeit lang der Sommertemperatur ausgesetzt wird.[2])

Das Wasser gelangt so in befriedigendem Zustande zur ersten Fabrik oder Stadt (Analyse 1, S. 163), verläßt dieselbe aber verunreingt mit Massen von Unrath und Abfällen der verschiedensten Art.[3])

In welch erschreckenden Zustand ein wasserarmer Fluß durch eine dichte Bevölkerung oder zahlreiche Fabriken versetzt werden kann, zeigen namentlich die bereits (S. 130) erwähnten Berichte der englischen Commission. Der Zustand der Flüsse in Yorkshire wird von dieser[4]) in folgender Weise geschildert: Mißbräuchlicher Weise wirft man in die Wasserläufe Hunderttausende von Tonnen an Asche und Kohlenresten und an Schlacken aus den Feuerungen der Dampfkessel, Eisenwerke und Hausöfen; große Massen von zerbrochenem Thongeschirr, abgenutzten Metallgegenständen, von Schutt aus den Ziegeleien und aus alten Gebäuden, von Eisen, von Steinen und Thon aus den Steinbrüchen schüttet man hinein; der Schmutz der Wege, Straßenkehricht, erschöpfte Farbhölzer und ähnliche Stoffe werden den Flüssen überantwortet; Hunderte von Thiercadavern, Hunde, Katzen, Schweine u. s. w. schwimmen auf ihrer Oberfläche umher oder verfaulen an ihren Ufern; sie müssen täglich Millionen von Cubikmetern Wasser abführen, welches mit den Abfällen aus Bergwerken, chemischen Fabriken, Gerbereien, Färbereien, Garn- und Woll-Wäschereien und Walkereien, mit Schlachthausabgängen und mit den Auswurfsstoffen der Städte und Häuser beladen und dadurch verdorben und vergiftet ist. — Der Bradford Beck nimmt aus der Stadt Bradford die Auswurfsstoffe auf von 140000 Personen, die Abwässer von 168 Wollfabriken, 94 Tuchfabriken, 10 Kattunfabriken, 35 Färbereien,

---

1) Fischer, Trinkwasser, S. 5.

2) Reinigung Berlins, Anhang S. 17.

3) Reinigung Berlins, Anhang S. 11; Vierteljahrsschrift f. öffentliche Gesundheitspfl. 1872. 414.

4) Dingler's polyt. J. 1874. 211. 201; Vierteljahrsschr. f. öffentl. Gesundheitspfl. 1872. 411.

7 Gelatinefabriken, 10 chemischen Fabriken, 3 Gerbereien und 3 Fettextractionsfabriken (vergl. Analyse 3 und 4, S. 163).

Dem Bericht ist ein Facsimile beigefügt, welches mit blasser Tinte geschrieben zu sein scheint und folgenden Inhalt hat:

Wakefield, 11. August 68.

„Wir überreichen, ohne die Erlaubniß hierzu nachzusuchen, dem localen Gesundheitsamte von Wakefield dieses Memorandum, geschrieben mit dem Flußwasser des Calder, welches heute an der Einmündung des städtischen Entwässerungscanales entnommen worden ist. Könnte der dort herrschende Geruch dieses Schriftstück begleiten, so würde es an Interesse bedeutend gewinnen."

Der große Gehalt der verunreinigten Flüsse an stickstoffhaltigen organischen Stoffen läßt schon voraussehen, daß dieselben im Sommer in faulige Gährung übergehen. So war denn auch im Juli die Oberfläche des etwa 40 Meter breiten Irwellflusses unterhalb Manchester (Analyse 2, S. 163) mit einem dichten, kothigen Schlamm belegt, es stiegen fortwährend große Blasen auf, die träge platzten und die Luft weithin mit dem Gestank der gasförmigen Fäulnißproducte erfüllten. Die Temperatur des Wassers war 24°, die der Luft dagegen nur 12°. Dem entsprechend ist die Gesammtmenge der organischen Verunreinigungen im Sommer geringer als im Winter, obgleich die Sinne dann weniger von diesen Stoffen belästigt werden.

Es ist mehrfach behauptet worden, daß die organischen Stoffe völlig verschwinden, wenn Canalwasser, mit der 20fachen Menge Flußwasser gemischt, 15 bis 20 km weit geflossen wäre. Die englische Commission [1]) aber hat nach der Untersuchung der Flüsse selbst, sowie durch Experimente im Laboratorium gezeigt, daß die Oxydation der organischen Substanz namentlich bei Temperaturen unter 17° äußerst langsam vor sich geht, so daß kein Fluß Englands lang genug ist, auf diese Weise die organischen Stoffe unschädlich zu machen. Im Winter werden die Flüsse nur durch Absetzen der suspendirten Stoffe theilweise gereinigt. Der abgesetzte Schlamm enthält oft 30 Proc. stickstoffhaltige organische Substanz, die im Sommer wieder in faulige Gährung übergeht, stinkende Gase entwickelt, die große Massen schwarzen Schmutzes mit sich zur Oberfläche reißen und dadurch den Fluß für Auge und Nase über alle Maßen unerträglich machen. — Daß auch deutsche Flüsse so hochgradig verunreinigt werden können, zeigte noch im letzten Herbste die Spree bei Berlin.

Wenn die englische Commission auch nicht bestimmt nachweisen konnte, in wie weit diese Flußverunreinigung die Gesundheit der in der Nähe Wohnenden schädigt, so ist doch unbestritten, daß ein solcher Zustand nicht nur die menschlichen Sinne im höchsten Grade belästigt, sondern

---

[1]) Reinigung Berlins, Anhang S. 29.

Analysen. (1[1] enthält mg.)

Nummer	Canalwässer.	Gelöst.								Suspendirt.	
		Organischer Kohlenstoff	Organischer Stickstoff	Ammoniak	Stickstoff als Nitrate u. Nitrite	Gesammt-Stickstoff	Chlor	Arsen	Gesammtgehalt	Gesammtgehalt	Darin organische Stoffe	Bemerkungen.
1	Irwell nahe an seinem Ursprung	1,87	0,25	0,04	0,21	0,49	11,5	0	78	0	0	12. Juni 1869.
2	Irwell unterhalb Manchester	18,92	2,64	3,71	1,77	7,46	87,3	0,22	508	41,6	21,0	
3	Bradford-Beck oberhalb Bradford	3,49	0,81	1,05	2,68	4,35	18,7	0	440	Spur.	Spur.	5. Oct. 1869. Temperatur 13,8°.
4	Derselbe unterhalb Bradford	40,24	3,92	12,20	0	13,97	54,5	0,02	755	520,0	360,5	5. Oct. 1869. Temp. 30,5°.
5	Die Themse bei Hampton .	2,60	0,24	0	1,96	2,20	14,8	—	279	Spur.	Spur.	4. Mai 1868.
6	Dieselbe an der London-Brücke.	3,04	0,34	1,20	1,67	3,00	18,3	—	344	54	3,6	2. April 1869.
7	Canalwasser, Durchschnitt aus 15 Städten mit Mistgruben	41,81	19,75	54,35	0	64,61	115,4	—	824	391,1	213,0	Durchschnitt von 37 Analysen.
8	Canalwasser, Durchschnitt aus 16 Städten mit Wasserclosetten	46,96	22,05	67,03	0,03	77,28	106,6	—	722	446,9	205,1	Durchschn. v. 50 Analysen.

auch für die Gewerbtreibenden sehr unangehm ist, da ein solches Wasser weder zum Waschen und Spülen noch auch zum Speisen der Dampfkessel brauchbar ist. So haben denn auch 30 Fabriken aus den Thälern des Mersey und Ribble den Werth, welchen reines Flußwasser für sie haben würde, auf jährlich 211000 Mark beziffert.[1]) —

Diese Verunreinigung der Flüsse ist offenbar nur dadurch zu beseitigen oder zu vermeiden, daß die Industrieabfälle (S. 119) und städtischen Canalwässer (S. 159) von den Flüssen völlig zurückgehalten oder vor ihrem Einlauf in dieselben gereinigt werden.

Von den Anhängern der Düngergruben und Abfuhr wird zwar noch immer behauptet, daß der üble Zustand der städtischen Canalwässer nur von den Wasserclosetten herrühre, daß daher durch eine geregelte Abfuhr (S. 158) die Verunreinigung der Flüsse vermieden werde. Wie bereits (S. 109) erwähnt, ist jedoch der größte Theil des Urins nicht von den Canälen fern zu halten.[2]) In den menschlichen Excrementen verhält sich aber der Stickstoff der Fäces zu dem des Harns fast wie 1:8. Wenn auch die Verunreinigung durch diese beiden Stoffe nicht ganz als ihrem Gehalt an Stickstoff proportional angesehen werden kann, weil in dem Urin ein Theil desselben als Harnstoff enthalten ist, so ist doch zu berücksichtigen, daß auch die Umsetzung dieses Körpers in Ammoniumcarbonat von der Entwicklung unzähliger Bakterien begleitet ist (S. 2 u. 20), die andere organische Stoffe sehr schnell in Fäulniß versetzen. Die Analysen 7 und 8, S. 163, zeigen denn auch, daß das Canalwasser aus Städten mit Mistgruben und Abfuhr fast ebenso viel fäulnißfähige organische Stoffe enthält, als dasjenige, welches die Abflüsse der Wasserclosette mit aufgenommen hat. Nach den Untersuchungen von Feichtinger[3]) und Pettenkofer enthält das Abwasser der Canäle in München, in die keine Excremente eingelassen werden dürfen, sogar noch mehr gelöste organische Stoffe als das Canalwasser von Rugby mit Wasserclosetten. Das Zurückhalten der festen menschlichen Abfälle vor den Canälen hat demnach keine irgendwie beträchtliche Verminderung der fäulnißfähigen Stoffe des Canalwassers zur Folge, man muß somit die Hoffnung aufgeben, durch gesonderte Behandlung der Excremente die Verunreinigung des Wassers zu verringern.

Auch die zuweilen gestellte Forderung, Fabriken und Gewerbe, welche unreines Wasser liefern, aus den Städten zu vertreiben oder doch ihre Abwässer nur dann in die öffentlichen Canäle aufzunehmen, wenn sie gehörig desinficirt sind[4]), ist praktisch nicht durchführbar, verspricht auch

---

[1]) Reinigung Berlins, Anhang S. 13 u. 65; Vierteljahrsschr. f. öffentl. Gesundheitspfl. 1871. 292.

[2]) Reinigung Berlins, Anhang S. 16 u. 58.

[3]) Zeitschrift f. Biologie 6. 548; Vierteljahrsschr. f. öffentl. Gesundheitspfl. 1869. 255.

[4]) Lefeldt, Abfuhr, S. 57.

keinen durchschlagenden Erfolg, da die Spülwässer der Küchen, Wäschereien, Restaurationen, das Regenwasser und andere Flüssigkeiten oft schädlichere Stoffe den Canälen zuführen als Fabriken. Da ferner die Industrieabwässer durch dieselben Operationen gereinigt werden können, als die gewöhnlichen Canalwässer, so ist ihr Einlauf in die städtischen Canäle zu gestatten, wenn sie keine freien Säuren oder giftigen Metalle enthalten.

Die deutschen Flüsse sind zwar durchweg wasserreicher als die englischen, die Anzahl der Fabriken geringer; wenn somit die Gefahr der Flußverunreinigung in Deutschland auch weniger groß ist, so muß doch den Forderungen der englischen Commission [1]) im Allgemeinen zugestimmt werden, daß keine Flüssigkeit in die Flußläufe zu lassen ist, welche

a. im Liter mehr als 30^{mg} suspendirte unorganische oder 10^{mg} suspendirte organische Stoffe enthält;
b. im Liter mehr als 20^{mg} organischen Kohlenstoff oder 3^{mg} organischen Stickstoff in Lösung enthält;
c. bei Tageslicht eine bestimmte Farbe zeigt, wenn sie in einer Schicht von 30^{mm} Tiefe in ein Porzellangefäß gebracht wird;
d. im Liter mehr als 20^{mg} eines Metalles mit Ausschluß von Kalium, Natrium, Calcium und Magnesium in Lösung enthält;
e. im Liter, gleichviel ob gelöst oder suspendirt, mehr als $0^{mg},5$ metallisches Arsen, als solches, oder in irgend einer Verbindung enthält;
f. nach ihrer Ansäuerung mit Schwefelsäure im Liter mehr als 10^{mg} freies Chlor enthält;
g. im Liter mehr als 10^{mg} Schwefel in Form von Schwefelwasserstoff oder als lösliches Sulfid enthält;
h. im Liter mehr Säure enthält, als 2^{g} Chlorwasserstoffsäure entsprechend;
i. im Liter mehr Alkali enthält, als 1^{g} Aetznatron entsprechend.

Da jedoch die Abwässer durch Kalk, Kreide u. dgl. leicht entsäuert werden können, so empfiehlt es sich, alle sauren Flüssigkeiten von den öffentlichen Wasserläufen auszuschließen.

Nach dem neueren englischen Gesetze ist dem entsprechend Jeder, welcher Auswurfstoffe in ein fließendes Gewässer schafft oder ablaufen läßt, oder unreine und schädliche Flüssigkeiten aus Fabriken u. dgl. in fließende Gewässer ableitet, zur Entschädigung verpflichtet und muß 100 bis 200 Mark Strafe zahlen, außerdem für jeden Tag, wo die Verunreinigung fortdauert, 20 bis 40 Mark. Das Gesetz findet keine Anwendung, wenn der durch die Verunreinigung angerichtete Schaden unerheblich (?) ist, oder auch, wenn der Urheber die anerkannt besten Methoden zur Reinigung anwendet. [2])

---

[1]) Dingler's polyt. J. 1874. **211**. 209; Reinigung Berlins, Anhang S. 217.
[2]) Vergl. Vierteljahrsschr. f. öffentl. Gesundheitspfl. 1874. 370.

Reinigung der Canalwässer.

Bei der Reinigung der Canalwässer, welche also sämmtliche Excremente und flüssigen Abfälle einer Stadt aufgenommen haben, sind demnach vor allen Dingen die leicht in Fäulniß übergehenden stickstoffhaltigen organischen Stoffe zu entfernen, umsomehr die Stickstoffverbindungen zugleich die landwirthschaftlich werthvollsten sind. Minder wichtig ist die, lediglich in landwirthschaftlicher Beziehung wünschenswerthe, Gewinnung der Phosphorsäure und des Kaliums. Diese Reinigung ist bis jetzt versucht worden:

a. durch Behandlung mit Chemikalien,
b. durch Filtration,
c. durch Berieselung.

a. Reinigung mit Chemikalien.

Kalk (vergl. S. 35). Das Canalwasser wird mit einer bestimmten Menge Kalkmilch vermischt und in große Klärbassins geleitet. Es setzt sich ein stark fäulnißfähiger Schlamm ab, welcher durch ein Paternosterwerk in Gruben befördert wird, dort theils durch Verdunstung, theils durch Einsickerung in den Boden langsam trocknet. Das Verfahren ist in großem Maaßstabe bei Tottenham zur Gewinnung von Dünger (Tottenham Sewage-Guano), in Blackburn und Leicester (Leicester bricks) angewendet.[1]) Wie die Analysen 1 bis 4, S. 167, zeigen, vermindert Kalk zwar den Gesammtgehalt an löslichen Stoffen, der organische Stickstoff wird aber nicht zur Hälfte entfernt, der Ammoniakgehalt durch Zersetzung der organischen Stoffe sogar vermehrt. Das mit Kalk behandelte Canalwasser darf daher in der Regel nicht in die Flüsse abgelassen werden.

Der in Leicester erhaltene trockene Niederschlag hatte folgende Zusammensetzung:

Unorganische Stoffe	37,41	Proc.
Organische und andere flüchtige Stoffe . .	62,59	»
Kohlenstoff	18,86	»
Phosphorsäure	0,15	»
Gesammtstickstoff	0,85	»
Ammoniak	0,09	»

100^{k} dieses Niederschlages haben hiernach einen theoretischen Düngerwerth von nur 1,3 Mark; in Wirklichkeit wird aber höchstens 0,1 Mark bezahlt, so daß die Auslagen nicht gedeckt werden. Obgleich demnach die Behand-

---

[1]) Dingler's polyt. J. 1857. 143. 150; 1860. 156. 54; Reinigung Berlins, Anhang S. 91.

Analysen. (1[1] enthält mg.)

Nummer	Chemische Reinigung.	Gelöst.							Suspendirt.		Bemerkungen.
		Organischer Kohlenstoff	Organischer Stickstoff	Ammoniak	Stickstoff als Nitrate u. Nitrite	Gesammt-Stickstoff	Chlor	Gesammtgehalt	Gesammtgehalt	Darin organische Stoffe	
1	Canalwasser von Blackburn	41,03	4,60	14,26	0	16,34	—	597	416,8	283,0	
2	Dasselbe nach der Behandlung mit Kalk	26,19	4,12	19,59	0	20,22	—	660	133,2	69,8	
3	Canalwasser von Leicester .	35,36	7,47	18,00	0	22,29	—	1120	480,8	295,8	31. Juli 1868.
4	Dasselbe nach der Behandlung mit Kalk	26,08	3,40	18,00	0	18,22	—	900	28,4	9,4	
5	Desgleichen mit der Sillar'schen ABC-Mischung . . .	23,05	3,73	25,00	0	24,32	—	1250	43,6	31,4	
6	Der Roch bei der Papierfabrik	45,18	2,88	5,12	2,30	9,40	—	433	60,0	31,8	16,4° Härte.
7	Derselbe nach der Behandlung mit Kalk und Filtration	3,68	0,10	0,20	17,10	17,36	—	301	0	0	10,6° Härte.
8	Canalwasser von Northampton	37,00	28,59	60,00	0	78,00	—	880	831,2	164,0	
9	Dasselbe nach der Behandlung mit Kalk und Eisenchlorid	18,45	17,79	50,00	0	58,97	—	885	9,6	0,4	
10	Abwasser einer Druckerei .	513,03	28,61	2,35	0	30,54	63,0	1630	—	—	0,04 mg Arsen.
11	Dasselbe nach der Behandlung mit Kalk und Eisenchlorid und Filtration . .	445,69	35,37	4,45	0	39,02	—	2085	—	—	desgl.

lung mit Kalk zur Reinigung einiger Fabrikabwässer [1]) (Analysen 6 u. 7) vortheilhaft sein kann (S. 146 u. 155), so ist doch dieses Verfahren für städtisches Canalwasser durchaus ungenügend.

Scott [2]) (engl. Pat. 26. Aug. 1871) versetzt die Abwässer mit Kalk, glüht den Niederschlag und fällt mit demselben neue Cloakenmassen, um den erhaltenen Dünger reicher an Phosphorsäure zu machen. Die von dem Niederschlage abgelassene Flüssigkeit soll nach einem anderen Patente (11. Dec. 1872) zum Spülen der Wasserclosette verwendet werden. [3]) Später (Pat. 25. April 1873) macht derselbe [4]) Vorschläge zur Gewinnung des beim Erhitzen des Niederschlages entweichenden Ammoniaks, sowie zur vollständigeren Fällung des Ammoniaks [5]) durch Dolomit und Magnesiumphosphat (engl. Pat. 26. Aug. 1872 und 15. Febr. 1873).

Fulda (engl. Pat. 13. Febr. 1872) will 100 Th. Canalwasser mit 1 Th. einer Mischung von 112^{k} Kalk, 1^{k} Glaubersalz mit etwas Wasser angerührt fällen. [6])

Smith (engl. Pat. 7. Nov. 1871) fällt mit Kalk, Lehm u. s. w., kühlt nach dem Absetzen des Niederschlages die erhaltenen Wässer mit flüssiger Kohlensäure (!), damit die durch chemische Mittel nicht fällbaren Stoffe in eine niedrigere Schicht sinken (?), worauf die oberflächliche Schicht abfließt. Cole, Coldfield und Abbot (engl. Pat. 4. Nov. 1871) suchen dagegen das raschere Absetzen des Niederschlages durch Erwärmen der Flüssigkeit zu erreichen. [7])

Süvern's Desinfectionsmittel. Nach Grouven [8]) werden 100 Th. Kalk mit 300 Th. Wasser gelöscht, dem noch heißen Kalkbrei 8 Th. Theer, dann 33 Th. Chlormagnesium zugesetzt; diese Masse wird dann mit so viel Wasser gemischt, daß das Ganze 1000 Th. beträgt.

Die unter der Leitung von Virchow [9]) über die Wirkung der Bestandtheile dieses Mittels angestellten Versuche zeigten, daß der Zusatz von Kalk allein eine vollkommene Klärung bewirkt, jede Art organischen Lebens tödtet und seine Entwicklung auf eine Zeit von etwa 10 Tagen verhindert. Der beim Gebrauch von Kalk auftretende Geruch nach Ammoniak wird durch Zusatz von Chlormagnesium vermieden. Der Theer bewirkt, daß die Entwicklung von Fäulnißorganismen auf verhältnißmäßig längere Zeit verhindert wird. Der Zusatz von 10 Th. Süvern'scher Masse genügte zur Reinigung von 1000 Th. Canalwasser.

---

[1]) Vierteljahrsschr. f. öffentl. Gesundheitspfl. 1871. 301.
[2]) Berichte d. deutschen chem. Gesellsch. 1872. 395; vergl. 339.
[3]) Berichte d. deutschen chem. Gesellsch. 1874. 1035.
[4]) Berichte d. deutschen chem. Gesellsch. 1875. 174.
[5]) Berichte d. deutschen chem. Gesellsch. 1874. 660.
[6]) Berichte d. deutschen chem. Gesellsch. 1872. 998.
[7]) Dingler's polyt. J. 1874. 211. 212.
[8]) Dingler's polyt. J. 1868. 187. 439; Wagner's Jahresber. 1868. 606.
[9]) Dingler's polyt. J. 1870. 197. 83.

In Berlin wurden im Sommer 1867 in 18 Tagen fast 9000^{cbm} Canalwasser mit der Süvern'schen Mischung desinficirt. Nach dem Berichte der Commission [1]) ging die Mischung mit dem Canalwasser leicht vor sich, die Niederschläge setzten sich rasch ab, das abfließende, alkalisch reagirende Wasser war fast frei von Organismen. Nach längerem Stehen entwickelten sich dieselben jedoch von Neuem, sobald der Kalk durch Aufnahme von Kohlensäure ausgeschieden war; die Fäulniß wird also nur verzögert, nicht verhindert. 1^l des abfließenden Wassers enthielt noch 2,8 bis 6^{mg} organischen Stickstoff; dasselbe sollte demnach nicht in die Flüsse abgeleitet werden. Der trockene Niederschlag enthielt 21,1 bis 36,2 Proc. organische Stoffe, 0,7 bis 1 Proc. Stickstoff und 1,2 bis 1,5 Proc. Phosphorsäure. Als Düngemittel ist derselbe daher fast werthlos, nach den Beobachtungen von Röder für Körnerfrüchte sogar schädlich.[2])

Der aus dem Abwasser von 3 Zuckerfabriken (S. 154) nach diesem Verfahren erhaltene Schlamm enthielt nach Stohmann:

	1.	2.	3.
Phosphorsäure	0,37	0,18	0,20
Stickstoff	0,12	0,16	0,09
Kali	0,23	0,21	0,06
Kalk	6,23	9,17	6,56
Thonerde und Eisenoxyd	2,64	2,40	1,37
Sand und Erde	26,05	24,29	10,64
Wasser	56,98	55,15	75,69
Organische Stoffe, Magnesium u. dgl.	7,38	8,44	5,39

100^k entsprechen demnach, abgesehen vom Kalk, einem Düngerwerth von nur 34, 29 und 19 Pfennigen. — Das Verfahren ist also für größere Verhältnisse durchaus unbrauchbar.

Hille [3]) empfahl zu gleichem Zweck ein Gemisch von 200^k Kalk, 250^k Wasser und 15^k Theer (engl. Pat. 2. Dec. 1870). Später will derselbe 250^k Kalk mit 5^k Chlormagnesium und 20^k Theer gemischt anwenden (engl. Pat. 15. Febr. 1872).

Kalk- und Eisenlösung. Zu Northampton wird das Canalwasser von 40000 Personen mit Kalkmilch, dann mit Eisenchlorürchlorid versetzt und nach dem Absetzen durch eine Schicht Eisenerz filtrirt. Das Wasser fließt zwar klar ab, enthält aber, wie Analyse 8 und 9, S. 167, zeigen, noch so viel organische Stoffe, daß es in kurzer Zeit wieder in Fäulniß übergeht. Das fernere Einführen dieses Abwassers in den Nenfluß ist daher verboten.[4]) Auch zur Reinigung von Fabrikabwasser ist das Ver-

---

1) Reinigung Berlins, Heft II u. IV; Generalbericht S. 77; Vierteljahrsschr. f. öffentl. Gesundheitspfl. 1871. 273.

2) Dingler's polyt. J. 1870. **197**. 87; 1874. **211**. 212; Muspratt, Technische Chemie, II. S. 300.

3) Berichte d. deutschen chem. Gesellsch. 1871. 811; 1872. 1065.

4) Dingler's polyt. J. 1870. **197**. 375; Reinigung Berlins, Anhang S. 108.

fahren ungenügend (Analyse 10 und 11). — Aehnlich der Vorschlag von Houzeau.[1])

Proceß Holden. Das Canalwasser von Bradford wird theilweise, unter der Leitung von Holden mit Eisenvitriol, Kalk, Kohlenstaub versetzt und durch eine Reihe von Klärbassins fließen gelassen. Analysen 1 und 2, S. 171, zeigen, daß die Menge der gelösten stickstoffhaltigen Bestandtheile sogar noch vermehrt ist, da ein Theil der suspendirten Stoffe in Lösung geht. Der lufttrockene Niederschlag enthält nur 0,5 Proc. Stickstoff und 0,3 Proc. Phosphorsäure, ist daher fast werthlos.[2]) — Aehnlich der Vorschlag von Siret.[3])

Scott[4]) (engl. Pat. 14. Jan. 1873) fällt ebenfalls mit Kalk, dann mit Eisen- oder Thonerdesalzen, will den Niederschlag aber zur Herstellung von Cement oder Filterkohle verwenden.

A. W. Hofmann und Frankland[5]) empfahlen zur Reinigung des Londoner Canalwassers das auch von Dales[6]) vorgeschlagene Eisenchlorid. Burrow[7]) will Eisenvitriol und Gyps anwenden (engl. Pat. 7. Oct. 1871).

Aluminiumverbindungen. Zu Stroud in Gloucestershire werden 100^{cbm} Canalwasser mit etwa 40^{k} Thon, der einige Tage mit 7^{k} Schwefelsäure behandelt ist (also rohes schwefelsaures Aluminium), versetzt und nach dem Klären durch Coks filtrirt. Das abfließende Wasser ist, wie Analyse 3 und 4, S. 171, zeigen, sehr unvollkommen gereinigt, geht deshalb auch schon nach wenig Tagen in Fäulniß über.[8])

Auch in Asnières bei Paris war durch Dumas eine größere Versuchsanstalt zur Reinigung des Cloakenwassers mit eisenhaltigem Aluminiumsulfat eingerichtet. Nach Grouven[9]) wurde zwar sämmtliche Phosphorsäure, aber nur 30 bis 33 Proc. Stickstoff gefällt. — Durand Claye[10]) will Schleusenwasser ebenfalls mit schwefelsaurer Thonerde fällen.

Mit der von Lenk[11]) vorgeschlagenen rohen schwefelsauren Thonerde, der bisweilen auch Zinkchlorid, Eisenchlorid oder Soda zugesetzt wurde, hat die Berliner Commission[12]) ebenfalls durchaus ungenügende

---

1) Dingler's polyt. J. 1874. **211**. 212.
2) Reinigung Berlins, Anhang S. 112.
3) Dingler's polyt. J. 1844. **94**. 80.
4) Dingler's polyt. J. 1874. **213**. 424.
5) Dingler's polyt. J. 1860. **156**. 50.
6) Wagner's Jahresber. 1860. 463.
7) Berichte d. deutschen chem. Gesellsch. 1872. 488.
8) Reinigung Berlins, Anhang S. 108.
9) Dingler's polyt. J. 1874. **211**. 214.
10) Deutsche Industriezeitg. 1869. 486.
11) Dingler's polyt. J. 1869. **191**. 87; vergl. 1868. **187**. 320.
12) Reinigung Berlins, Heft III u. IV; Generalbericht S. 79.

Analysen. (1 l enthält mg.)

Nummer	Chemische Reinigung.	Gelöst. Organischer Kohlenstoff	Gelöst. Organischer Stickstoff.	Gelöst. Ammoniak	Gelöst. Stickstoff als Nitrate u. Nitrite	Gelöst. Gesammt-Stickstoff	Gelöst. Chlor	Gelöst. Gesammtgehalt	Suspendirt. Gesammtgehalt	Suspendirt. Darin organische Stoffe	Bemerkungen.
1	Canalwasser von Bradford . .	63,03	5,77	18,45	0,08	21,04	64,9	799	510,0	360,5	5. Oct. 1869.
2	Dasselbe nach dem Proceß Holden	35,78	8,68	15,20	3,67	24,87	67,8	1704	0	0	
3	Canalwasser von Stroud . .	22,89	13,30	31,52	0,44	39,70	—	485	430,0	278,5	28. Oct. 1868.
4	Dasselbe nach der Behandlung mit Aluminiumsulfat. . . .	22,03	6,92	22,75	0,33	25,98	—	535	40,8	22,0	
5	Canalwasser von Leamington (Durchschnitt)	66,57	19,49	99,90	0	101,76	153,0	1257	508,0	331,2	10. Mai 1870.
6	Dasselbe nach der Behandlung mit der ABC-Mischung (Durchschnitt)	61,30	19,29	110,17	0	110,02	153,0	1346	87,6	48,0	
7	Londoner Canalwasser . . .	36,14	18,86	54,18	0	63,48	102,3	673	283	180	23. Mai 1870.
8	Dasselbe nach der Behandlung mit der Mischung	22,57	18,78	60,86	0	68,90	102,0	805	Spur	Spur	

Resultate erhalten. Das damit gereinigte Wasser war selten desodorisirt (vergl. S. 37), der Niederschlag setzte sich sehr schwer ab; die Reinigungskosten für 100 cbm Flüssigkeit betrugen etwa 8,5 Mark. Nach dem Bericht von Virchow[1]) wurden die im Berliner Canalwasser zahlreich vorhandenen Bakterien, Pilze und Infusorien bei starkem Zusatz zwar gefällt, aber nur zum geringen Theil getödtet; durch die gewöhnlich angewandten Mengen des Fällungsmittels wurden die niederen Organismen jedoch nicht entfernt, oft wurde sogar ihre Entwicklung begünstigt. 1 l Abflußwasser enthielt noch 78 mg,4 Stickstoff in Form von Ammoniak und 6 mg,7 organischen Stickstoff. Der Ertrag eines mit dem Schlamm gedüngten Ackers in Proskau blieb sogar noch hinter dem von ungedüngtem zurück. Das Verfahren ist also ebenfalls unbrauchbar.

Manning[2]) versetzt das städtische Canalwasser mit Alaun, thierischer Kohle, Soda und Gyps. Leigh[3]) (engl. Pat. 11. Juni 1873) fällt ebenfalls mit Alaun, setzt dann aber Wasserglas und zur Fällung der gelöst bleibenden eiweißartigen Körper etwas Tannin zu.

Der ABC-Proceß (Alum Blood and Charcoal oder Clay). Die Patentträger Sillar und Wigner[4]) versetzen das Canalwasser mit einer aus folgenden Bestandtheilen zusammengesetzten Mischung: Alaun, Blut, Thon, Magnesia, mangansaures Kalium, gebrannter Thon, Kohle und Dolomit in wechselnden Verhältnissen. Für gewöhnlich werden folgende Mengen genommen:

Alaun	600 Th.
Blut	1 »
Thon	1900 »
Magnesia	5 »
Mangansaures Kalium	10 »
Gebrannter Thon	25 »
Chlornatrium	10 »
Thierkohle	15 »
Holzkohle	20 »
Dolomit	2 »

später[5]) sollen sogar auch Magnetismus und Elektricität die Abscheidung des Niederschlags befördern.

Die Analysen 5, S. 167, und 5 bis 6, S. 171, zeigen, daß zwar die suspendirten Stoffe entfernt werden, der Gesammtgehalt an löslichen Stoffen aber vermehrt, der Stickstoff nur wenig vermindert ist. Der in Leamington erhaltene Schlamm bestand lufttrocken aus:

---

1) Reinigung Berlins, Heft III. S. 175.
2) Dingler's polyt. J. 1854. 134. 158.
3) Berichte d. deutschen chem. Gesellsch. 1875. 177.
4) Dingler's polyt. J. 1870. 197. 374; Reinigung Berlins, Anhang S. 93 u. 240.
5) Berichte d. deutschen chem. Gesellsch. 1871. 813; vergl. 1870. 917.

Organische Stoffe	34,27
(darin 18,15 Kohlenstoff, 1,55 Stickstoff)	
Ammoniak	0,16
Phosphorsäure	1,98
Thon und andere werthlose Stoffe	56,13
Wasser	7,46
	100,00

Der Düngerwerth dieses Niederschlages ist sehr gering.

Der von der englischen Commission im Laboratorium ausgeführte Versuch mit Londoner Canalwasser (Analyse 7 u. 8, S. 171) zeigt, daß der organische Stickstoff nicht ausgefällt wird, daß somit der erhaltene Dünger werthlos sein muß, das Abflußwasser aber nicht in die Flüsse gelassen werden darf. Da außerdem die zum Sammeln und Trocknen des Schlammes erforderlichen Operationen von sehr widerlichem Geruch begleitet sind, so ist es leicht erklärlich, daß dieses Verfahren wieder aufgegeben ist.

Phosphate. Forbes und Price[1]) versetzen Schleusenwasser mit der sauren Lösung eines namentlich auf der Insel Alta Vela in großer Menge vorkommenden Aluminiumphosphates und dann mit Kalkmilch. Auf 1500^{cbm} Wasser ist etwa 1^{t} Phospat zu nehmen (vergl. S. 112).

Tessié du Motay[2]) will das Ammoniak der Pariser Schleusenwässer durch Zusatz löslicher Phosphate und Magnesiumverbindungen als phosphorsaures Ammon-Magnesium fällen. Bei Gegenwart von Harnstoff wird zuckersaures Baryum oder Calcium zugesetzt; es soll sich cyansaures und cyanharnstoffsaures Baryum und Calcium bilden und rasch in Ammoniumsalze umsetzen. Das Kalium wird durch Kieselfluorammonium, die organischen Stoffe durch das gebildete Chloraluminium niedergeschlagen.

Blanchard, Bang und Provost (engl. Pat. 6. Febr. 1872) fällen das Cloakenwasser mit Magnesiumphosphat.[3]) Aehnlich Scott[4]) (engl. Pat. 20. März 1872 u. 25. Jan. 1873) und Jacobsen[5]) (engl. Pat. 23. Jan. 1873).

Sloper (engl. Pat. 14. Juni 1870) läßt die Cloakenflüssigkeit erst gähren, damit die stickstoffhaltigen Substanzen in kohlensaures Ammonium übergeführt werden und fällt dann mit löslichen Magnesiumsalzen, phosphorsauren Alkalien und Kalk. Später (engl. Pat. 6. Febr. 1871) haben Sloper und Washer diese durchaus verwerfliche faulige Gährung durch Zusatz von Alkali zu vermeiden gesucht.[6])

---

[1]) Berichte d. deutschen chem. Gesellsch. 1871. 859; Civilingen. 1872. 314.
[2]) Dingler's polyt. J. 1874. **211**. 214.
[3]) Berichte d. deutschen chem. Gesellsch. 1872. 943.
[4]) Berichte d. deutschen chem. Gesellsch. 1873. 272; 1874. 1467.
[5]) Dingler's polyt. J. 1874. **214**. 424.
[6]) Berichte d. deutschen chem. Gesellsch. 1871. 133 u. 856; vergl. 1872. 736.

Prange und Witthread (engl. Pat. 6. Febr. 1872) wollen die Canalwässer durch Zusatz von saurem Calciumphosphat und Kalkmilch reinigen; wenn viel Ammoniak entweicht, sollen Magnesiumsalze zugefügt werden.[1]) Aehnlich Campbell (engl. Pat. 30. März 1872).

Lupton[2]) versetzt mit Kohle, wenig phosphorsaurem Calcium und filtrirt (engl. Pat. 15. Aug. 1871).

Nach Brobrownicki (engl. Pat. 2. Mai 1872) werden diese Wässer angesäuert und dann mit einer Lösung von Fluorsilicium, Chlorsilicium oder einem alkalischen Silicate vermengt. Der entstehende Niederschlag, Silicoid genannt, wird dann weiter auf Ammoniak verarbeitet.[3])

Jacobsen[4]) will die Canalwässer mit den alkalischen Laugen der Papierfabriken fällen (engl. Pat. 16. Juli 1873), Withe mit chlorkaliumhaltigen Fabrikwässern (engl. Pat. 24. Juli 1873). —

Auch diese patentirten Fällungsmethoden sind offenbar nicht im Stande, die stickstoffhaltigen organischen Stoffe so vollständig niederzuschlagen, daß der erhaltene Dünger die Auslagen deckte, und daß die gereinigten Abwässer ohne Bedenken in die Flüsse gelassen werden könnten.

b. Filtration.

Margueritte (engl. Pat. 15. März 1872) läßt die Canalwässer durch Centrifugalapparate gehen.[5])

Murray (engl. Pat. 23. Mai 1872) läßt die Flüssigkeiten nur absetzen und verwendet den Bodensatz zum Düngen. Banks und Walker (engl. Pat. 22. Sept. 1871) filtriren die Canalwässer und leiten durch die ablaufenden Flüssigkeiten Luft hindurch, bevor sie in die Flüsse abgeführt werden. Millbrunn und Browning (engl. Pat. 11. Oct. 1871) machen Angaben über das Trocknen des abfiltrirten Schlammes.[6])

Curror und Dewar (engl. Pat. 25. Nov. 1872) filtriren durch Torf und verwenden diesen als Dünger[7]); desgleichen Robey (engl. Pat. 25. Juli 1873)[8]), der auch kohlehaltigen, geglühten Thon vorschlägt.

Kirkmann (engl. Pat. 6. Oct. 1870) behandelt die Flüssigkeit mit Kohlensäure, um die übeln Gerüche zu entfernen, filtrirt durch ein Bett mit Ziegelstücken, an das alles (?) Ammoniak und die Salze abgegeben werden, und läßt das Filtrat in Behälter fließen, in denen Zink- und Kupferplatten aufgestellt sind. Die Angabe, daß der durch diese Platten

---

[1]) Berichte d. deutschen chem. Gesellsch. 1872. 942; 1873. 458.
[2]) Berichte d. deutschen chem. Gesellsch. 1872. 340.
[3]) Dingler's polyt. J. 1872. 211. 215.
[4]) Berichte d. deutschen chem. Gesellsch. 1875. 180.
[5]) Berichte d. deutschen chem. Gesellsch. 1873. 1271; vergl. 78.
[6]) Dingler's polyt. J. 1874. 211. 216.
[7]) Berichte d. deutschen chem. Gesellsch. 1874. 1032.
[8]) Berichte d. deutschen chem. Gesellsch 1873. 1143; 1874. 1466; 1875. 180.

hervorgerufene Strom die letzten Spuren der organischen Stoffe zerstört, so daß das abfließende Wasser zu jeder häuslichen Verwendung geeignet sei, darf wohl bezweifelt werden. — Plasse (engl. Pat. 26. Oct. 1871) wendet in ähnlicher Weise elektrische Ströme an; der erhaltene Dünger wird unter dem Namen Taffo-Guano in den Handel gebracht.[1]) —

Diese Vorschläge sind sämmtlich ungenügend, da hier die gelösten organischen Stoffe nur zum geringen Theil entfernt werden; für die Unternehmer sind sie voraussichtlich sehr wenig vortheilhaft.

Die zahlreichen Versuche der englischen Commission[2]) haben ergeben, daß die aufsteigende Filtration durch Sand nicht im Stande ist, das Canalwasser von den organischen Stoffen soweit zu befreien, daß es ohne Bedenken in die Flußläufe eingelassen werden dürfte.

Aufsteigende Filtration von Londoner Canalwasser durch eine $4^{m},57$ hohe Sandschicht, pro 1^{cbm} und 24 Stunden $21^{l},5$.

1^{l} enthielt in Milligrm.	Organischen Kohlenstoff	Organischen Stickstoff	Ammoniak	Stickstoff in Form von Nitraten und Nitriten
Vor der Filtration . . .	43,8	24,8	55,6	0
Nach derselben 11. Oct. .	37,4	11,5	31,7	17,9
" " 19. " .	31,6	8,6	40,8	2,4
" " 25. " .	29,1	9,6	37,5	2,7
" " 1. Nov. .	43,6	20,2	52,8	0
" " 8. " .	36,0	21,8	60,4	0

Auch das Canalwasser von Ealing, welches von unten nach oben durch mehrere Filter von gebranntem Thon und Kohle hindurchgepreßt wird, fließt aus dem letzten Filter mit fast ebenso viel organischen Stoffen ab, als es vor der Filtration hatte. Am 24. April 1868 enthielt 1^{l} desselben an gelösten und suspendirten Stoffen zusammen:

	Vor der Filtration	Nach derselben
Organischer Kohlenstoff	278,48	60,93
Organischer Stickstoff	29,30	27,85
Ammoniak	70,00	42,50
Stickstoff als Nitrate und Nitrite	0	0,76

Um eine wirksame Reinigung des Canalwassers durch Filtration zu erreichen, ist es nothwendig, daß der Sauerstoff der Luft in das Innere der Filter gelangen kann, was bei der aufsteigenden Filtration ganz ausgeschlossen ist.

1) Dingler's polyt. J. 1874. **211**. 215.

2) Reinigung Berlins, Anhang S. 117.

Die englische Commission ließ nun Canalwasser durch eine $4^{m},57$ hohe Schicht von Sand, von Sand mit Kreide und von Torf in der Weise von oben nach unten filtriren, daß die Flüssigkeiten in kurzen Zwischenräumen aufgegeben wurden, so daß die atmosphärische Luft in die Poren des Filtermateriales eindringen konnte:

1^{l} enthielt in Milligrm.	Organischen Kohlenstoff	Organischen Stickstoff	Ammoniak	Stickstoff in Form von Nitraten und Nitriten	Gesammtgehalt an löslichen Stoffen
Vor der Filtration (Durchschnitt). . . .	43,86	24,84	55,57	0	645
Nach der Filtration durch Sand:					
Für 1^{cbm} und 24 St. $16^{l},6$ Flüssigkeit					
21. Dec. 1868 . . .	9,93	1,87	0,30	32,27	828
28. „ 1868 . . .	8,49	1,66	0,22	44,68	881
4. Jan. 1869 . . .	8,93	1,40	0,13	44,89	852
11. „ 1869 . . .	10,13	1,10	0,20	48,30	911
Für 1^{cbm} und 24 St. $33^{l},2$ Flüssigkeit					
22. Febr. 1869 . . .	8,27	1,10	0,15	36,17	699
1. März 1869 . . .	7,11	0,78	0,10	47,27	868
8. „ 1869 . . .	6,64	1,36	0,12	34,31	791
durch Sand und Kreide					
22. Febr. 1869 . . .	5,18	0,93	0,20	31,17	850
1. März 1869 . . .	6,87	1,03	0,17	35,85	1029
8. „ 1869 . . .	5,41	0,80	0,10	37,33	961
Vor der Filtration (Durchschnitt). . . .	43,86	24,84	55,57	0	645
Nach der Filtration durch Torferde:					
Für 1^{cbm} und 24 St. $23^{l},8$ Flüssigkeit					
31. März 1869 . . .	25,17	22,24	92,50	6,94	1388
7. Juni 1869 . . .	25,57	—	66,67	12,25	1153
14. „ 1869 . . .	24,79	28,80	51,25	4,47	771
21. „ 1869 . . .	26,00	10,87	36,31	0	438
28. „ 1869 . . .	20,39	12,23	31,19	0	405
5. Juli 1869 . . .	21,50	9,56	42,25	20,88	455
2. Aug. 1869 . . .	22,92	11,72	40,42	48,84	917
6. Sept. 1869 . . .	18,58	1,83	25,87	39,26	575

Einige in gleicher Weise untersuchten Bodenarten Englands verhielten sich wie Sand, andere hatten dagegen ein bedeutendes Absorptionsvermögen für organische Stoffe, ohne daß sie eine wesentliche Oxydation derselben zuließen.

Diese Versuche zeigen, daß Torf nicht geeignet ist als Filtermaterial aus den Canalwässern oder Abtrittsflüssigkeiten (S. 115) die Stickstoffverbindungen zurückzuhalten. Bei der absteigenden intermittirenden Filtration durch Sand wird das Canalwasser in befriedigender Weise gereinigt, wenn innerhalb 24 Stunden nicht mehr als 33^{l} Flüssigkeit für 1^{cbm} Filtermaterial aufgelassen wird. Die organischen Stoffe werden hierbei in Wasser, Kohlensäure und Salpetersäure übergeführt.

Zur Reinigung des Canalwassers einer mit Wasserclosetten versehenen Stadt von 10000 Einwohnern würden hiernach etwa 2^{ha} Land genügen. Der Boden müßte in 2^{m} Tiefe gut drainirt, die Oberfläche geebnet und in 4 gleiche Abschnitte getheilt werden, von denen einer nach dem andern das Canalwasser 6 Stunden aufnehmen würde, damit in der Zwischenzeit durch den Zutritt der atmosphärischen Luft die Verwesung der organischen Stoffe unterhalten werden könnte (S. 24). Da bei diesem Reinigungsverfahren aber der gesammte Düngerwerth verloren geht, eine solche Fläche, da sie keine Vegetation zu tragen im Stande ist, vielleicht auch unangenehme Gerüche entwickeln würde, so ist dasselbe höchstens für einzelne Fabriken zu empfehlen, welche zur Reinigung ihres Abwassers gezwungen sind, ohne die Berieselung anwenden zu können.[1])

c. Berieselung.

Es ist hier nicht der Ort, auf die Technik der Berieselung[2]) ausführlicher einzugehen, da diese Sache des Culturingenieurs und des Landwirthes ist; es muß daher jeder, der sich über dieselbe genauer unterrichten will, auf die trefflichen Arbeiten von Dünkelberg[3]), Fegebeutel[4]), Ronna[5]) u. A.[6]) verwiesen werden.

Das älteste Berieselungssystem durch tiefliegende eiserne Röhren und Vertheilung des Canalwassers durch Schläuche oder Spritzen[7]) ist wieder verlassen, dagegen haben sich die folgenden Methoden bewährt.

---

1) Vergl. Vierteljahrsschr. f. öffentl. Gesundheitspfl. 1872. 423.

2) Vergl. Dingler's polyt. J. 1824. 13. 410; 1829. 34. 162; 1835. 57. 320; 1852. 124. 306; 1859. 152. 220.

3) Vierteljahrsschr. f. öffentl. Gesundheitspfl. 1870. 437; 1875. 250; Correspondenzbl. d. niederrhein. Vereins f. öffentl. Gesundheitspfl. 1873. 1 u. 125.

4) Fegebeutel, Die Canalwasserbewässerung in England und in Deutschland.

5) Ronna, Égouts et irrigations.

6) Vierteljahrsschr. f. öffentl. Gesundheitspfl. 1869. 65 u. 223; 1872. 527; 1875. 263; Reinigung Berlins, Heft IV—X u. Anhang von Reich.

7) Vergl. Dingler's polyt. J. 1848. 109. 400.

Der Hangbau oder das Auffangsystem (catchwork-system) ist für sehr bergiges und hügeliges Land geeignet, dessen Gefälle zwischen 1 : 20 und 1 : 4 wechselt, während 1 : 12 als das beste Verhältniß bezeichnet wird. Man zieht in horizontalen Linien und Abständen von etwa 15^{m} Gräben um die Höhen. Das Wasser fließt aus den höchsten Vertheilungsgräben A (Fig. 22) über die Ränder derselben auf das Land

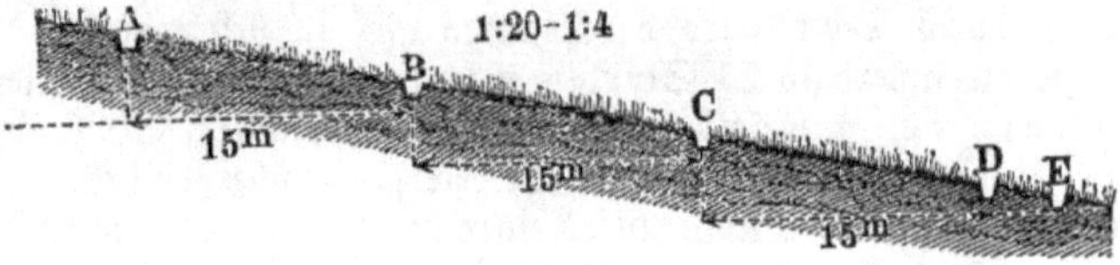

Fig. 22.

in die nächsten Rinnen B, von hier in die folgenden C, bis es aus den letzten D und E meist völlig gereinigt abfließt.

Das Furchensystem (pane and gutter-system), eine Nachbildung der Bewässerungen in Oberitalien, eignet sich namentlich für Rieselfelder mit geringem Gefälle. Man legt in der Richtung nach dem Abzugsgraben hin die Hauptgräben A (Fig. 23) in der Richtung des größten

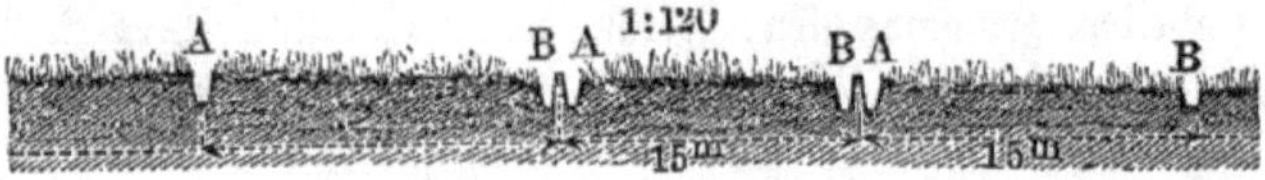

Fig. 23. 1 : 120.

Gefälles, mehr oder weniger senkrecht zu den Hauptgräben kleinere Rinnen. Das Canalwasser fließt von dem Hauptgraben A in die Vertheilungsrinnen, wird durch Staubretchen gezwungen, sich rechts und links über das vollkommen geebnete Land zu ergießen und durch den Sammelgraben B abgeführt.

Das Beetsystem (bed-system, ridge and furrow). Das Land wird in eine Reihe von Rücken und Furchen bearbeitet, indem man die Erde der seitlichen Abhänge gegen den Scheitel des Rückens bringt, was

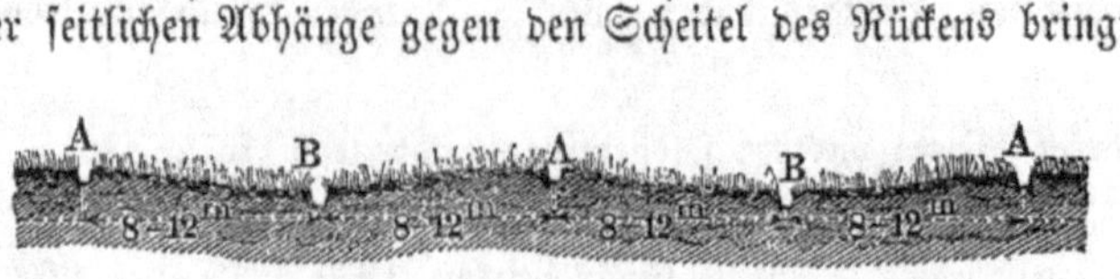

Fig. 24.

fast völlig mit dem Pfluge ausgeführt werden kann. Aus der Hauptrinne A (Fig. 24) fließt das Canalwasser zum Sammelgraben B. Das Gefälle wechselt von 1 : 20 (Lodge-Farm) bis 1 : 120.

Auf der Rieselfarm bei Aldershott und in Danzig wendet man bei Hackfrüchten, namentlich Rüben, auch die Furchenbewässerung (Fig. 25) an. Es ist hierbei Grundsatz, daß das Wasser die Pflanzen nicht be-

Fig. 25.

rühren darf. Die Reinigung des Canalwassers ist weniger gut als die durch die anderen Systeme.

Von den bisherigen Erfolgen der Berieselung in England mögen erwähnt werden:

Das Gesundheitsamt in Rugby [1]), einer Stadt von mehr als 8000 Einwohnern, hat 26 ^{ha} eines etwas sandigen Bodens auf thonigem Untergrund zu jährlich 225 Mark für die Hektare gepachtet. Es werden täglich 900 ^{cbm} Canalwasser, also pro Jahr und Hektare etwa 12000 ^{cbm} angewendet. Eine Fläche hiervon ist zu jährlich 500 Mark pro Hektare wieder verpachtet. Die Analysen 1 und 2, S. 181, zeigen, daß das Wasser hinreichend gereinigt wird.

Warwick [2]), eine Stadt von 11000 Einwohnern in 2400 Häusern, von denen sich 2000 den Canälen angeschlossen haben, leitet täglich etwa 2700 ^{cbm} Canalwasser auf 40 ^{ha} eines tiefgründigen, graugelben Thonbodens, also pro Jahr und Hektare 25000 ^{cbm}. Der Boden ist so dicht, daß das Wasser nicht eindringt, sondern nur langsam über die Grasflächen hinfließt. Die Analysen 3 und 4, S. 181, zeigen, daß trotz dieses ungünstigen Umstandes die großen Wassermassen hinreichend gereinigt werden.

In Norwood [3]) wird das Canalwasser von 4000 Personen auf etwa 12 ^{ha} eines tiefliegenden Thonbodens geleitet. Die Rieselwiesen geben jährlich 5 bis 6 Schnitt italienisches Raygras; Lefeldt theilt mit, daß auch bis zu 13 ^{k},5 schwere Runkelrüben gezogen werden. Die erzielte Einnahme betrug 1869 für die Hektare 1250 Mark, während vor der Berieselung dieselbe Fläche zu 45 Mark verpachtet war. Der Werth

[1]) Fegebeutel, Canalwasser, S. 73; Lefeldt, Abfuhr, S. 42; Varrentrapp, Entwässerung, S. 72; Vierteljahrsschr. f. öffentl. Gesundheitspfl. 1872. 537; Reinigung Berlins, Anhang S. 161.

[2]) Fegebeutel, Canalwasser, S. 70; Reinigung Berlins, Anhang S. 167.

[3]) Dingler's polyt. J. 1874. 211. 219; Reinigung Berlins, Anhang S. 175.

des Canalwassers pro Kopf und Jahr ergibt sich darnach zu 3,8 Mark. Analysen 5 und 6, S. 181, zeigen, daß das Abwasser ohne Gefahr in die Flüsse geleitet werden kann.

In Penrith [1]) wird das Canalwasser von 8000 Personen auf 32 ^{ha} eines drainirten sandigen Lehmbodens geleitet. Eine sehr große Zahl Hornvieh und Schafe weidet das üppig wachsende Gras ab. Vergleiche Analyse 7 und 8, S. 181.

Bei Croydon [2]) auf den Beddington-Wiesen haben 100 ^{ha} eines Kiesbodens seit 8 Jahren das Canalwasser von 30—40000 Personen, d. h. täglich etwa 20000 ^{cbm}, aufgenommen. Es werden jährlich 5 Schnitte von je 20—25000 ^{k} Raygras pro Hektare erhalten. Auch Weizen, Runkelrüben sind mit gutem Erfolge angebaut, und Brunnenkresse hat sich als ganz besonders wirksam zur Reinigung und Ausnutzung des Canalwassers erwiesen. Analysen 11 und 12, S. 181, zeigen, daß dasselbe von dem porösen Boden selbst im Winter hinreichend gereinigt wird. Der durchschnittliche Jahresertrag ist nach Latham pro Hektare 1500 bis 2000 Mark.

Auf der Aldershot-Farm [3]) wird das Wasser von 7000 Erwachsenen, täglich etwa 700 ^{cbm}, auf 33 ^{ha} eines sterilen Sandbodens (95 Proc. Quarz, 3 Proc. Eisenoxyd, 2 Proc. Organisch) geleitet. Die eine Hälfte ist mit italienischem Raygras, die andere mit Runkelrüben, Kohl, Sellerie und anderen Gemüsen bestellt. Das in den Boden gedrungene Wasser wird durch tiefliegende Drainröhren abgeleitet (Analyse 9 und 10, S. 181). Einzelne Theile des Rieselfeldes sind an benachbarte Landwirthe zu 1000 Mark pro Hektare verpachtet. Das Gras liefert jährlich 4 bis 5 Schnitt von je 200 bis 250 ^{k} pro Ar. Die Abwässer entsprechen somit einem Werth von etwa 3,5 Mark pro Kopf und Jahr.

Fegebeutel [4]) bemerkt dazu: „Es ist wirklich kaum zu glauben, welche großen Vortheile die Canalbewässerung auf einen solchen unfruchtbaren Boden in Aussicht stellt. Man könnte wohl wünschen, daß jeder gelehrte und ungelehrte Zweifler an dieser hochwichtigen Sache hierherginge, um sich durch den Augenschein zu überzeugen und darüber nachzudenken, welche ungerechtfertigte Urtheile er vielleicht in seinem Leben hierüber abgegeben hat und wie gefährlich es ist, über praktische Dinge ohne gründliche Ueberzeugung theoretische Raisonnements abzugeben, deren eitler Inhalt beim Anblick wirklicher Thatsachen wie Spreu im Winde verfliegt. Aber selbst in England gibt es noch viele Leute, die noch immer nicht an die Möglichkeit einer Verwerthung von Canalwasser auf

[1]) Reinigung Berlins, Anhang S. 161.

[2]) Reinigung Berlins, Anhang S. 180; Vierteljahrsschr. f. öffentl. Gesundheitspfl. 1870. 452; Varrentrapp S. 76; Fegebeutel, Canalwasser, S. 63.

[3]) Reinigung Berlins, Anhang S. 156; Vierteljahrsschr. f. öffentl. Gesundheitspfl. 1869. 220; 1870. 449; 1872. 540.

[4]) Fegebeutel, Canalwasser, S. 76.

Analysen. (1^{l} enthält mg.)

Nummer	Berieselung.	Gelöst.							Suspendirt.		Bemerkungen.
		Organischer Kohlenstoff	Organischer Stickstoff	Ammoniak	Stickstoff als Nitrate u. Nitrite	Gesammt-Stickstoff	Chlor	Gesammtgehalt	Gesammtgehalt	Darin organische Stoffe	
1	Canalwasser von Rugby . .	55,05	23,22	72,76	0	83,14	82,5	526	124,4	89,6	13. Juli.
2	Dasselbe nach der Berieselung	15,26	1,64	4,20	0	5,10	105,0	682	12,4	3,6	Etwas sandiger Boden mit thonigem Untergrund.
3	Canalwasser von Warwick .	51,33	16,80	24,39	0	36,89	63,0	669	60,0	33,6	14. Juli.
4	Dasselbe nach der Berieselung	14,54	1,75	8,39	1,37	10,03	81,5	661	Spur	Spur	Dichter Thonboden.
5	Canalwasser von Norwood .	54,07	22,94	89,70	0	96,81	88,7	1178	190,4	149,6	12. März.
6	Dasselbe nach der Berieselung	12,94	1,84	9,65	3,81	13,60	88,7	831	Spur	Spur	Thonboden.
7	Canalwasser von Penrith .	51,11	18,99	103,95	0	104,60	—	535	177,6	118,8	24. September.
8	Dasselbe nach der Berieselung	3,20	1,08	0,01	0	1,09	26,8	219	0	0	Sandiger Lehmboden.
9	Canalwasser des Aldershot-Lagers	58,78	20,52	90,25	0	94,84	94,5	466	210,0	142,8	16. Juli.
10	Dasselbe nach der Berieselung	6,65	1,32	4,88	11,52	16,84	35,5	186	13,4	6,6	Sandboden.
11	Canalwasser von Croydon .	28,82	12,69	27,00	0	34,93	43,0	480	146,0	108,8	30. December.
12	Dasselbe nach der Berieselung	7,72	0,76	5,30	6,78	11,90	29,5	450	Spur	Spur	Kiesboden.

so schlechtem Boden glauben wollen, geschweige denn in unserem theuren Vaterlande, wo namentlich in landwirthschaftlicher Beziehung noch so oft die hypergelehrte Theorie der durchgebildeten praktischen Wissenschaft mit gelehrt klingenden leeren Phrasen die Spitze bieten will.“ —

Die Berieselungsversuche bei Berlin [1]) ergeben, daß auch in Norddeutschland der unfruchtbarste Sandboden mit Canalwasser überraschend gute Erträge an Gras und Gemüse liefert. So betrug die Einnahme pro Hektare für Gras 776 Mark, Kopfsalat 483 Mark, Sellerie 2700 Mark, Gurken 2790 Mark, Endivien-Salat 2975 Mark. Die Gemüse sind wegen ihres raschen Wachsthums ungemein zart und wohlschmeckend. [2])

Danzig. Durch den Vertrag vom 13. Sept. 1869 wurde dem Erbauer der Danziger Canäle, A. Aird, das gesammte Sielwasser zur beliebigen Benutzung, und zwischen Weichselmünde und Heubude 500 ^{ha} einer unfruchtbaren Dünensandfläche behufs Ueberrieselung und Einrichtung einer Landwirthschaft für 30 Jahre überlassen, wogegen der Unternehmer für eine gleiche Zeitdauer die vollständige bauliche Unterhaltung der sämmtlichen Entwässerungsanlagen, den Spülbetrieb des Canal- und Röhrennetzes und den Betrieb der Pumpstation übernahm. Mit Ablauf der Contractszeit hat derselbe das ihm überwiesene Land mit den darauf ausgeführten Anlagen ohne Entschädigung für die Cultivirung des Landes zurückzugeben.

Bei dem Besuche des Verf. in Danzig (23. Juli 1874) waren etwa 130 ^{ha} geebnet und mit Rüben, Hafer, Raps, Taback, Hanf, Mais, Buchweizen, Kümmel, eine kleinere Fläche mit Erbsen, Gurken, Kohl und anderen Gemüsen bepflanzt. Alles stand vortrefflich; von einem fauligen Cloakengeruch war, trotz der Julihitze und obgleich nur die Furchenbewässerung und Einstauung angewendet werden, nichts zu bemerken. [3])

Mit dem Grase der Rieselwiesen sind von der Thierarzneischule zu Berlin [4]) mit Kühen Fütterungsversuche angestellt. Darnach ist das Grünfutter der Rieselfelder nicht blos verwerthbar und ohne nachtheilige Folgen, es ist auch ein gutes und nahrhaftes Futter für Milchkühe. Die von Cobbold [5]) u. A. aufgestellte Behauptung, daß durch die Berieselung Eingeweidewürmer auf Menschen und Thiere übertragen werden, hat sich nirgends bestätigt. [6])

Die Gegner der Berieselung behaupten noch immer, daß die Riesel-

---

[1]) Reinigung Berlins, Heft IV–X; Generalbericht von Virchow, S. 104 u. 175; Vierteljahrsschr. f. öffentl. Gesundheitspfl. 1871. 129; 1872. 165, 456 u. 641; 1874. 359.

[2]) Vergl. Vierteljahrsschr. f. öffentl. Gesundheitspfl. 1872. 541.

[3]) Vergl. Dingler's polyt. J. 1875. **218**. Hft. 6.

[4]) Virchow, Generalbericht, S. 134.

[5]) Dingler's polyt. J. 1873. **209**. 156; Vierteljahrsschr. f. öffentl. Gesundheitspfl. 1871. 597.

[6]) Dingler's polyt. J. 1871. **203**. 160; 1875. **216**. 91; Vierteljahrsschr. f. öffentl. Gesundheitspfl. 1871. 596; 1872. 451.

wiesen Miasmen[1]) erzeugen und so den in der Nähe Wohnenden gefährlich werden können. Die englische Commission hat in Edinburgh, Croydon, Norwood und Barking Erhebungen gemacht über den Einfluß der Berieselung mit Canalwasser auf die Gesundheit, hat aber nirgends eine Schädlichkeit bemerken können.[2]) 1866 herrschte in einigen Theilen des nördlichen Londons die Cholera. Das Canalwasser dieser Stadttheile wurde beständig auf die Rieselfelder der Lodge-Farm bei Barking geleitet, es kam aber kein Cholerafall auf der Farm oder in ihrer Nähe vor. Als Beweis, wie wenig das abfließende Rieselwasser seinen Ursprung verräth, wird angegeben, daß dasselbe sehr häufig getrunken wird. In der That ist es auch weit reiner als die Mehrzahl der städtischen Brunnenwässer. In Norwood führt durch die Rieselfelder ein öffentlicher Fußweg, welchen häufig Hunderte von Personen zur Erholung und zum Vergnügen, besonders an Sonntagen, benutzen. Dieselben sind nicht selten überrascht gewesen, wenn sie hörten, daß sie ihre Spaziergänge durch die Canalwasserberieselungsfarm gemacht hätten.

Wie wenig auf den Rieselfeldern bei Danzig von einem Gestank die Rede sein kann, wurde bereits erwähnt.[3])

Zusammenstellung der Versuche über die Reinigung von Canalwasser.

Es wurden entfernt Procent	Von den löslichen Stoffen organischer Kohlenstoff	Von den löslichen Stoffen organischer Stickstoff	Von den suspendirten organischen Stoffen
Chemische Processe:			
Durch Kalk, im Durchschnitt	27,7	43,7	80,6
„ Kalk- u. Eisenchlorid, Durchschn.	50,1	37,1	99,8
„ ABC-Proceß „	32,1	54,3	92,0
„ Aluminiumsulfat „	3,8	48,0	79,0
„ Proceß Holden, „	28,3	0	100
„ Filtration: aufsteigende . . .	26,3	43,7	100
„ „ absteigende intermittirende, Durchschn.	72,8	87,6	100
„ Berieselung:			
Rugby, zäher Boden, „	72,3	92,9	96,0
Warwick, dichter Thonboden „	71,7	89,6	100
Norwood, Thonboden „	65,0	75,1	100
Penrith, leichter Lehmboden „	75,0	77,2	100
Aldershott, leichter Sandboden „	80,9	85,1	93,7
Croydon, Kiesboden „	67,4	91,8	100

[1]) Lefeldt, Abfuhr, S. 54.

[2]) Reinigung Berlins, Anhang S. 191.

[3]) Vergl. Dingler's polyt. J. 1875. **216**. 91; Vierteljahrsschr. f. öffentl. Gesundheitspfl. 1871. 138; 1873. 441; 1874. 584; Correspondenzbl. d. niederrhein. Ver. f. öffentl. Gesundheitspfl. 1873. 124.

Eine Vergleichung dieser Resultate zeigt, daß die suspendirten organischen Stoffe durch sämmtliche der besprochenen Reinigungsverfahren entfernt, daß aber die gelösten organischen Stoffe durch die bis jetzt bekannten chemischen Processe noch nicht zur Hälfte gefällt werden. Auch die aufsteigende Filtration ist durchaus ungenügend, die absteigende intermittirende Filtration und die Berieselung dagegen reinigen das Canalwasser in sehr befriedigender Weise. Hierbei kommt noch ganz besonders in Betracht, daß durch die Berieselung, obgleich offenbar noch verbesserungsfähig, schon jetzt über 90 Proc. der düngenden Bestandtheile sämmtlicher städtischen Abfallstoffe für die Landwirthschaft gewonnen werden, während auch die besten Abfuhrsysteme nur 10 bis 20 Proc. derselben dem Acker zuführen. [1])

Es ist ferner zu berücksichtigen, daß die Berieselungstechnik in Deutschland auf einer höheren Stufe steht als in England, daß daher eine von deutschen Fachleuten ausgeführte Berieselungsanlage noch bessere Resultate geben würde als die englischen und die etwas primitive Anlage in Danzig.

Damit fällt also auch der letzte Vorwurf gegen das Schwemmsystem fort, der namentlich von Landwirthen und Agriculturchemikern immer wieder mit so großem Nachdruck erhoben wird, ohne zu bedenken, daß die Städte nur die Aufgabe haben, unter Berücksichtigung der Forderungen der öffentlichen Gesundheitspflege, ihren Unrath auf die schnellste, billigste und angenehmste Weise los zu werden, ohne Rücksicht auf die etwaigen Interessen der Landwirthschaft. Glaubt diese die städtischen Abfallstoffe nicht entbehren zu können, nun so mögen die Landwirthe, unter Benutzung der in England, Danzig und Berlin gemachten Erfahrungen, die Canalwässer auf ihre Felder oder benachbarte sterile Sandflächen leiten, um diese in die fruchtbarsten Gärten zu verwandeln. Allen Feinden des Schwemmsystems aber kann nur dringend gerathen werden, bevor sie ferner von der Gesundheitsschädlichkeit der Canalisation, von der Unmöglichkeit einer landwirthschaftlichen Ausnutzung der städtischen Abwässer reden, sich durch eine Reise nach Danzig zu überzeugen, daß hier die für das Wohlbefinden und das Leben der städtischen Bevölkerung so hochwichtige Frage der Städtereinigung auch in volkswirthschaftlicher Beziehung befriedigend gelöst ist. [2])

In Bochum [3]), Bremen [4]), Dortmund [5]), Dresden [6]), Düssel-

[1]) Vergl. Dingler's polyt. J. 1848. **108.** 160; 1868. **187.** 312; Vierteljahrsschr. f. öffentl. Gesundheitspfl. 1870. 456 u. 480; 1875. 260 u. 263; Berichte d. deutschen chem. Gesellsch. 1870. 916.

[2]) Vergl. Dingler's polyt. J. 1874. **211.** 222.

[3]) Correspondenzbl. d. niederrhein. Ver. f. öffentl. Gesundheitspfl. 1873. 76.

[4]) Vierteljahrsschr. f. öffentl. Gesundheitspfl. 1873. 136 u. 485.

[5]) Correspondenzbl. d. niederrhein. Ver. f. öffentl. Gesundheitspfl. 1872. 94.

[6]) Vierteljahrsschr. f. öffentl. Gesundheitspfl. 1874. 480 u. 498.

dorf [1]), Gotha [2]), Stralsund [3]) ist man der Einführung einer besseren Städtereinigung näher getreten; mögen die guten Beispiele Danzigs, Frankfurts [4]) und Berlins auch andere Städte überzeugen, daß hier nicht zu ängstliche Rentabilitätsrechnungen anzustellen sind. Wenn die Rieselfelder fürs erste auch keine so reiche Erträge liefern werden, daß die Canalisationsanlage verzinst und amortisirt werden kann, so ist nicht zu vergessen, daß der Gesundheit und dem Leben der Bewohner, wenn erforderlich, selbst größere Opfer gebracht werden müssen.

In Danzig hat sich der Gesundheitszustand seit Einführung der Canalisation und Berieselung wesentlich gebessert; in Cardiff ist die Sterblichkeit von 32,2 auf 22,6, in Newport von 31,8 auf 21,6 pro mille heruntergegangen (vergl. S. 158). — Pettenkofer berechnet, daß wenn für München durch Canalisation und Wasserversorgung auch nur eine Verminderung der Sterblichkeit von 3 pro mille erreicht würde, in dieser Stadt jährlich 510 Menschen weniger sterben. Nach langjährigen Erfahrungen in den Krankenhäusern muß man auf jeden Todesfall wenigstens 34 Krankheitsfälle von je 20tägiger Dauer rechnen. Es darf angenommen werden, daß sich mit den Todesfällen auch in gleichem Maaße die Krankheitsfälle verringern, daß also dem Minus von 510 Todesfällen im Jahre ein Minus von 17340 Krankheitsfällen oder 346800 Verpflegungstagen entspricht. Wird ein Verpflegungstag mit allen seinen Verlusten im Durchschnitt nur zu einem Gulden gerechnet, so würde die Stadt jährlich 346800 Gulden, oder mit 5 Proc. capitalisirt, 6936000 Gulden ersparen. Also etwa 13 Millionen Mark dürfte die Canalisirung und Wasserversorgung von München mit 170000 Einwohnern kosten, und das darauf verwendete Capital würde sich noch immer gut verzinsen. [5])

Bei dieser Berechnung sind noch nicht berücksichtigt die Beerdigungskosten, die Wittwen- und Waisenversorgung, der Verlust an Arbeitskraft, das namenlose Elend, welches so mancher Familie erspart werden könnte!

---

[1]) Vierteljahrsschr. f. öffentl. Gesundheitspfl. 1873. 309; Correspondenzbl. d. niederrhein. Ver. f. öffentl. Gesundheitspfl. 1872. 220; 1873. 141.

[2]) Vierteljahrsschr. f. öffentl. Gesundheitspfl. 1874. 667.

[3]) Vierteljahrsschr. f. öffentl. Gesundheitspfl. 1870. 130.

[4]) Vierteljahrsschr. f. öffentl. Gesundheitspfl. 1870. 504; 1873. 656.

[5]) Dingler's polyt. J. 1874. 211. 223; vergl. D'Avigdor, Das Wohlsein der Menschen in Großstädten (Wien 1874); Verhandlungen u. Mittheilungen des Vereins für öffentliche Gesundheitspflege in Hannover, S. 43, 67 u. 71.

Register.

Abkürzungen der Maaße und Gewichte.

1 Kilometer	1^{km}
1 Meter	1^{m}
1 Centimeter	1^{cm}
1 Millimeter	1^{mm}
1 Hectar	1^{ha}
1 Ar (□Decameter)	1^{a}
1 Quadratmeter	1^{qm}
1 » centimeter	1^{qc}
1 » millimeter	1^{qmm}
1 Cubikmeter	1^{cbm}
1 Hektoliter	1^{hl}
1 Liter	1^{l}
1 Cubikcentimeter	1^{cc}
1 Tonne (1000^{k})	1^{t}
1 Kilogramm	1^{k}
1 Gramm	1^{g}
1 Milligramm	1^{mg}
1 Meterkilogramm	1^{mk}
1 Pferdestärke	1^{e}
1 Atmosphärendruck	1^{at}
1 Calorie	1^{c}

Druckfehler.

Seite 5,	Zeile 24 v. o.		lies: Leptothrix, statt: Leptrotrix
» 6,	» 13 u. 21 v. u.		lies: Leptothrix, statt: Leptrotrix
» 23,	» 17 v. o.		lies: Leptothrix, statt: Leptrotrix
» 10,	» 15 v. o.	l.: Schmierbrand, st.: Schwierbrand	
» 63,	» 14 v. o.	l.: Chlorozon, st.: Chorozon	
» 103,	» 3 v. o.	l.: Stickstoff, st.: Stiffstoff	
» 120,	» 15 v. o.	l.: Ferrosulfat, st.: Ferrisulfat	

FSC
www.fsc.org
MIX
Papier | Fördert gute Waldnutzung
FSC® C083411

Kolibri 360 GmbH
Ferdinand-Jühlke-Straße 7
99095 Erfurt, Deutschland
produktsicherheit@kolibri360.de